全国中等卫生学校教材

物 理 学

供社区医学　卫生医学　妇幼医学　放射医学　口腔医学
护理　助产　检验　临床检验　药剂专业用

主编　董品泸
主审　张崇俊
编委　肖邦新　肖擎纲
　　　李红良　董品泸

四川出版集团·四川科学技术出版社

图书在版编目(CIP)数据

物理学/董品泸主编. –3 版. –成都:四川科学技术出版社,
2000.6(2016.2 重印)
全国中等卫生学校教材
ISBN 978 – 7 – 5364 – 0423 – 6

Ⅰ.①物… Ⅱ.董… Ⅲ.物理学–专业学校–教材 Ⅳ.O4

中国版本图书馆 CIP 数据核字(2000)第 22961 号

全国中等卫生学校教材
物　理　学
WULIXUE

出 品 人	钱丹凝
主　 编	董品泸
责任编辑	李迎军
封面设计	易　卫
版面设计	康永光
责任校对	戴林等
责任出版	欧晓春
出版发行	四川出版集团·四川科学技术出版社

成都市槐树街 2 号　邮政编码 610031
官方微博:http://e.weibo.com/sckjcbs
官方微信公众号:sckjcbs
传真:028 – 87734039

成品尺寸	185mm×260mm
	印张 12　字数 270 千
印　 刷	成都蜀通印务有限责任公司
版　 次	1986 年 6 月第一版
	1998 年 6 月第三版
印　 次	2016 年 2 月第 37 次印刷
定　 价	18.00 元

ISBN 978 – 7 – 5364 – 0423 – 6

全国中等医学教材编审委员会

第三轮中等医学教材出版说明

　　卫生部曾于1983年组织编写、陆续出版全国中等卫生学校11个专业使用的77种教材,1992年又组织小修订出版第二轮教材,为我国的中等医学教育作出了积极贡献。

　　为适应中等医学教育改革形势的需要和医学模式的转变,1993年11月,卫生部审定、颁发了全国中等卫生学校新的教学计划及教学大纲。在卫生部科教司领导下,我们组织编写(修订)出版第三轮全国中等医学12个专业96种规划教材,供各地教学使用。

　　这轮教材以培养中级实用型卫技人才为目标,以新的教学计划及大纲为依据,体现"思想性、科学性、先进性、启发性、适用性",强调"基本理论知识、基本实践技能、基本态度方法"。教材所用的医学名词、药物、检验项目、计量单位,注意规范化,符合国家要求。

　　编写教材仍实行主编负责制;编审委员会在教材编审及组织管理中,起参谋、助手、纽带作用;部分初版教材和新任主编,请主审协助质量把关。第三轮中等医学教材由人民卫生、河北教育、山东科技、江苏科技、浙江科技、安徽科技、广东科技、四川科技和陕西科技九家出版社出版。

　　希望各校师生在使用规划教材的过程中提出宝贵意见,以使教材质量能不断提高。

卫生部教材办公室

1995年10月

前　言

　　本教材是根据卫生部1994年3月颁发的《中等卫生学校12个专业教学计划教学大纲》的要求编写的,与第二版对照变动了如下内容:增加了匀变速直线运动的公式;固体的热膨胀、带电粒子在电场中的运动;分压在电压表中的应用;分流在电流表中的应用;磁场对运动电荷的作用;电感、电容对交流电的作用;三相四线电路等。在学生实验中增加了验证牛顿第二定律;减少了测定液体的表面张力系数;用惠斯通电桥测电阻;变压器、晶体三极管放大器、光电比色计等。

　　修改后的教材共九章,内容包括力学、振动和波、热学和分子物理学、电学、电磁学、电子技术与电磁振荡、光学、原子和原子核,第九章阅读资料主要供学生阅读参考。全套教材共三本。另两本是:《物理学学生实验与练习》、《物理学习题解答》(与之配套的物理学试题集由人民卫生出版社出版)。

　　参加修订教材的编者是重庆市涪陵卫生学校肖邦新(第一章、第二章、第三章),四川省成都市卫生学校董品泸(绪论、第四章、第五章、第九章和学生实验)、湖南省邵阳卫生学校肖擎纲(第七章)、青岛市第二卫生学校李红良(第六章、第八章与董品泸共同编写)。全书由董品泸担任主编,张崇俊教授担任主审,插图由张崇俊绘制。

　　本教材修改过程中,正值全国物理教学研讨会第三次会议召开之际,会议中听取了各校教师们的许多宝贵意见和建议,在此感谢同仁们的鼎力相助。

　　由于我们水平有限,教材中出现的缺点和错误,敬请各校师生批评指正。

编　者

1997 年 5 月

目　　录

绪　　论

一、物理学研究的对象和内容

人类赖以生存的自然界,是由各种各样的物质构成的。物质的固有属性是运动。没有运动的物质和没有物质的运动,都是不存在的。地球的运行、微观粒子的运动、生物的代谢和人的思维等,都是物质运动变化的例子。物理学是研究物质的最基本、最普遍的运动形式和规律的科学。它研究的内容非常丰富,包括机械运动、分子热运动、电磁运动、原子和原子核内的运动等。物理学研究的这些运动,普遍地存在于其他高级的、复杂的物质运动形式之中,例如大气压的生理作用、人体能量守恒问题、声波与耳、眼的光学系统、生物电、神经传导的生物物理问题、医学中的放射性核素等。在任何生物体内发生的生物过程,都与其组织中所发生的物理或化学过程相联系,一切自然现象,包括有生命的和无生命的在内,都毫无例外地要遵循能量守恒定律、万有引力定律等物理定律,因此,物理学是生命科学的基础。

在初中物理课中,同学们已经初步学习过机械运动、热运动、电磁现象和光现象等知识,懂得了许多物理概念,理解了一些物理定律,这使我们对物质世界有了初步的认识。但初中只学习了一些浅显的物理知识,学习的面也比较窄,更多的是一些现象的叙述,偏重于定性方面的知识。

在中等卫校的物理课中,同学们将要学习一些物理现象的本质和定量关系。例如,在力学中要学习牛顿运动定律、力的合成、功和能、流体力学的知识等;在电、磁、光学中,要学习一些定量关系,还要学习原子物理学的初步知识等。通过中等卫生学校的物理课的学习,可以使同学们的物理知识水平有较大地提高,并增强同学们运用物理知识分析问题、解决问题的能力,以适应医学科学的需要。

二、物理学与医学的关系

物理学导源于人类的生产活动和科学实践。它的形成和发展,是和其他学科相辅相成的。在医学领域中,它是探讨机体内部生理和病理的特点、性质、过程等的基础理论之一。例如,人体内部发生的生理过程与物理过程相联系;神经传导的过程与电现象相联系;人体体温的调节与热现象、能量的转换过程相联系。而且,人类生活在大自然中,生活环境对人体也有很大的影响,例如温度、湿度、压强、电磁场和放射线等与人的生存关系甚为密切。如果不了解这些物理因素的规律,就不可能了解人体在这些外界条件下活动的规律。

在基础医学的研究和医学的预防、诊断、治疗、药物制备和检验等方面的发展中,物理学的方法和技术是有力的工具。例如,显微镜、X 射线(CT)、超声波、激光、放射性核素、核磁共振等的诊治,都是物理学的研究成果在医学上应用的范例。物理学的任何一个重要发明、发现和新理论的建立,可以说几乎没有一个不被医学采纳运用的。大量采用物理学的设备和方法,已成为现代医学的一个特征。事实上,物理学对医学的巨大变革起了重大作用:显微镜的发明和电学理论的问世,使属于解剖水平的医学,衍生出了细胞学、组织胚胎学、病理学、微生物学和寄生虫学等,医学由此发展到了细胞水平。自从电子显微镜诞生后,医学又进入到亚细胞水平(超显微结构水平)。X射线衍射技术、波谱技术、电泳、色谱仪等的发明,又使医学进入到分子生物学水平,所以,物理学既是生命科学的基础,又推动着医学不断向前发展。作为现代的医学工作者要想顺利地搞好本职工作,必须具备一定的物理基础知识。

三、认真学好物理学

中等卫生学校的物理课学时少、内容多,因而教学进度快。同学们要尽快适应这一特点。要求同学们在学习中,上课前做好预习,上课时专心听讲,要勤于动脑,善于思考,注意思维能力、学习方法和学习能力的培养。

物理学与医学一样是实践性很强的科学,同学们在学习时必须遵守"实践—理论—实践"的原则,重视理论联系实际认真做好物理实验。

四、要认真做好练习

做练习能使同学们加深对所学知识的理解,发现自己所学不足之处,从而去弥补它,逐步培养自己独立分析问题和解决问题的能力。因此,同学们一定要认真做好练习。

第一章 力 学

在物质的一切运动形态中,最简单的一种就是物体之间或者一个物体各个部分之间相对位置的变动,这种变动称为机械运动,例如车辆、船只、飞机的运动,飞轮的转动,弹簧的振动,水和空气的流动等。力学研究的对象,就是机械运动的性质和它的客观规律。其他物理现象如热现象、电磁现象中都伴随着机械运动。因此,力学知识是研究物理学其他部分的基础。

力学知识及其应用对人类影响很大。在牛顿力学和热力学的建立和发展基础上,人们成功地发明和制造了蒸汽机、纺织机、火车和轮船等。物理学上的这一重大突破,引起了工业革命,导致了生产和技术突飞猛进的发展。人类从此结束了只依赖人力和畜力做功的历史,使人类在进步中上了一个新的台阶。

研究医学科学、生物科学和医药器械离不开力学知识,例如学习人体运动、血液循环,设计和检修医药器械等都要涉及到力学。因此,必须重视本章的学习。

第一节 机械运动

机械运动的形式是各种各样的,就物体运动的轨迹来说,有的做直线运动,有的做曲线运动。物体运动时,有的运动得快,有的运动得慢,有的时快时慢。为了描述它们的运动规律,常用到质点、路程、位移、速度和加速度等有关物理量。另外,确定一个物体的运动,还必须选择一个假定不动的物体作参照,这个被选作参照的物体叫做参照物或参照系。例如,描述火车的运动,可以用铁路旁的电杆或树木作为参照系。除特殊情况外,一般都以地球作参照系。

一、质点位移和路程

质点 任何物体都有一定的大小和形状,在研究物体运动时,为了使问题简化,常常忽略物体的大小和形状,把它当成一个具有物体全部质量的点来看待。这样的点,叫做**质点**。

在什么情况下,可以把物体看做质点呢?这要根据具体情况而定。例如,地球直径(约 $1.28 \times 10^4 \text{km}$)小于太阳与地球之间的距离(约 $1.50 \times 10^8 \text{km}$)的万分之一,在研究地球绕太阳公转时,可以不考虑地球各部分运动的差别,而把地球看成质点;若研究地球的自转,其大小、形状就不能忽略,这时就不能再把地球当成质点了。又如,汽车在平直公路上行驶,由于车身上各部分的运动情况相同,当我们把汽车作为一个整体来研究它的运动时,就可把汽车当作质点;若研究汽车轮胎的运动,由于轮胎各部分运动情况不相同,那就不能把它看成质点了。

质点是一个理想模型,是科学研究的一种方法。在物理学中,常常用理想模型来代替实际研究的对象,以突出事物的主要方面,从而使问题简化,便于研究,以后的章节中还会遇到。

位移和路程　质点在运动过程中,它的位置随着时间
而改变。为了确定运动质点的位置变化,我们引入一个叫
做**位移**的物理量。设质点原来在位置A,经过一段时间,
沿路径C运动到位置B(图1-1)。在这段时间内,质点
的位置改变是由A到B,位置改变的大小等于直线AB的
长度,方向是由起点A指向终点B,质点的位移就是从初
位置A指向末位置B的有向线段。像这样,不仅要知道它的大小,而且还要知道它的方
向,才能完全确定的物理量,叫做矢量,例如力、速度、位移等都是矢量。仅由大小可以完
全确定的物理量,叫做标量,例如路程、时间、温度等。

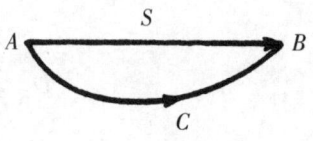

图1-1　位移和路程

位移与路程是不同的物理量,路程是质点运动所经过的路径的长短,没有方向,是标
量,如图1-1中所表示的曲线ACB的长度。位移表示质点位置的改变,它只决定于质点
的最初和最终位置,与质点运动的路径无关,是矢量。在一般情况下,质点运动的位移和
路程是不相等的,即使在直线运动中,位移与路程也不能混为一谈。例如,一质点沿直线
从A运动到B又折回到A点,显然路程等于A、B之间距离的两倍,而位移却等于零。只
有当质点沿直线运动且方向不变时,位移的大小才与通过的路程相等。

位移和路程的单位相同,在国际单位制中,它们的单位都是米(符号是 m)。

二、变速直线运动

在初中,我们已经学过了匀速直线运动的规律,实际上匀速运动比较少见,平常我们
看到的运动,大多是非匀速运动。例如,飞机起飞时,运动越来越快。火车进站时,运动越
来越慢,像这种在相等的时间里位移不相等的运动叫做**变速运动**。路径是直线的变速运
动叫做**变速直线运动**。

变速直线运动的特点是运动的快慢程度不同,即在相等的时间内位移不全相等,所
以,它没有恒定的速度。那么,怎样来描述它的运动快慢呢?粗略的办法是把它看做匀速
运动。例如,一辆汽车,在半小时内行驶了36km,尽管它的运动时快时慢,但我们设想汽
车在这半小时内是匀速地通过了36km,于是汽车的速度是$\frac{36\ 000m}{1\ 800s}=20m/s$。这20m/s
就是汽车在这半小时内的平均速度。

在变速直线运动中,运动物体的位移和所用时间的比值,叫做这段时间内的**平均速
度**。用s表示位移,t表示时间,$\bar{v}$表示平均速度,那么

$$\bar{v}=\frac{s}{t} \qquad\qquad (1-1)$$

平均速度的大小表示物体在这段时间内运动的平均快慢程度。它不但有大小,而且
有方向,是矢量。它的方向就是物体位移的方向。在国际单位制中,它的单位是米/秒
(符号是 m/s),读作米每秒。

〔例题〕一位百米赛跑运动员的成绩是10s,前50m用去5.5s。求全程和前后半段的
平均速度。

解:已知:$s=100m,t=10s,s_1=s_2=50m,t_1=5.5s,t_2=4.5s$。

$$全程: \bar{v} = \frac{s}{t} = \frac{100}{10} = 10(\text{m/s})$$

$$前半段: \bar{v}_{前} = \frac{s_1}{t_1} = \frac{50}{5.5} = 9.1(\text{m/s})$$

$$后半段: \bar{v}_{后} = \frac{s_2}{t_2} = \frac{50}{4.5} = 11(\text{m/s})$$

答:百米赛跑运动员跑完全程的平均速度是10m/s,前后半段的平均速度分别是9.1m/s和11m/s。

由上例可见,平均速度与所取的时间间隔和位移段有关。因此,在计算平均速度时,必须明确是哪一段时间内或哪一段位移内的平均速度。

平均速度只能粗略地描述做变速运动的物体的运动情况,要精确地描述变速运动,就必须知道物体在某一时刻或通过某一位置时的速度,例如被发射的子弹经过枪口时的速度。运动物体在某一时刻(或某一位置)的运动速度叫做**即时速度**,简称**速度**。运动的初时刻和末时刻的速度,分别叫做**初速度**(记为v_0)和**末速度**(记为v_t)。装在汽车上的速度计能测量汽车的即时速度的大小。

三、匀变速直线运动

在变速直线运动中,速度值会发生变化,其中最简单又最重要的变化方式是均匀变化,例如:某人骑自行车经过一条坡路,初速度为2.0m/s,后来每经过1s,速度便增加0.4m/s;又如某汽车刹车前的速度是10m/s,后来每经过1s,速度便减低0.6m/s。这物体做的就是匀变速运动。

物体做直线运动时,如果在相等的时间内速度的变化相等,这种运动叫做**匀变速直线运动**,简称**匀变速运动**。做直线运动的物体,当它的速度均匀地增加时,叫做**匀加速直线运动**;当它的速度均匀地减低时,叫做**匀减速直线运动**。石块从高处下落,炮弹在炮筒里的运动,汽车的启动和刹车,物体在斜面上的运动等都可以近似看做是匀变速直线运动。

不同的匀变速直线运动,速度的变化是不同的。汽车启动时,它的速度在几秒内从零增加到每秒十几米;而开炮时,炮弹的速度在千分之几秒内从零增加到每秒几百米。显然,汽车的速度变化较慢,炮弹的速度变化较快。

为了描述物体速度变化的快慢,物理学上引入了加速度的概念。

在匀变速直线运动中,速度的变化和所用的时间的比值,叫做匀变速直线运动的加速度。

做匀变速直线运动的物体在t这一段时间内,速度从初速度v_0变到末速度v_t,速度的改变等于$v_t - v_0$,用a表示加速度,那么:

$$a = \frac{v_t - v_0}{t} \tag{1-2}$$

加速度的单位,由时间和速度的单位确定。在国际单位制中,加速度的单位是米/秒^2(符号是m/s^2),读作米每二次方秒。

加速度有大小和方向,是矢量。

如果取开始运动的方向为正方向,初速度的数值总是正的。上式中,当$v_t > v_0$时,加

速度 a 是正值,表示加速度方向与初速度方向相同;物体做匀加速直线运动;当 $v_t < v_0$ 时,加速度 a 是负值,表示加速度的方向跟初速度方向相反,物体作匀减速直线运动;当 $v_t = v_0$,加速度为零,表示速度没有改变,物体做匀速直线运动。

〔例题〕 做匀加速运动的救护车,在20s内速度由10m/s增加到50m/s,求救护车的加速度的大小。火车紧急刹车时做匀减速运动,在2s内速度从10m/s减到零,求火车的加速度的大小。

解:(1)已知 $v_0 = 10\text{m/s}, v_t = 50\text{m/s}, t = 20\text{s}$,所以救护车的加速度是:

$$a = \frac{v_t - v_0}{t} = \frac{50 - 10}{20} = 2\,(\text{m/s}^2)$$

(2)已知 $v'_0 = 10\text{m/s}, v'_t = 0, t' = 2\text{s}$,火车的加速度是:

$$a = \frac{v'_t - v'_0}{t'} = \frac{0 - 10}{2} = -5\,(\text{m/s}^2)$$

答:救护车的加速度的大小是 2m/s^2。火车紧急刹车时的加速度的大小是 -5m/s^2,负号在这里表示火车做减速运动。

四、匀变速直线运动的公式

速度公式 由式(1-2),可改写成匀变速直线运动的速度公式:

$$v_t = v_0 + at \qquad\qquad (1-3)$$

式(1-3)说明了匀变速直线运动的即时速度 v_t 随时间 t 变化的规律。如果知道了初速度 v_0 和加速度 a,就可以求出任一时刻 t 的速度 v_t。

〔例题1〕 一列以72km/h的速度行驶的火车,在到达一座铁桥前90s开始减速,做匀减速运动,加速度的大小是 -0.1m/s^2。火车到达铁桥时的速度是多大?

解:已知 $v_0 = 72\text{km/h} = 20\text{m/s}, a = -0.1\text{m/s}^2, t = 90\text{s}$。
由 $v_t = v_0 + at = 20\text{m/s} + (-0.1) \times 90\text{m/s} = 20\text{m/s} - 9\text{m/s} = 11\text{m/s}$
答:火车到达铁桥时的速度是 11m/s。

位移公式 由式(1-1)知道,做变速运动的物体在时间 t 内的位移 s,等于物体在这段时间内的平均速度 $\bar{v}$ 和时间 t 的乘积,即 $s = \bar{v}t$。由于匀变速运动的速度是均匀改变的,它在时间 t 内的平均速度 $\bar{v}$,就等于时间 t 内的初速度 v_0 和末速度 v_t 的平均值,即

$$\bar{v} = \frac{v_0 + v_t}{2} \qquad\qquad (1-4)$$

将式(1-4)代入 $s = \bar{v}t$ 中,得到 $s = \bar{v}t = \frac{v_0 + v_t}{2} \cdot t$,其中 $v_t = v_0 + at$,所以

$$s = v_0 t + \frac{1}{2}at^2 \qquad\qquad (1-5)$$

式(1-5)也适用匀减速直线运动,只不过加速度是负值,所以上式是匀变速直线运动的位移公式。它表明了匀变速直线运动的位移怎样随着时间而改变。

利用式(1-3)和式(1-5),可以写出下面两式:

$$v_t - v_0 = at \qquad\qquad (1)$$

$$v_t + v_0 = \frac{2s}{t} \qquad\qquad (2)$$

用以上两式相乘,得: $$v_t^2 - v_0^2 = 2as \qquad\qquad (1-6)$$

式(1-6)表明了速度与位移的关系,在时间 t 未知的情况下,运用它来解题往往比较方便。

〔例题2〕 一艘宇宙飞船以 20m/s^2 的加速度运动,问速度从 7.0km/s 均匀增加到 9.0km/s,需要多少时间? 在这段时间内,飞船通过的位移是多少?

解一:已知 $a = 20\text{m/s}^2, v_0 = 7.0\text{km/s} = 7 \times 10^3\text{m/s}, v_t = 9.0\text{km/s} = 9 \times 10^3\text{m/s}$。

由公式 $v_t = v_0 + at$ 得到:
$$t = \frac{v_t - v_0}{a} = \frac{9 \times 10^3 - 7 \times 10^3}{20} = 100\,(\text{s})$$

$$s = \bar{v}t = \frac{v_0 + v_t}{2} \cdot t = \frac{7 \times 10^3 + 9 \times 10^3}{2} \times 100 = 8 \times 10^5\,(\text{m})$$

解二:由 $s = v_0 t + \frac{1}{2}at^2$ 可求解:
$$s = 7 \times 10^3 \times 100\text{m} + \frac{1}{2} \times 20 \times 100^2\text{m}$$
$$= 7 \times 10^5\text{m} + 1 \times 10^5\text{m} = 8 \times 10^5\text{m}$$

解三:由 $v_t^2 - v_0^2 = 2as$ 也可以求解:
$$s = \frac{v_t^2 - v_0^2}{2a} = \frac{(9 \times 10^3)^2 - (7 \times 10^3)^2}{2 \times 20} = 8 \times 10^5\,(\text{m})$$

答:宇宙飞船需要 100s 的时间才能通过 $8 \times 10^5\text{m}$ 的位移。

当匀变速直线运动的初速度等于零时,上述三个公式分别变成:
$$v_t = at \qquad\qquad (1-7)$$
$$s = \frac{1}{2}at^2 \qquad\qquad (1-8)$$
$$v_t^2 = 2as \qquad\qquad (1-9)$$

〔例题3〕 某种飞机起飞前,在跑道上匀加速滑行,要 20s 才能达到起飞速度 80m/s,问跑道至少要多长?

解一:已知 $v_0 = 0, v_t = 80\text{m/s}, t = 20\text{s}$。

由公式 $v_t = at$ 得到:
$$a = \frac{v_t}{t} = \frac{80}{20} = 4\,(\text{m/s}^2)$$

代入公式 $s = \frac{1}{2}at^2 = \frac{1}{2} \times 4 \times 20^2 = 800\,(\text{m})$

解二:应用 $v_t^2 = 2as$ 求解,得到:
$$s = \frac{v_t^2}{2a} = \frac{80^2}{2 \times 4} = 800\,(\text{m})$$

解三:应用 $s = \bar{v}t$ 也可求解。

因: $\bar{v} = \frac{v_0 + v_t}{2}$

$$\text{故}:s = \frac{v_0 + v_t}{2} \cdot t = \frac{0 + 80}{2} \times 20 = 800\,(\text{m})$$

答:跑道至少要 800m。

五、自由落体运动

物体下落的运动是一种常见的而且重要的运动。挂在线上的重物,如果把线剪断,它在重力的作用下就沿着竖直方向越来越快地下落。从手中释放的石块,在重力作用下也沿着竖直方向越来越快地下落,可见物体下落的运动是变速直线运动。

图 1-2 自由落体实验

不同物体的下落运动,情况是否相同呢?

拿一根长 1.5m,一端封闭,另一端有管闩的玻璃筒(图 1-2),把形状和质量都不同的物体,例如金属片、小羽毛等放入筒内,如果筒里有空气,把筒倒转后,这些物体落下的快慢互不相同。如果把筒里的空气抽去,这些物体落下的快慢就相同了。

平常我们看到物体落下的快慢不同,并不是由于它们的质量不同,而是由于它们受到空气的阻碍作用不同的缘故。

在没有空气的空间里,物体只在重力作用下从静止开始下落的运动,叫做自由落体运动。在有空气的空间里,如果空气的阻力作用比较小,且可以忽略不计,物体的下落也可以看作是自由落体运动。

直观告诉人们,自由落体运动是变速直线运动,但它是哪种类型的变速直线运动呢?下面通过做实验来研究这个问题。

图 1-3 是小球自由落体的闪光照片,它是每隔 1/30s 的时间拍摄的。我们以 1/10s 为单位,用刻度尺去量一下 1/10s、2/10s、3/10s…的位移,可以发现:小球通过的位移与时间的平方成正比。即 $s_1:s_2:s_3\cdots = 1^2:2^2:3^3\cdots$ 可见,自由落体运动符合 $s = \frac{1}{2}at^2$ 的运动规律。所以,**自由落体运动是初速度为零的匀加速直线运动。**

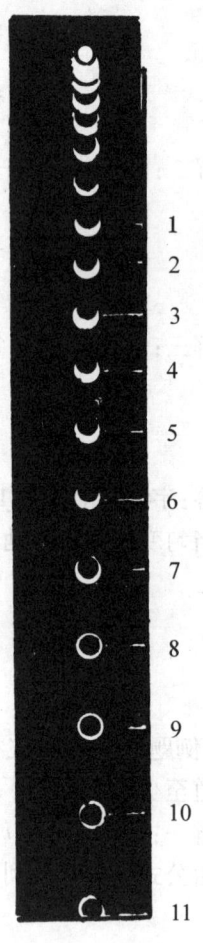

图 1-3 自由落体闪光照片

上述实验表明,只要金属片和小羽毛的位移 s 相同,所用的时间 t 也相同。这说明在同一地点,不同物体作自由落体运动的加速度都一样,这一加速度叫**重力加速度**,通常用 g 来表示。

g 的方向总是竖直向下的,它的大小可以用实验方法求出。例如,使钢球从一定高度落下,量出所用的时间就可以计算出 g 的大小。

在地球上不同的地方，g 的大小略有差别，例如在赤道 $g = 9.780\text{m/s}^2$，在北极 $g = 9.832\text{m/s}^2$，在北京 $g = 9.801\text{m/s}^2$。同一地点的不同高度上重力加速度也不等，如果高度不太高，则每升高 1km，重力加速度的减小不超过原来的 $3/10^4$。一般在离地面不太高的空间，重力加速度取 $g = 9.8\text{m/s}^2$，在粗略的计算中，也可以把 g 取作 10m/s^2。

自由落体运动既然是初速度为零的匀加速运动，这种运动必然遵从式（1 - 7）、式（1 - 8）和式（1 - 9）所表示的运动方程。在自由落体运动中，若用 h 表示在时间 t 内下落的高度，用 v_t 表示 t 末的速度，用 g 来代替 a，那么

$$v_t = gt$$

$$h = \frac{1}{2}gt^2$$

$$v_t^2 = 2gh$$

〔例题〕　钢球从 17.6m 高的地方落下的时间是 1.9s，求重力加速度和末速度。

解：已知 $h = 17.6\text{m}$，$t = 1.9\text{s}$，求 g 和 v_t。

根据公式 $h = \frac{1}{2}gt^2$

得到 $g = \dfrac{2h}{t^2} = \dfrac{2 \times 17.6}{1.9^2} = 9.8(\text{m/s}^2)$

由公式 $v_t = gt = 9.8 \times 1.9 = 18.6(\text{m/s})$

答：重力加速度为 9.8m/s，末速度为 18.6m/s^2。

六、匀速圆周运动

圆周运动是我们在实际生活中经常遇到的一种运动，例如：皮带轮和飞轮上各点的运动就是圆周运动；电动机转子和电风扇叶片上各点的运动也是圆周运动。总之，路径是圆的运动叫做圆周运动。

质点沿圆周运动时，如果在相等的时间里通过的圆弧长度相等，这种运动就叫做**匀速圆周运动**。砂轮上每一点的运动，人造地球卫星绕地球的运动，都是匀速圆周运动。

在描述匀速圆周运动时，常用下面几个物理量：

周期和频率　质点沿圆周运动一周所需要的时间叫**周期**，用 T 表示。T 越大，表示质点旋转得越慢；T 越小，表示质点旋转得越快。在国际单位制中，它的单位是秒。

质点在 1s 内沿圆周运动的周数，叫做**频率**，用 f 表示。f 越大，表示质点旋转得越快；f 越小，表示质点旋转得越慢。在国际单位制中，它的单位是赫兹，简称赫（符号是 Hz）。

如果在 1s 内运动 f 周，那么运动一周所需要的时间是 $1/f$，所以：

$$T = \frac{1}{f} \text{ 或 } f = \frac{1}{T} \tag{1 - 10}$$

〔例题〕　如果电风扇每分钟转 2 700 周，那么电风扇上每一点（轴心除外）的周期和频率各是多少？

解：$T = \dfrac{1}{2\ 700/60} = \dfrac{1}{45} = 0.022(\text{s})$

$f = \dfrac{2\ 700}{60} = 45(\text{Hz})$

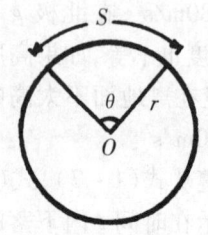

答:周期为 0.022s,频率为 45Hz。

角速度和线速度 如图 1-4 所示,质点沿圆周旋转得越快,在相等的时间 t 内连接质点和圆心的半径所转过的角度 θ 就越大;反之就越小。所以比值 θ/t 可以表示质点绕圆心旋转的快慢程度。

质点做匀速圆周运动时,连接质点和圆心的半径转过的角度 θ 跟所用时间 t 的比值,叫做匀速圆周运动的角速度,用 ω 表示。

图 1-4 角速度

$$\omega = \theta/t \tag{1-11}$$

在国际单位制中,角速度的单位是弧度/秒(符号是 rad/s),读作弧度每秒。如果物体做匀速圆周运动的周期是 T,在时间 T 内半径转过的角度是 2π rad,那么,

$$\omega = 2\pi/T \quad \text{或} \quad \omega = 2\pi f \tag{1-12}$$

质点做匀速圆周运动时,它所通过的圆弧长 S 跟所用时间的比值,叫做匀速圆周运动的线速度 v,即 $v = S/t$。线速度是表示质点做圆周运动的快慢程度,其方向为该点圆周的切线方向。

如果质点沿半径 r 的圆周运动一周所通过的圆弧长 $S = 2\pi r$,所用时间为周期 T,那么

$$v = \frac{2\pi r}{T} = 2\pi r f \tag{1-13}$$

质点做匀速圆周运动时,线速度的大小虽然不变,但它的方向却时刻在改变,所以,匀速圆周运动实际上是一种变速运动。

比较以上两式,得到

$$v = r\omega \tag{1-14}$$

式(1-14)表示了线速度的大小跟角速度的关系。

〔例题 1〕 一架高空侦察机,在高空沿半径为 3.0km 的圆周水平盘旋,周期为 2min,求它盘旋的角速度和线速度的大小。

解:已知 $r = 3.0$ km $= 3 \times 10^3$ m,$T = 2$ min $= 120$ s。

$$\omega = \frac{2\pi}{T} = \frac{2 \times 3.14}{120} \text{rad/s} = 5.23 \times 10^{-2} \text{rad/s}$$

$$v = r\omega = 3 \times 10^3 \times 5.23 \times 10^{-2} \text{m/s} = 1.57 \times 10^{-2} \text{m/s}$$

答:高空侦察机盘旋的角速度和线速度的大小分别是 5.23×10^{-2} rad/s 和 1.57×10^2 m/s。

〔例题 2〕 一蒸汽轮机的转速为 3.0×10^3 r/min,它的角速度是多大?在飞轮上与转轴相距 0.20m 处的线速度是多大?

解:已知 $f = 3.0 \times 10^3$ r/min $= 50$ r/s,$r = 0.20$ m。

因蒸汽轮机每转一周,半径所转过的角度为 2π rad,它的转速为 50r/s,则

$$\omega = 2\pi f = 2 \times 3.14 \times 50 \text{rad/s} = 314 \text{rad/s}$$

$$v = r\omega = 0.20 \times 314 \text{m/s} = 62.8 \text{m/s}$$

答:汽轮机的角速度为 314rad/s,在飞轮上与转轴相距 0.20m 的线速度是 62.8m/s。

第二节　力

一、力　几种常见的力

力的概念　人们对力的认识,最初是从日常生活或生产劳动中,对物体推、拉、压等肌肉活动中得到的。用手推动小车、提起重物、拉长或压缩弹簧时,肌肉会感到紧张,我们就说人对小车、重物、弹簧用了力。不仅人对物体能发生力的作用,物体对物体也能发生力的作用如机车牵引列车前进,机车就对列车施加了力。总之,**力是物体对物体的作用;一个物体受到力的作用,一定有另一个物体对它施加作用。力是不能离开物体而独立存在的。**

用力推小车,小车受到力的作用就会运动;关闭了发动机的汽车,受到车轮跟地面的摩擦力和空气阻力,速度会逐渐减低直至停下来;高处落下的物体,受到地球的引力,速度会越来越快。这些例子说明,力使物体的运动状态发生了变化。用力拉伸或压缩弹簧,弹簧会伸长或缩短;锻锤锻压工件,工件的形状会发生变化。大量事实说明:力的作用效果,是使受力物体的运动状态发生变化或受力物体的形状和体积发生变化。

力对物体的作用效果与力的大小、力的方向和力的作用点有关。通常把**力的大小、方向和作用点,**称为**力的三要素。**力是有大小和方向的物理量,所以**力是矢量。**

矢量可以用有向线段来表示。在分析力学问题时,为了直观地说明力的作用,用有向线段来表示力。线段是按一定比例画出,它的长短表示力的大小,箭头的指向表示力的方向,箭头或箭尾表示力的作用点,这种表示力的方法,叫做力的图示。

图 1－5 的有向线段表示作用在小车上 100N 的力。

国际单位制中,力的单位是牛顿,简称牛(符号是 N)。

力学中常见的力有重力、弹力和摩擦力。

重力　重力是指地球对物体的吸引力,这种力是由重力场和物体相互作用产生的。所谓**重力场**是存在于地球周围空间的一种特殊的物质,它并不是由原子、分子组成的。物体从高处做下落运动就是通过重力场对物体的作用力来实现的。重力常叫重量,它的方向总是竖直向下的。

弹力　平直的木条在力作用下会弯曲;弹簧受力会伸长或缩短,像这样物体在力作用下发生形状和体积的改变,叫做形变。

物体受力后要发生形变,有的明显,有的不明显。事实上,任何物体在受到任意小的力作用时,都要发生形变,不发生形变的物体是不存在的。

拿一根细竹片,拨动水中的木头,可以看到竹片开始弯曲,木头也在移动(图 1－6)。用手拉或压弹簧,可使弹簧伸长或缩短,当弹簧恢复原来的长度时,则对手施加一个作用

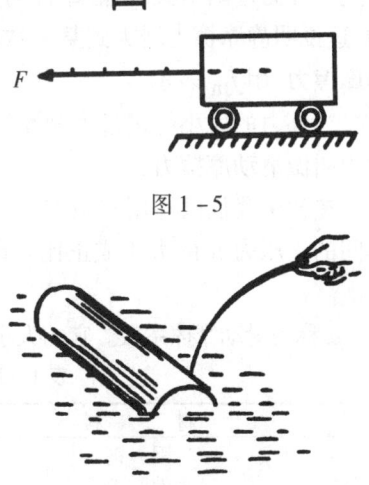

图 1－5

图 1－6

力。弯曲的竹片、伸长或缩短了的弹簧，当外力停止作用后，恢复原状、形变消失。在外力作用下，发生形变的物体，在除去外力后，能够恢复原状的形变，叫做**弹性形变**。发生弹性形变的物体，恢复原状时对跟它接触的物体要产生力的作用，这种力叫做**弹力**。

如图 1-7 甲所示，把物体放在桌面上，物体压桌面，桌面发生形变，发生形变的桌面要恢复原状而产生向上的弹力，即桌面对物体的支持力。支持力 N 的方向垂直于支持面并指向被支持的物体(图 1-7 乙)。图 1-7 丙所示，物体拉紧绳，发生形变的绳要恢复原状而产生向上的弹力，即绳对物体的拉力，拉力 F 的方向指向绳收缩的方向。

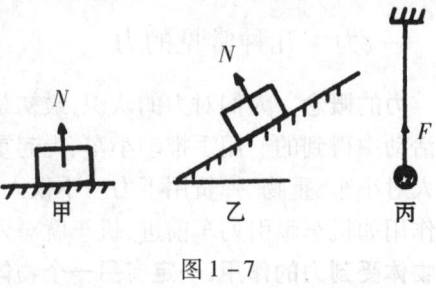

图 1-7

物体发生弹性形变是有条件的。对于同一物体，受到的作用力越大，形变也越大。但如果作用力超过一定限度，即使撤去外力，物体也不能恢复原状，这个限度叫做**弹性限度**。在弹性限度内，形变越大，弹力越大；形变消失，弹力也随之消失。

摩擦力 摩擦力是日常生活和生产中普遍存在的，它是在相互接触的物体做相对运动或者有相对运动趋势时产生的。

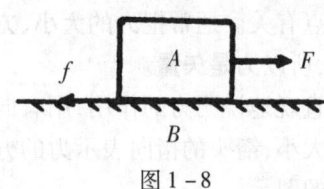

图 1-8

设有两个物体 A 和 B 相互接触，A 受到外力 F 的作用，如图 1-8 所示。当 F 较小时，物体 A 并不动，根据我们在初中学过的二力平衡的知识知道，物体 A 除了受到外力 F 作用外，还受到另一个阻碍它运动的作用力，这就是物体 B 对物体 A 的摩擦力 f。这时的摩擦力叫做**静摩擦力**。外力 F 与静摩擦力 f 大小相等，方向相反，同时作用在物体 A 上，所以物体 A 保持静止。外力逐渐增大时，静摩擦力也随着增大，但当外力达到某一数值时，物体 A 开始滑动，这说明静摩擦力增大到某一数值后就不再增大，这时静摩擦力达到最大值，叫做**最大静摩擦力**，用 f_m 表示。

当外力的大小超过最大静摩擦力 f_m 时，物体间有相对滑动，滑动过程中所产生的摩擦力叫做**滑动摩擦力**。

在初中我们已经用实验方法研究过滑动摩擦，实验证明，滑动摩擦力 f 的大小跟两物体间的正压力 N 的大小成正比。即：

$$f = \mu N \qquad\qquad (1-15)$$

μ 称为滑动摩擦系数。它的大小随着摩擦面的材料不同而不同，N 是物体间的正压力。

表 1-1　几种材料间的滑动摩擦系数

材　料	滑 动 摩 擦 系 数
钢-钢	0.25
木-木	0.30
木-金属	0.20
钢-冰	0.02
木头-冰	0.03
橡皮轮胎-路面(干)	0.71
润滑的骨关节	0.003

摩擦力的方向永远跟接触面相切,跟物体相对运动的方向相反,或者跟物体间的相对运动趋势相反,总是阻碍物体间的相对运动的。

二、共点力的合成与分解

原来由两个人提的重物,可以由一个人来提,用两根绳悬挂起来的重物,也可以用一根绳子悬挂起来,这说明两个力共同作用的效果可以用一个力来代替。几个力作用在一个物体的同一点上,或它们的作用线相交于一点,则这几个力就可称为**共点力**。如果一个力作用在物体上,它产生的效果跟几个力共同作用的效果相同,这个力就叫做那几个力的**合力**,而那几个力叫做这个力的分力。求已知几个力的合力,叫做**力的合成**。求一个已知力的分力,叫做**力的分解**。

下面通过实验来研究力的合成规律。

图1-9甲表示橡皮条GE在力F_1和F_2共同作用下,伸长了EO;图1-9乙表示撤去F_1和F_2,用力F作用在橡皮条上,使橡皮条伸长相同的长度。显然,力F对橡皮条产生的效果跟F_1和F_2共同作用时产生的效果相同,所以力F是力F_1和F_2的合力。

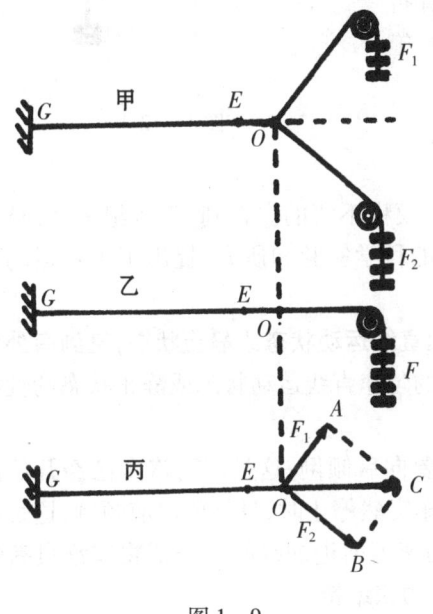

合力F跟F_1和F_2有什么关系呢?在力F_1、F_2和F的方向上各作有向线段OA、OB和OC,根据选定的标度,使OA、OB和OC的长度分别表示F_1、F_2和F的大小(图1-9丙),将AC和BC连接起来,可以看到,OACB是一个平行四边形,OC是它的对角线。

如果改变F_1和F_2的大小和方向,重作这个实验,仍得到相同的结论。

由此可见,作用于一点而互成角度的两个力,它们的合力的大小和方向,可以用表示这两个力的有向线段为邻边,作平行四边形,其对角线的长度和方向就是所求合力的大小和方向。这个定则称为力的平行四边形定则。

由共点力合成作图法可知,合力的大小除与分力大小有关外,还与它们的夹角有关。图1-10为不同夹角α时的几种情形。

图1-9

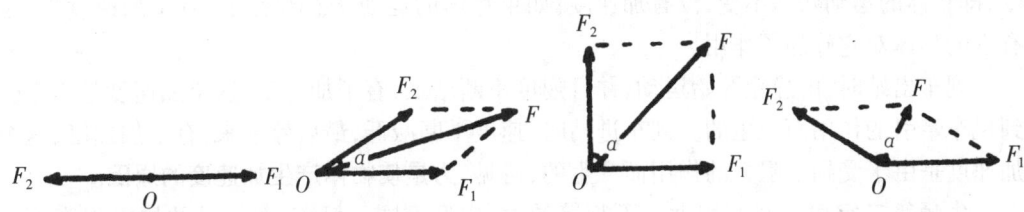

图1-10

在许多实际问题中,常常需要求出一个力的分力。力的分解是力的合成的逆运算,同样遵守平行四边形定则。把一个已知的力作为平行四边形的对角线,与已知力共点的平行四边形的两个邻边,就是这个已知力的两个分力。

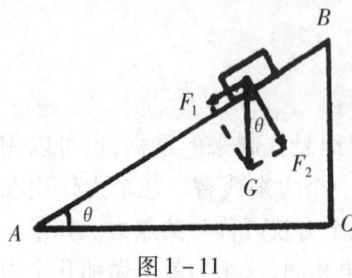

图 1-11

〔例题〕 将 10kg 的物体放在如图 1-11 所示的斜面上(倾斜角 $\theta = 30°$),问物体沿斜面的下滑力和正压力各是多少(不计摩擦力)?

解:把物体放在斜面上时,重力产生两种效果,一方面使物体沿斜面下滑,另一方面产生垂直于斜面的正压力。因此,重力 G 分解成如下两个分力:下滑力 F_1 和正压力 F_2。

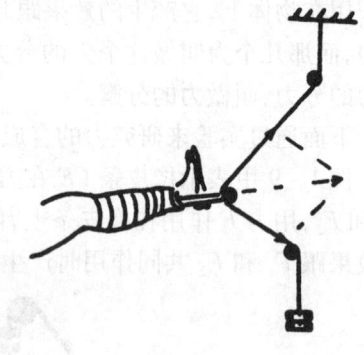

图 1-12

得: $F_1 = G\sin\theta = 10 \times 9.8 \times \dfrac{1}{2} = 49(\text{N})$

$F_2 = G\cos\theta = 10 \times 9.8 \times \dfrac{\sqrt{3}}{2} = 84.8(\text{N})$

答:下滑力是 49N,正压力是 84.8N。

对骨折病人,外科常常应用大小不一、方向不同的力牵引患部,对抗伤部肌肉的回缩力,以利于骨折的复位,如图 1-12 所示。颈椎骨质增生的疾病,施用颈部牵引效果较好,在医院已有广泛的应用。

三、牛顿运动定律

自然界里千变万化的运动,人类对它的了解是模糊不清的。直到 17 世纪末叶,英国科学家牛顿,在总结前人经验的基础上,经过深入的科学实验和研究,提出了牛顿运动三大定律,才从理论上阐明了力与运动的本质关系。

牛顿第一定律的内容是:**一切物体总保持匀速直线运动状态或静止状态,直到有外力迫使它改变这种状态为止。**物体的这种保持原来的匀速直线运动状态或静止状态的性质叫做**惯性**。牛顿第一定律又叫做**惯性定律**。

汽车里的乘客知道,当汽车突然开动时,身体要向后倾倒,这是因为汽车已经开始前进而乘客由于惯性要保持静止状态的缘故。当汽车突然停止时,身体要向前倾倒,这是因为汽车已经停止,而乘客由于惯性还要保持原来的速度前进的缘故。**一切物体都具有惯性。惯性是物体的固有性质,物体的运动并不需要力来维持。**

从牛顿第一定律知道,如果物体没有受到外力作用,它速度的大小和方向都保持不变,即物体的运动状态不变,没有加速度;如果物体的运动状态改变了,有了加速度,一定有别的物体对它施加了作用。

列车出站时,由静止开始运动,并且速度不断增加,有了加速度,这个加速度是由于受到机车牵引的作用而产生的。列车进站时,速度不断减低,最后停下来,有了加速度,这个加速度是由于受到了阻力的作用而产生的,可见,**力是使物体产生加速度的原因**。

牛顿第二定律 我们用大小不相等的力,先后推同一辆车,车运动的快慢程度不一样。力大则车的速度增加得快,即得到较大的加速度;用力小,车的速度增加得慢,即得到较小的加速度。可见,物体的加速度与作用在它上面的力的大小有关。如果用同样大小的力推两个质量不同的车,比如一辆空车和一辆装着货物的重车,空车得到的加速度较大,重车得到的加速度较小,这说明物体的加速度与物体的质量有关系。那么,物体的质量 m,加速度 a 和受到的外力 F 三个物理量之间存在着什么样的关系呢?

通过精密的实验测量得知:**物体受到外力作用时,获得的加速度 a 的大小跟所受的外力 F 成正比,跟物体的质量 m 成反比,加速度的方向跟外力的方向相同**,这就是**牛顿第二定律**。可用比例式表示为:

$$a \propto \frac{F}{m} \quad \text{或} \quad F \propto ma$$

上面的比例式写成等式为 $F = kma$,k 是比例系数,它取决于 F、m、a 的单位。在国际单位制中,使质量为 1kg 的物体产生 1m/s^2 的加速度的力为 1N,即 $1\text{N} = 1\text{kg} \cdot \text{m/s}^2$,这样,得到 $k = 1$,上式写成:

$$F = ma \tag{1-16}$$

这就是牛顿第二定律的公式。

在一般情况下,物体不只受到一个力的作用,所以公式中的力应是几个外力的合力。如果合外力等于零,物体的加速度也等于零,这时物体将保持静止或匀速直线运动状态;如果合外力等于一个恒量,物体的加速度也等于一个恒量,这时物体作匀变速直线运动。

加速度和力都是矢量,它们是有方向的。牛顿第二定律不但确定了加速度与力之间的关系,而且也确定了它们的方向关系。即:加速度的方向跟产生这个加速度的力的方向相同。这个关系不仅适用于直线运动,也适用于曲线运动。

利用牛顿第二定律,我们还可以找出质量与重力的关系。如果用 G 表示物体的重力,用 m 表示物体的质量,用 g 表示重力加速度,则

$$G = mg \tag{1-17}$$

从上式可知,在离地面不太高的空间,物体所受重力和它的质量成正比。

可见,质量和重力(重量)是密切相关的,但它们是完全不同的两个物理量。质量是表示物体中含有物质的多少,是物体惯性大小的量度,质量没有方向是标量。重力是地球对它的吸引而受到的力,重力是有方向的,是矢量。

在地球上同一个地方,各个物体的重力加速度都相同。如果有两个质量分别是 m_1 和 m_2 的物体,它们的重力分别为 $G_1 = m_1 g$ 和 $G_2 = m_2 g$,那么:

$$\frac{G_1}{G_2} = \frac{m_1}{m_2}$$

这就是说,在地球上同一个地方,物体的重力和它们的质量成正比;如果两个物体的重力相等,它们的质量也相等,等臂天平就是利用这个原理称出物体质量的。

〔例题1〕 一个质量为 200kg 的物体受到 100N 的水平拉力和 50N 的阻力,沿着水平面运动时,它的加速度是多少?

解:已知 $m = 200\text{kg}$,$F = 100\text{N}$,$f = 50\text{N}$。

如图 1-13 所示,物体共受重力 G、支持力 N、拉力 F、阻力 f 四个力的作用。竖直方向上 N 和 G 平衡,求合力时不考虑。若选物体运动的方向为正方向,则水平方向的合力为

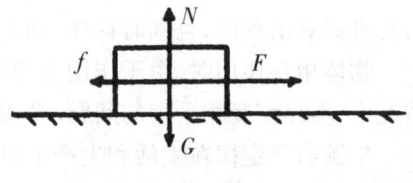

图 1-13

$$F_{合} = F - f = 100 - 50 = 50(\text{N})$$

由牛顿第二定律的公式 $F = ma$ 得:

$$a = F_合/m = (F - f)/m = 50/200 = 0.25(\text{m/s}^2)$$

答:物体的加速度为 0.25m/s^2,其方向与初速度方向相同,物体做加速运动。

〔例题2〕 质量为 200kg 的物体,从静止开始沿倾角为30°的斜面匀加速滑下,在 4s 内滑行了 20m,求物体受到的阻力。

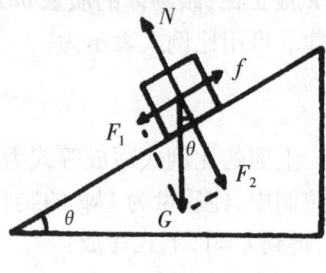

图 1-14

解:已知 $m = 200\text{kg}, v_0 = 0, t = 4.0\text{s}, S = 20\text{m}, \theta = 30°$。

如图 1-14 所示,物体共受 3 个力:重力 G、支持力 N 和阻力 f。将重力 G 分解为下滑力 F_1 和正压力 F_2,在垂直斜面方向上没有加速度,所以 N 与 F_2 平衡,求合力时可以不考虑。若取物体运动的方向为正方向,则斜面方向上物体受的合力为 $F_合 = F_1 - f$。

由牛顿第二定律,可得 $F_1 - f = ma$

式中 $F_1 = mg\sin\theta$,由 $S = \frac{1}{2}at^2$ 得:

$$a = \frac{2S}{t^2} = \frac{2 \times 20}{4^2}\text{m/s}^2 = 2.5\text{m/s}^2$$

$$f = F_1 - ma = mg\sin\theta - ma = m(g\sin\theta - a)$$
$$= 200 \times (9.8 \times \sin30° - 2.5) = 480(\text{N})$$

答:物体所受阻力为 480N,其方向与运动方向相反。

人体内血液能循环运动,就是以心肌的收缩力作为动力的。这个动力使血液能从心脏中以一定的加速度射入血管里流动。如果心力衰竭,心肌收缩力下降甚至为零时,血液从心脏射出的加速度也就降低甚至为零,血液循环运动便发生障碍甚至停止。

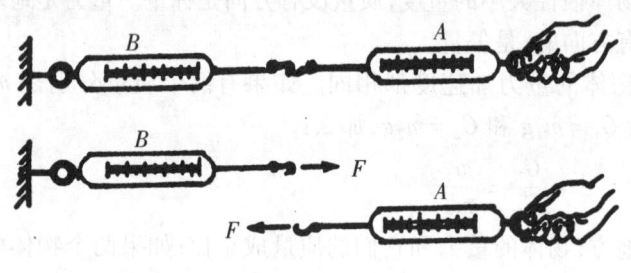

图 1-15

牛顿第三定律的内容是:两个物体之间的作用力和反作用力总是大小相等,方向相反,作用在一条直线上。

如图 1-15 所示,把两个弹簧秤互相钩住,然后水平地拉紧它们。我们发现,两秤在同一直线上,读数始终相等,即 $F = -F'$(负号表示二力的方向相反);一旦松开,它们的读数同时为零。

牛顿第三定律说明:对每一个作用力,必有一等值反向的反作用力,作用力和反作用力总是成对出现的,且同时存在,同时消失。

物体相互作用时,由于作用力和反作用力是作用在不同的物体上,因此,无论在什么情况下,不存在互相平衡的问题。这跟我们在初中学过的二力平衡是不同的。

牛顿第三定律在生活和生产中应用很广泛。人走路时,脚尖给地面一个向后的作用力,地面也就同时给脚一个向前的、大小相等的反作用力,使人前进。轮船的螺旋桨旋转时,用力向后推水,水也同时给螺旋桨一个反作用力,推动轮船前进。

作用力和反作用力不仅大小相等,而且总是属于同种性质的力。如果作用力是吸引力、弹力或摩擦力,那么反作用力也一定是吸引力、弹力或摩擦力。

四、向心力、离心现象

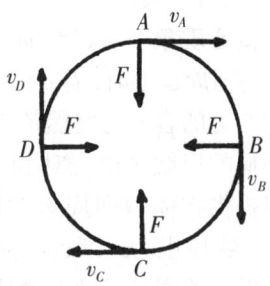

图 1 – 16

向心力 从上一节中我们已经知道,匀速圆周运动是一种变速运动,做变速运动的质点必然有加速度,也一定受到产生加速度的力。那么,这个力有何特点呢?

现在来做个实验:在绳子的一端拴一个小球,用手拉住绳的另一端施力,使小球在光滑水平桌面上做匀速圆周运动,如图 1 – 16 所示。由于小球受到的重力跟桌面给小球的弹力相平衡,所以绳对小球的拉力实际是小球所受的合外力,它的方向任何时刻都是沿着绳指向圆心且与圆的切线方向(即线速度方向)相垂直。这个沿着半径指向圆心的力叫做**向心力**。

向心力的大小跟哪些因素有关呢?

通过实验说明:做匀速圆周运动的质点所需的向心力 F 与质点的线速度 v,质点的质量 m 和轨道半径 r 都有关系。它们之间的关系是:

$$F = m\frac{v^2}{r} \tag{1 – 18}$$

这就是向心力大小的公式。

将 $v = r\omega$ 代入式(1 – 18),向心力公式也可以写成:

$$F = mr\omega^2 \tag{1 – 19}$$

由向心力产生的加速度叫做**向心加速度**。根据牛顿第二定律可知,向心加速度的方向与向心力方向相同,即沿着半径指向圆心。由 $F = ma$ 和 $F = m\frac{v^2}{r}$ 二个公式,可得向心加速度 a 的大小为:

$$a = \frac{v^2}{r} \text{ 或 } a = r\omega^2 \tag{1 – 20}$$

在国际单位制中,线速度的单位是 m/s,角速度的单位是 rad/s,圆半径的单位是 m,那么向心加速度的单位就是 m/s²。

向心加速度和直线运动中的加速度本质上是一样的,是表示速度改变快慢的物理量。不过在匀变速直线运动中,加速度是表示速度大小的改变,在匀速圆周运动中,加速度则表示速度方向的改变。

〔例题〕 某飞机场,旅客行李被皮带运输机送到圆形大转盘上,以供旅客认领。已知转盘的转速为 2r/min,转盘半径为 4.0m,在转盘边缘上有一个质量为 5.0kg 的行李袋,求行李袋的线速度、向心加速度和它所受的向心力的大小。

解:已知 $f = 2\text{r/min} = 0.033\text{r/s}, r = 4.0\text{m}, m = 5.0\text{kg}$。

因为 $\omega = 2\pi f$

所以 $v = r\omega = 2\pi fr = 2 \times 3.14 \times 0.033 \times 4 = 0.83(\text{m/s})$

$$a = \frac{v^2}{r} = \frac{0.83^2}{4} = 0.17(\text{m/s}^2)$$

$$F = m\frac{v^2}{r} = 5 \times 0.17 = 0.85(\text{N})$$

答：行李袋的线速度为 0.83m/s，向心加速度为 0.17m/s²，它所受的向心力为 0.85N。

离心现象　质量为 m 的物体以角速度 ω 沿半径为 r 的圆周运动时，需要的向心力等于 $mr\omega^2$。如果作为向心力的合外力突然消失，即 $F = 0$，物体因惯性将沿圆周的切线飞出，离圆心越来越远；如果合外力不足以提供物体做圆周运动所需的向心力时，即 $F < mr\omega^2$，物体也会逐渐远离圆心，如图 1－17 所示。

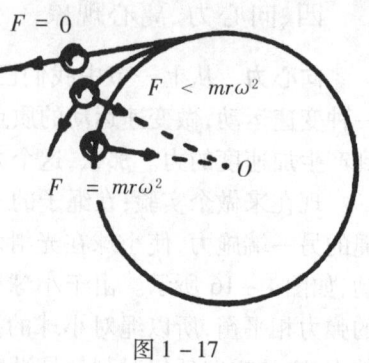

图 1－17

做匀速圆周运动的物体，在合外力突然消失或者合外力不足以提供所需的向心力时，将做逐渐远离圆心的运动，这种运动叫做离心运动，这种现象叫做**离心现象**。

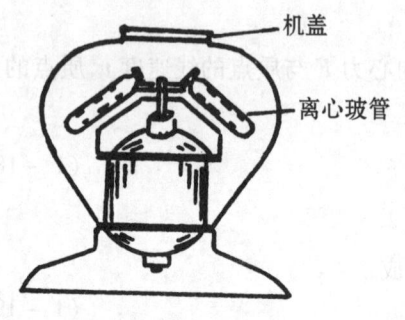

图 1－18　电动离心机

利用离心运动的机械，叫做离心机。离心机械的种类很多，下面重点介绍电动离心机。

图 1－18 是电动离心机装置示意图。其中最重要的部件是平顶转盘，有六个 45° 的斜孔，可以装入金属或塑料试管套，转盘随电动机旋转，顶上装有一个机盖，以防玻管从转盘内飞出。

若要分离某一液体内的颗粒（如患者尿中的颗粒），可将这种液体装入试管再放入试管套中，盖上机盖，打开电源开关，试管就和转盘一起做匀速圆周运动，如图 1－19 所示。液体中质量较大的颗粒（如图中的 M），在做匀速圆周运动时需要的向心力，是由颗粒与液体间的静摩擦力提供的。当转动较快时，摩擦力就不足以提供它做圆周运动所需的向心力，于是这些颗粒不能再保持原来的圆周运动，而将沿着 MM' 曲线的方向运动。如果旋转足够快，这些颗粒就会逐渐远离旋转中心，到达管底，形成沉淀物。

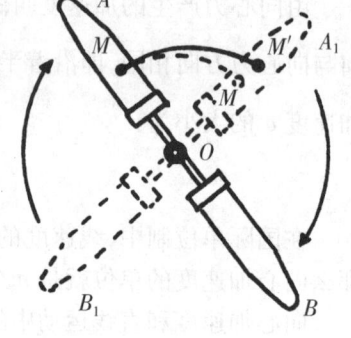

图 1－19

电动离心机，按转速不同可分为普通离心机、高速离心机和超速离心机三种。普通离心机的转速一般是 4 000r/min，高速离心机的转速可达 20 000r/min，超高速离心机的转速可达 70 000r/min。利用电动离心机可使混合溶液中的悬浮微粒快速沉淀，借以分离密度不同的各种物质成分。在医学中，常用来分离血清、血浆，沉淀蛋白质或作尿沉渣检查等。

一般的电动离心机上有六个套孔，可以同时处理六只沉淀管所装的液体。大型的电动离心机也用来甩干附着在物体上的水，这种离心机称为离心干燥器。

第三节 功和能

一、功、功率

功 一个物体受到力的作用,如果沿力的方向发生一段位移,我们就说这个力对物体做了功。例如,起重机提升重物,人推车前进等,都是有力作用在物体上,而且物体在力的方向上发生了一段位移,所以,我们就说它对物体做了功。

如果有力作用在物体上,但物体没有在这个力的方向上发生位移,我们就说这个力没有对物体做功。一个人提了一桶水站着不动,虽然他用了力,但在力的方向上水桶没有发生位移,所以他对水桶没有做功。若人用力推一个笨重的物体而没有推动,他虽然对这个物体用了一个向前的推力,这个推力也没有对物体做功。在物理学中,**力和在力的方向上发生的位移,是做功的两个不可缺少的因素。**

已经学过,功 W 的大小等于力 F 跟物体在力的方向上发生的位移 s 的乘积,即 $W = Fs$。但是,最常见的情况是作用力的方向跟物体运动的方向成某一角度 α 时,如图1-20所示,怎样来计算这个力所做的功呢? 我们可以把力 F 分解成两个分力:跟位移方向一致的分力 F_2;

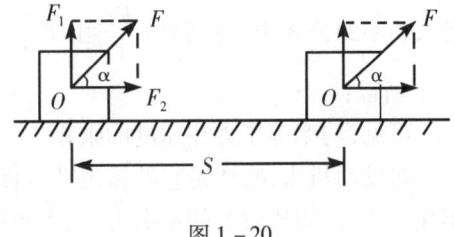

图1-20

跟位移方向垂直的分力 F_1。设物体在力 F 作用下发生位移的大小是 s,力 F_2 所做的功等于 $F_2 s$。力 F_1 的方向跟位移的方向垂直,在 F_1 的方向上没有发生位移,力 F_1 所做的功等于零。因此力 F 对物体所做的功就等于 $F_2 s$,而 $F_2 = F\cos\alpha$,所以:

$$W = Fs\cos\alpha \qquad (1-21)$$

这就是说,**力对物体所做的功,等于力的大小、位移的大小、力和位移的夹角的余弦三者的乘积。**

功是由力的大小和位移的大小确定的,它没有方向,是一个标量。在国际单位制中,功的单位是焦耳,简称焦(符号是 J)。

规定1N的力使物体在力的方向上发生1m的位移所做的功为1J。即 $1J = 1N \times 1m = 1N \cdot m$。

下面根据式(1-21)讨论几种情况。

1. 当 $\alpha < 90°$ 时,$W > 0$,力对物体做正功,例如,人拉车前进时,拉力对车做正功。

2. 当 $\alpha = 90°$ 时,$W = 0$,力对物体不做功。例如,汽车在水平路面行驶时,重力对汽车不做功。

3. 当 $\alpha > 90°$ 时,$W < 0$,力对物体做负功,或者说物体克服该力做功。例如,运动物体克服阻力做功。

〔例题1〕 一小车在水平拉力为1 000N的作用下,前进了10m;若拉力与车的前进方向夹角为30°,拉力在上述两种情况下做功分别是多少?

解:已知 $F = 1\ 000N$,$s = 10m$,$\alpha = 30°$。

由 $W = Fs\cos\alpha$

得：(1) $W_1 = 1\,000 \times 10 = 10\,000(\text{J})$

(2) $W_2 = 1\,000 \times 10 \times \cos 30° = 8\,650(\text{J})$

答：第一种情况拉力做功 10 000J，第二种情况拉力做功 8 650J。

功率　有甲、乙两台机器，完成相同的功，甲需要 2h，而乙只需要 1h，这说明乙比甲做功快一倍。为了表征物体做功的快慢，引入功率的概念。

功与完成这些功所用时间的比值，叫做**功率**。用 P 表示功率，如果在 t 时间内所做的功是 W，那么功率：

$$P = \frac{W}{t} \qquad\qquad (1-22)$$

在国际单位制中，功率的单位是瓦特，简称瓦（符号是 W）。$1\text{W} = 1\text{J/s}$。瓦这个单位较小，常用 1 000W 为单位，叫做千瓦（kW）。

功率也可以用力和速度来表示。我们知道，$W = Fs$，其中 F 是指沿运动方向的分力。代入功率的公式中，得到 $P = \dfrac{Fs}{t}$，由于 $\dfrac{s}{t} = v$，

所以：
$$P = Fv \qquad\qquad (1-23)$$

可见，功率等于力和速度的乘积。

对发动机来说，要是它的输出功率保持不变，那么它的牵引力与速度成反比。例如汽车在上坡时，需要较大的牵引力，汽车司机必须用换挡的办法减小速度，来得到较大的牵引力。

应该注意，应用公式 $P = Fv$ 时，如果 v 是平均速度，那么 P 就是平均功率，如果 v 是即时速度，那么 P 就是即时功率。物体做匀速运动时，动力的即时功率和平均功率是相同的。

〔例题2〕　一艘轮船，发动机的额定功率是 1.7×10^5 kW，在长江中航行时所受阻力为 1.2×10^7 N，求轮船匀速航行的最大速度。

解：已知 $P = 1.7 \times 10^5 \text{kW} = 1.7 \times 10^8 \text{W}$，$f = 1.2 \times 10^7 \text{N}$。

当轮船以最大速度匀速航行时，动力 F 和阻力 f 平衡，即 $F = f$，根据公式 $P = Fv$ 可以求出：

$$v = \frac{P}{f} = \frac{1.7 \times 10^8}{1.2 \times 10^7} = 14(\text{m/s})$$

答：轮船匀速航行时的最大速度为 14m/s。

二、机械能

流动的河水能够推动水轮机而做功；高处的铁锤下落时能够把木桩打进土里而做功；被压缩的弹簧放开时能够把物体弹开而做功。物体能够对外界做功，或者说具有做功的本领，我们就说这个物体具有**能量**。因此，流动的河水、高处的铁锤、被压缩的弹簧都具有能量。

由于物体具有各种不同形式的做功本领，因而能也有各种不同形式。下面我们将着重讨论动能和重力势能，这两种形式的能总称为**机械能**。以后我们还会学到许多其他形式的能。

动能　流动着的河水、飞行着的子弹、下落的重锤等运动着的物体能够做功，因而具有能。像这种物体由于运动而具有的能叫做**动能**。从经验知道，挥动着的锤子，质量越大、速度越快，它的动能就越大。运动物体的动能跟它的质量和速度有什么关系呢？

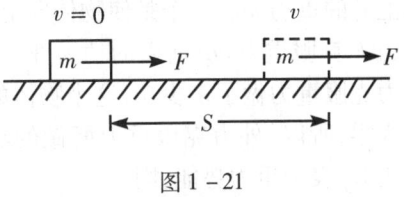

图 1 – 21

如图 1 – 21 所示，质量为 m 的静止物体，在恒力 F 的作用下，沿 F 方向，在光滑水平面上通过的位移为 s，获得速度 v。在这过程中外力 F 对物体所做的功为 $W = Fs$，

将 $F = ma$ 与 $s = \dfrac{v^2}{2a}$ 代入上式，得：

$$W = ma \cdot \frac{v^2}{2a} = \frac{1}{2}mv^2$$

外力 F 做功的结果，使物体的动能由零增加到 $\dfrac{1}{2}mv^2$。所以，速度为 v 时物体的动能 E_k 为：

$$E_k = \frac{1}{2}mv^2 \tag{1 – 24}$$

即物体的动能等于它的质量跟它的速度平方的乘积的一半。

运动的物体具有动能，所以能克服阻力做功，速度不断减小，因此，它的动能也不断减小。物体在外力作用下将进行加速运动，这时，物体的速度不断增加，因此，它的动能也不断增加。

总之，当外力对物体做功时，物体的动能增加；当物体克服外力做功时，物体的动能减小。

动能是标量，只有正值。它的单位和功的单位相同，在国际单位制里都是 J。这是因为：$1 \mathrm{kg} \cdot \mathrm{m}^2/\mathrm{s}^2 = 1 [\mathrm{kg} \cdot \mathrm{m/s}^2][\mathrm{m}] = 1 \mathrm{N} \cdot \mathrm{m} = 1 \mathrm{J}$。

〔例题 1〕　我国发射的第一颗人造地球卫星的质量是 173kg，轨道速度为 7.2km/s，计算它的动能。

解：已知 $m = 173 \mathrm{kg}$，$v = 7.2 \mathrm{km/s} = 7.2 \times 10^3 \mathrm{m/s}$。

由 $E_k = \dfrac{1}{2}mv^2$

得：$E_k = \dfrac{1}{2} \times 173 \times (7.2 \times 10^3)^2 = 4.48 \times 10^9 (\mathrm{J})$

答：它的动能为 $4.48 \times 10^9 \mathrm{J}$。

重力势能　前面讲过，举到高处的铁锤下落时能够把木桩打进土里而做功，所以被举到高处的铁锤具有能量。我们把由物体与地球相对位置所决定的能量叫做**重力势能**。由经验知道，在重力场中，如果物体的质量不变，离开地面越高，它具有的重力势能就越大。

如图 1 – 22 所示，如果我们用力 F 把质量为 m 的物体从地面匀速举到 h 高处，在这个过程中，物体共受两个力：一个是阻碍物

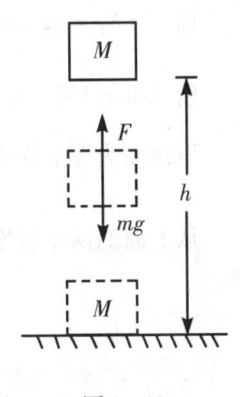

图 1 – 22

体上升的重力 mg；一个是使物体向上的外力 F。根据力的平衡条件，此时 $F = mg$。所以，外力 F 克服重力 mg 所做的功为 $W = mgh$。因为物体匀速上升，它的动能没有变化，这时外力克服重力做了多少功，这个物体的重力势能就增加多少；又因取物体在地面的重力势能为零，所以，外力克服重力所做的功 mgh 就是物体被举到 h 高度所具有的重力势能。若用 E_p 表示重力势能，则

$$E_p = mgh \qquad\qquad (1-25)$$

式 $(1-25)$ 表明：**物体的重力势能等于它的重量和高度的乘积**，或者说，**等于物体的质量与重力加速度和高度三者的乘积**。

重力势能也是标量，它的单位也和功的单位相同，在国际单位制中都是 J。

一个质量为 5kg 的物体，在离地面 10m 高的地方，它对地面来说，重力势能 $E_p = 5 \times 9.8 \times 10 = 490(\text{J})$。如果以离地面 8m 高处来说，重力势能 $F_p = 5 \times 9.8 \times 8 = 392(\text{J})$。由此可见，重力势能 mgh 是相对的，它总是相对于某一个平面来说的，这个平面的高度取作零，重力势能也是零。这个平面叫做参考平面。在研究问题中，可视情况的不同选择不同的参考平面。通常选择地面为参考平面，参考平面的势能为零，所以参考平面又叫零势能面。

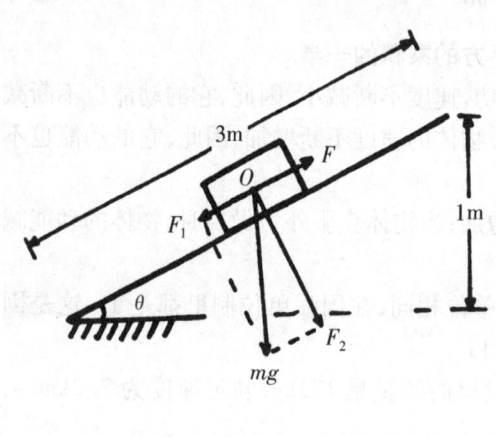

图 1 - 23

当外力克服重力对物体做功时，物体的高度增加，重力势能增加。物体克服重力做了多少功，它的重力势能就增加多少。当重力对物体做了功，物体的高度减少，重力势能也减少，重力对物体做了多少功，物体的重力势能就减少多少。

〔例题 2〕 工人把质量是 150kg 的货物沿长 3m，高 1m 的斜面匀速地搬上汽车。工人所做的功是多少（不考虑摩擦）？

解：如图 1 - 23 所示，把货物的重量分解成两个力，沿斜面的分力 F 和垂直于斜面的分力 F_2。当工人搬货物所用的力等于 F_1 时，货物才能沿斜面匀速上升，所以工人所做的功为：$W = Fs$

而 $F = F_1 = mg\sin\theta = \dfrac{1}{3}mg$

所以 $W = 150 \times 9.8 \times \dfrac{1}{3} \times 3 = 1\,470(\text{J})$

取地面为零势能面，高出地面 1m 处物体的重力势能也为：

$$E_p = mgh = 150 \times 9.8 \times 1 = 1\,470(\text{J})$$

从上面的两个答案中可见，在不计摩擦力的情况下，工人所做的功等于物体增加的势能。

三、机械能的转化和守恒定律

动能和势能（重力势能和弹性势能）统称为机械能。它们是可以相互转化的。

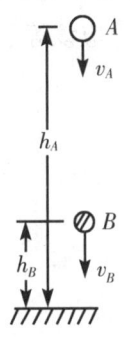

图 1－24　机械能转化

如图 1－24 所示。质量为 m 的小球只受重力作用，由 A 点自由下落时，随着小球高度 h 的降低，重力势能不断减小；同时，小球下落速度不断增大，它的动能也随之增大。这说明小球下落过程中，重力势能不断地转化为动能。相反，若原来有一定速度的小球竖直上升，速度越来越小，小球的动能减小了；同时小球距地面高度增加，重力势能也随着增加，这时动能转化为重力势能。而且，小球在任何时刻或位置，机械能的总量是保持不变的。

不仅重力势能可以跟动能互相转化，弹性势能也可以跟动能相互转化。

从实验和理论推导得出：**如果没有摩擦力和媒质的阻力，在任何一个物体的势能和动能相互转化的过程中，物体总的机械能保持不变。**这就是机械能守恒定律。即 $E_k + F_p =$ 恒量。

上面的叙述中没有考虑摩擦力和空气阻力。事实上，这些阻力都是存在的。物体的机械能有一部分转化成其他形式的能，即机械能的损失是克服阻力做功，变为另外一种形式的能量——热能，而且机械能减少的数量和热能产生的数量是相等的。自然界还有各种不同形式的能，如光能、电磁能、化学能、原子能、原子核能等，都可相互转化。在转化过程中，能量的总数保持不变。人们以动植物为食物，食物在人体内经氧化、分解，可转化为肌肉运动的动能、维持体温的热能及神经传导的电能等。大量事实表明：自然界一切形式的能都可以互相转化，且在转化过程中能量的总数不会改变。**能量既不能消灭，也不能创造，它只能从一种形式转化为另一种形式，或由一个物体传给另一个物体，但能量的总数始终保持不变，**这就是**能量守恒定律。**它是自然界最重要的普遍规律之一，适用于自然界发生的一切过程。生命过程也不例外。机械能守恒定律则仅仅是能量守恒定律的一种特例。

〔例题 1〕　求人跑步的最大速度。

解：人体由静止开始跑步，在达到一稳定的最大速度之前是变速运动，设人腿能产生的最大力等于人体重的 1.5 倍，即 $1.5mg$，m 为人体质量；又若人体每跨出一步前进 $\frac{1}{3}$ m，跨出 10 步（$n = 10$）后达到最大速度。

因为人腿所做的功 nFs 等于人体的动能 $\frac{1}{2}mv^2$，则：

$$nFs = \frac{1}{2}mv^2$$

$$10 \times 1.5mg \times \frac{1}{3} = \frac{1}{2}mv^2$$

$$v^2 = 100$$

$$v = 10(\text{m/s})$$

答：人跑步时的最大速度为 10m/s。

〔例题2〕 求撑杆跳的最大高度。

解:撑杆跳的运动过程包括快速助跑,以获得最大速度 v,到达起跳点时撑杆插在地上,使人体动能转变为杆弯曲的势能,然后随着杆变直,人体离开撑杆而翻过横杆。设 h 为撑杆者上升的高度,根据机械能守恒定律可知,人体在地面的动能 $\frac{1}{2}mv^2$ 应该等于人体升高后的重力势能 mgh。

故有:$mgh = \frac{1}{2}mv^2$

$$h = \frac{v^2}{2g}$$

设 $v = 10\text{m/s}, g = 10\text{m/s}$,代入上式得

$$h = \frac{10^2}{2 \times 10} = 5(\text{m})$$

由于横杆是从地面算起,撑杆者起跳前离地面约 1m,则撑杆者翻过横杆的最大高度为:

$$h = 5 + 1 = 6(\text{m})$$

答:撑杆跳的最大高度为 6m。

从上面的讨论中我们可以看到,功和能有密切的关系。当外力对物体做功时,物体的能量就要增加,如从枪膛里发射出去的子弹,燃气对子弹做功,子弹的能量就增加;当物体对外做功时,它的能量就减小,如下落的铁锤打击木桩做了功,铁锤的能量就减小了。也就是说,物体所增加(或减小)能量的值,等于外力对它所做功的值(或它对外做功的值),这就是**功能原理**。因此,我们可以说,**功是物体能量变化的量度**。

第四节 液体的流动

液体具有流动性,它只要受到很小的外力作用,就可以引起内部各部分之间或各层之间的相对运动(流动)。液体流动的规律不但在化工和制药等工程技术上有着广泛的应用,而且还可用它来了解、分析一些医学现象,如人体内部的血液循环等。

一、正压与负压

在初中大家已经学过,包围着地球表面几百千米至几千千米厚的空气,叫做大气,大气对地球表面上的物体产生的压强叫做**大气压强**。1 个标准大气压(符号是 atm)相当于 0.76m 高的水银柱产生的压强,即大气压强的数值为:

$p = \rho g h = 13.6 \times 10^3 \times 9.8 \times 0.76 = 1.01 \times 10^5 = 101.32(\text{kPa})$

所以,$1\text{atm} = 1.01 \times 10^5 \text{Pa} = 101.32\text{kPa}$

医学上常以大气压强为准,把高于(当时当地)一个大气压强的压强叫做正压,低于(当时当地)一个大气压强的压强叫做负压。例如,人体内当血液从心脏进入主动脉时,平均血压是 +13.33kPa,表示主动脉中血液的压强比当时当地大气压强高出 13.33kPa 的压强。胸膜腔的压强是负压,为 −1.33kPa ~ −0.66kPa,表示低于大气压强 1.33kPa ~ 0.66kPa。正负压在医学上应用很普遍,输液(血)装置就是利用液体的重量产生的正压

将药液(或血液)输入人体的。图1-25甲是开放式输液装置，吊瓶上端开口与大气相通，下端插一输液管，针尖处的正压是由液柱产生的。图1-25乙是封闭式装置图，输液时吊瓶中的药液(或血液)不断下流的结果，吊瓶内会出现负压而阻止输液正常进行，为防止此现象发生，在吊瓶瓶塞处插入一玻璃管(或软管)与大气相通。中医用的拔火罐和注射器吸取药液等，应用的是负压现象。当注射器活塞向上抽时，注射筒内出现负压，负压将药液吸入注射筒中。拔火罐时，先将着火酒精棉球投入罐内，罐内气体受热膨胀被部分溢出，及时将火罐扣于身体某一部位(不能漏气)，罐内气温下降后变成负压，该部位皮肤被轻微吸入，使微血管充血，达到治疗目的。胃肠减压器、负压引流器等都是利用负压原理而应用的器械。

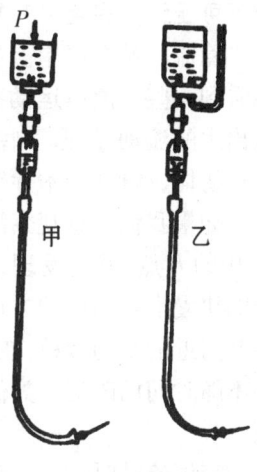

图 1-25

二、虹吸现象与洗胃器

将两臂不等长的 U 形玻璃管或橡皮管装满水(不能有气体进入)后，用手封闭两端管口，再分别放入高低不同的两个杯中(高处的杯中有水)。如图1-26所示，水即从高处的杯里经 U 形管流到低处的杯中，这种现象叫做虹吸现象。

液体能从高处杯中经 U 形管流入低处杯中，是由于大气压强的作用产生的。在虹吸管的最高点 A 处取一个竖直的液片来讨论，这液片既受到右边液体对它向左的压强，又受到左边液体对它向右的压强，液片受到的向左的压强等于大气压强减去液柱 h_1 产生的压强，即 $p - \rho p h_1$，受到的向右的压强等于大气压强减去液柱 h_2 产生的压强，即 $p - \rho p h_2$，由图1-26知 $h_2 > h_1$，所以 $p - \rho p h_1 > p - \rho p h_2$，即液片 A 所受到的向左的压强大于向右的压强，于是液片向左移动，使液体从液面高的容器经 U 形管流向液面低的容器。

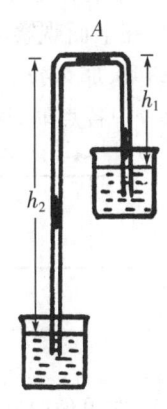

图 1-26

医学上常用的洗胃器就是利用虹吸现象。将带漏斗的橡皮管插入胃中，只要漏斗比胃高，水便可以流进胃，当把漏斗降到比胃低时，由于虹吸作用，水会从胃中流出来，反复进行可以达到洗胃的目的。注意，在进行洗胃过程中别忘了橡皮管内不能进入空气。

三、理想液体、稳流

理想液体 实际液体的流动很复杂，影响其流动的因素也很多，但在某些问题中，我们可以突出起主要作用的因素，忽略次要的因素。理想液体就是在这种情况下提出来的一个理想模型。

实际液体是可以压缩的，但压缩性很小，例如水在10℃时，每增加一个大气压(101.32kPa)，体积只减少了原来体积的2万分之一。因此，液体的压缩性是一个次要因素，可以忽略不计。液体的另一性质是黏滞性，它只是在液体做相对运动时才表现出来。关于黏滞性我们将要在本章后面学到。有些液体(如甘油)黏滞性很大，但许多常见的液体(如水、酒精)黏滞性却很小，因而黏滞性也可以作为次要因素而忽略不计。我们把**绝**

对不可压缩和完全没有黏滞性的液体,叫做**理想液体**。现在来研究理想液体的流动。

稳流　站在河岸上观察流得不太快的河水的流动,就能看到一些与液体运动有关的现象。为了能够更明显地看出水的流动,先撒一些能够漂浮在水面上或悬浮在水中的小物体,如树叶、木片等。

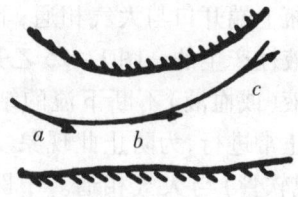

图1-27　观察河水的流动

如果我们注意观察河水中的某一固定点,例如图1-27中的b点,就会发现,凡是漂流到b点的树叶,都以同样的快慢沿着同样的方向离开b点。这一现象说明这些树叶附近的水的微粒,在流过b处时都有相同的速度。换句话说,水的微粒流过b处的速度不随时间而改变。类似的情况不仅在b点可以看到,在河中任何一个固定点都可以看到。

液体流动时,如果液体微粒流过空间中的任何一个固定点时,速度不随时间而改变,这样的流动,就叫做**稳定流动**,简称**稳流**。

显然,上面所讲的河水的流动是稳流。自来水管里的水流,从大蓄水池中流出来的水流,输液时吊瓶中药液的下流也可以近似地看做是稳流。

在上面观察河水流动的例子中,如果不是注视空间里的某一个固定点,而是注视某一片树叶,那么我们会发现它流动的快慢和方向都不是固定不变的。如图1-27树叶流过a、b、c…各点时,速度的大小和方向各不相同。这表示树叶附近的水的微粒的速度在流动中改变了。为什么有的地方水的微粒流速大,而有的地方流速小呢?为了解决这个问题,我们先来研究液体在管中流动的情况。

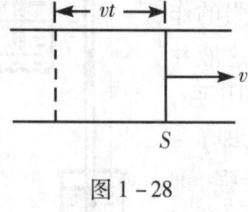

图1-28

连续性原理　假使液体连续不断地沿着一根粗细均匀的管子流过,如图1-28所示。如果液体是不可压缩的,并且从管子的侧壁既没有液体流入也没有液体流出,那么,在单位时间内流过每个横截面的液体的体积一定是相等的。

一般常把单位时间内流过某一横截面的液体体积(Sv)叫做液体在该截面处的流量,用Q表示,即:$Q = Sv$

在国际单位制中,流量的单位是米^3/秒(符号是m^3/s)。

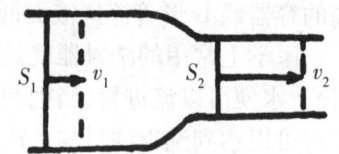

图1-29　液体的连续性原理

如图1-29所示,如果管子各部分粗细不同,并用v_1和v_2分别代表液体流过管中横截面积为S_1、S_2处的速度,那么在同一管中:

$$Q = S_1v_1 = S_2v_2 = 恒量 \tag{1-26}$$

即对于不可压缩的液体来说,在同一管中作稳定流动时,任意一处横截面积和该处液体流速的乘积,是一个恒量。这一结论叫做**液体的连续性原理**。式(1-26)又称为**连续方程**。

根据连续方程,还可以得出在一根粗细不同的管子中,液体的流速与横截面积的关系,即:$\dfrac{v_1}{v_2} = \dfrac{S_2}{S_1}$,此式表明:**在稳定流动的情况下,同一管子里液体流速和管子的截面积**

成反比。如果管子各部分的粗细相同,那么流过各处的流速都相同;如果管子各部分的粗细不同,那么管子细的地方,截面小,流速大;粗的地方,截面大,流速小。流速和截面积的关系是很容易观察到的。例如,在一条河流中,河面窄河底浅的地方水流得较快,在河面宽河底深的地方水流得较慢。输液时针尖处药液的流速比吊瓶中药液的流速大得多,就是因为针尖处横截面积比吊瓶的横截面积小得多的缘故。

血液循环时也基本符合此规律。血液在主动脉中平均流速约为22cm/s,流至毛细血管时,由于毛细血管的总截面积约为主动脉截面积的750倍,血流速度减慢,为0.05~0.1cm/s,为主动脉流速的0.2%~0.47%。当血液流入静脉时,总截面积逐渐减小,流速逐渐增大,流到上、下腔静脉时,血流速度已接近11cm/s。

〔例题〕 设流量为$0.12\text{m}^3/\text{s}$的水流过粗细不同的管子。细处的截面积为60cm^2,粗处的截面积为100cm^2。求管子粗处和细处的流速各是多少。

解:已知$Q=0.12\text{m}^3/\text{s}, S_1=100\text{cm}^2=10^{-2}\text{m}^2, S_2=60\text{cm}^2=60\times10^{-4}\text{m}^2$。

由$Q=S_1v_1=S_2v_2$可得:

$$v_1=\frac{Q}{S_1}=\frac{0.12}{10^{-2}}=12(\text{m/s})$$

$$v_2=\frac{Q}{S_2}=\frac{0.12}{60\times10^{-4}}=20(\text{m/s})$$

答:管子粗处和细处的流速分别是12m/s和20m/s。

四、液体流速与压强的关系

在粗细不同的管子里流动的液体,各处的流速不相同,那么各处的压强又怎样呢?我们用实验的方法来研究这一问题。

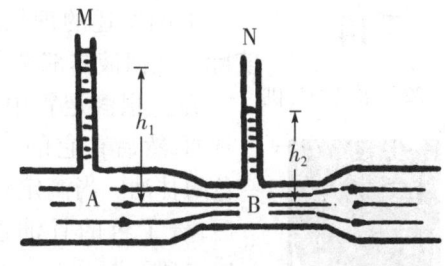

图1-30 流速和压强的关系

取一根粗细不均匀的水平管子,并在粗细不同的部分各接一根上端开口的竖直细管,如图1-30所示。当液体稳定地流过时,我们看到,液体在各竖直细管中上升的高度是不同的。管子细的地方上升的高度比较低,管子粗的地方上升的高度比较高。

竖直细管下面的压强,等于细管中的压强与液面上部的大气压强之和。竖直细管里的液体高,表示这个细管下面的压强大;液柱低,表示这个细管下面的压强小。液体的流速是跟管子的横截面积成反比的。所以,这个现象也就说明了:**理想液体在管中作稳定流动时,在管子粗的部分,流速小,压强大;在管子细的部分,流速大,压强小**。这个结论,也同样适用于气体。

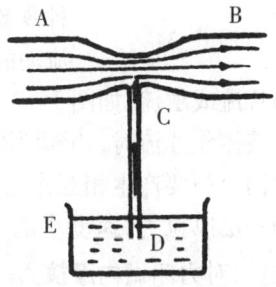

图1-31 空吸作用

在图1-31所示的玻璃管AB的细窄处连接一个细管CD,CD管的下端D浸在容器E里,容器E内装有带色的水。把AB管接在自来水管上,AB管里就有水流过。水的流速越大,压强越小,当流速大到一定数值时,AB管的细窄部分的压强就变成小于大气压强,这时容器E里带色的水沿 CD 管上升,并且被原来在 AB 管里的流水带走。液流或气流的这种作用叫做**空吸作用**。

医药上常用的水流抽气机、雾化吸入器、喷雾器等都是利用空吸作用的原理设计的。

水流抽气机 图 1-32 为水流抽气机的示意图,当水从圆锥形管的细口 A 流出时,由于流速大,压强小于大气压,故能将空气由 O 管吸入,并经下面的管子由水流将空气带走。管 O 与被抽容器连接,因此,容器中的空气逐渐被抽去。水流抽气机能够把被抽容器中的压强减压到 1/10 标准大气压,在制药操作中常用它来作抽滤和减压蒸馏。

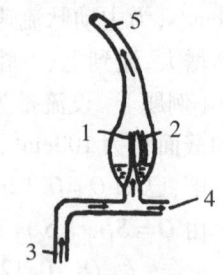

图 1-33 雾化吸入器

雾化吸入器 如图 1-33 所示的雾化吸入器,是利用高速氧气自雾化器内管 1 喷出,由于流速大,管口附近压强减小,药液通过管 2 被吸出,当药液通过管口 2 时,遇到来自管口 1 的急速氧气流而把药液喷成雾状,经过吸气管 5 进入患者的支气管及肺内。如用橡胶球式药物喷雾器时,只要压缩橡胶球,即可使药液喷出,而不必使用氧气。

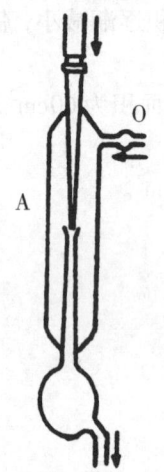

图 1-32 水流抽气机

五、液体的黏滞性

上面所述的理想液体没有黏滞性,但实际上任何液体都是有黏滞性的。

在一根滴定管中,先倒入一些无色的甘油,然后在它的上面再倒入一层着了色的甘油。当滴定管下边的活塞打开以后,着了色的甘油逐渐变成舌形,如图 1-34 所示。

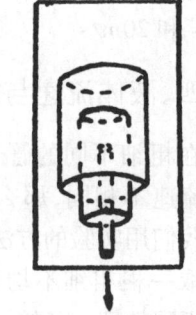

图 1-35 液体的分层流动

这说明管中甘油各部分流动的速度不一致,越靠近管壁,甘油的流速越慢,和管壁接触的甘油附着在管壁上,速度为零,在管的中央速度最大。这种现象说明管内的液体是分层流动的。液体的这种分层流动,

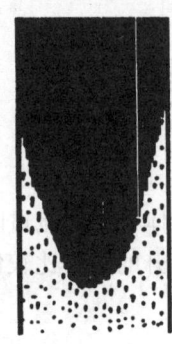

图 1-34

称为**片流**或**层流**,如图 1-35 所示。

液体作片流时,相邻两液层作相对滑动,在它的各层界面上就要产生相互作用力。速度大的一层给速度小的一层以拉力,速度小的一层给速度大的一层以阻

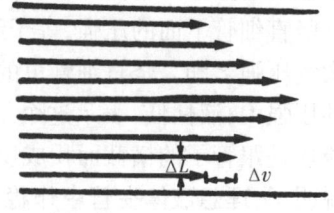

图 1-36 内摩擦力

力,这一对力叫做**内摩擦力**。由于内摩擦力的存在而具有相互牵制的性质,这种特性叫做**液体的黏滞性**。

在片流中,内摩擦力的大小与从一层到另一层流速变化的快慢程度有关。图 1-36 表示相距 ΔL 的两层,其速度差为 Δv,比值 $\dfrac{\Delta v}{\Delta L}$ 表示两液层之间单位距离上速度的变化,称

为速度梯度。这个比值越大，液体内，层与层的速度变化也越大。实验证明，内摩擦力 f 的大小和两液层的接触面积 S 以及被考虑处的速度梯度 $\dfrac{\Delta v}{\Delta L}$ 成正比。即

$$f = \eta S \frac{\Delta v}{\Delta L} \tag{1-27}$$

式(1-27)中的比例常数 η，叫做**液体的黏滞系数**或**内摩擦系数**。它的值取决于液体的性质，并和液体的温度有关，一般随温度的升高而减小，见表1-2。在国际单位制中，η 的单位是帕·秒(符号 Pa·s)。

表1-2

液 体	温度/℃	黏滞系数 $\eta/(\text{Pa}\cdot\text{s})$	液体	温度/℃	黏滞系数 $\eta/(\text{Pa}\cdot\text{s})$
水	0	1.8×10^{-3}	蓖麻油	17.5	$1\,225.0 \times 10^{-3}$
水	37	0.6×10^{-3}	蓖麻油	50	122.7×10^{-3}
水	100	0.3×10^{-3}	甘油	26.5	494
水银	0	1.68×10^{-3}	血液	37	$(2.4 \sim 4.0) \times 10^{-3}$
水银	20	1.55×10^{-3}	血浆	37	$(1.0 \sim 1.4) \times 10^{-3}$
水银	100	1.0×10^{-3}	血清	37	$(0.9 \sim 1.2) \times 10^{-3}$

血液的黏滞系数很大，为水的4~5倍。血液的黏滞性主要是由悬浮的血细胞决定的，当血细胞数量增加时，血液的黏滞系数增大，当血细胞减少时(例如贫血的病人)，血液的黏滞系数就变小。所以，测量血液的黏滞系数，对诊断某些疾病有帮助。测定液体黏滞系数也是检验药品的方法之一。

液体的流速如果超过一定数值后，其流动不再是层流，外层的液体将不断进入内层而形成涡流，流动是杂乱的并发出声音，这种流动叫湍流。如人体内心脏瓣膜附近，由于瓣膜的启闭将造成局部血流突然高速流动而引起湍流。正常情况下心血管系统及其他部位是不会有湍流产生的。当人剧烈运动时因血流加快，主动脉中也可出现湍流；瓣膜狭窄、动静脉短路等疾病也可能造成血流加快而产生湍流；发高烧使血液黏滞系数减小也可能产生湍流。湍流区别于片流的特性之一是它能发出声音，这种声音使医生能够利用听诊器来辨别血流情况是否正常，这对诊断疾病有一定的价值。

六、泊肃叶定律

下面我们研究黏滞液体流动的规律。

当黏滞液体(黏度为 η)在一根半径为 r，长为 L 的均匀水平管中作片流时，设两端压强差为 Δp(图1-37)，平均速度为 v，根据实验和理论计算有如下的关系式：

图1-37

$$v = \frac{r^2 \Delta p}{8\eta l} \tag{1-28}$$

利用式(1-28)和 $Q = Sv$ 可求出管中流量 Q 的大小为：

$$Q = \frac{\pi r^4}{8\eta l} \Delta p \tag{1-29}$$

上式说明:黏滞液体在管中作片流时,流量与管两端的压强差、管半径的四次方成正比,与管的长度、液体黏度成反比。这个规律是法国医生泊肃叶于1842年首先通过实验得出的,称为**泊肃叶定律**,式(1-30)称为泊肃叶公式。

如果用$\frac{1}{R}$代替$\frac{\pi r^4}{8\eta l}$,则泊肃叶公式可写成如下形式:

$$Q = \frac{\Delta p}{R} \tag{1-30}$$

式(1-30)和欧姆定律相似,式中R对液体的流动起阻碍作用,叫做**流阻**。流阻R的大小决定于液体的黏滞系数和管子的几何形状(S, l)。R在生理学上又叫外周阻力。对于心血管系统,常用式(1-30)来分析心输出量、血压和外周阻力之间的关系,例如:重症心力衰竭和失血过多的患者,由于心输出量(以及循环血量)减少,将引起动脉压下降;对于某些疾病用了某种药后,由于小动脉管径的收缩或扩张,导致流阻增加或减少,动脉血压就可能升高或下降。式(1-30)给医学和药学提供了一种精密测量黏滞系数的方法,很有实用价值。

七、血液的流动

在应用物理的原理来说明血液的流动时,必须考虑到机体心血管系统的复杂性。例如,血液是黏滞性液体,但是它又和一般均匀的黏滞性液体不同,里面悬浮着许多比任何分子都大得多的血细胞。血管的管壁是具有弹性的,所以虽然心脏是周期性地收缩和扩张,但血液在血管中的流动仍然是连续的。此外,血管的张力、直径都可以受神经和体液因素的控制而发生变化。由于这些实际情况,我们只能对血液的流动进行一些定性的讨论,详细的介绍在生理课内进行。

为了讨论方便,我们把心血管的体循环系统简化为如图1-38所示的物理模型。B是一个做周期性收缩和舒张的橡皮球,代表心脏;a和g是只能朝右做单向开闭的活门,表示心脏的瓣膜;连接B两端的管道表示血管,由a到b代表主动脉,bc代表动脉及其分支,cd表示小动脉,de代表毛细血管,然后毛细血管再汇合成小静脉、大静脉,最后经腔静脉fg回到心脏。

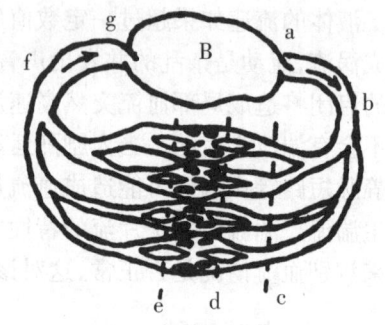

图1-38 血液循环示意图

当心脏收缩时,心脏内压强骤增,将活门g压闭,血液把活门a冲开,流向动脉。心脏舒张时,由于心脏内压强降低,流动着的血液将活门g冲开,血液流回心脏。a活门外的血液在心脏舒张时企图回流而把a活门压闭,使得回流不可能,因此,血液总是由动脉经毛细血管流到静脉,再回到心脏。

血液在心血管系统中流动时的压强称血压,是随着心脏的收缩和舒张而变化的。当左心室收缩将血液压入主动脉时,主动脉血压达到最高值,称为收缩压。收缩压的高低与主动脉的弹性和主动脉中所容的血量有关。比如,动脉硬化症的患者,心输出量虽然正常,但收缩压特别高。当主动脉回缩将血液逐渐注入分支血管时,血压跟着下降,血压降到最低值时正处于左心室的舒张期,此最低值为舒张压。舒张压的高低与外周阻力(流阻)有密切关系,外周阻力变大可以使舒张压升高。收缩压与舒张压之差称为脉压,脉压随着血管远离心脏而减小,到小动脉几乎为零。

由于血液是黏滞液体,内摩擦力做功消耗机械能,因而当血液从心室射出后,它的压强在向前流动过程中是不断下降的,到了腔静脉时,出现了负压。血压在小动脉中下降最快,如图1-39所示。这是因为小动脉数量多,血液流动摩擦面大,能量损耗大所造成。

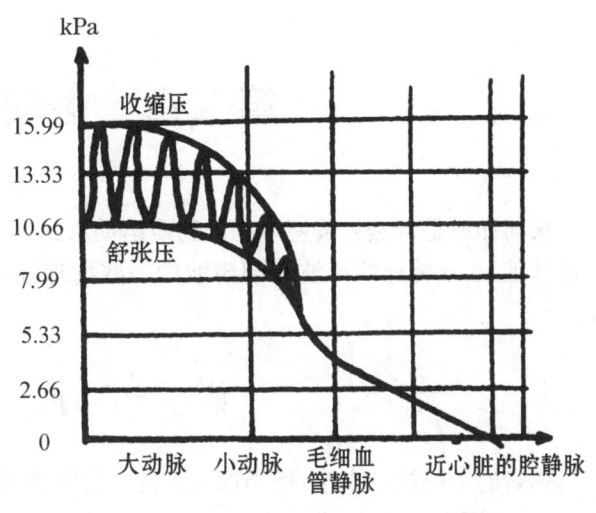

图1-39 血压曲线

八、血压计

人体血压可用血压计测量。血压计有汞柱型、弹簧型等。这里只介绍常用的汞柱型血压计,其结构如图1-40所示。它主要由测压计(即开管压强计)、加压的橡皮球(打气球)、橡皮袋(充气袋)三个部分组成。测血压时,把气袋缚在患者上肢与心脏等高部位,关上打气球阀门,用打气球向气袋充气,使气袋膨胀压瘪肱动脉,血流阻断。将听诊器胸件

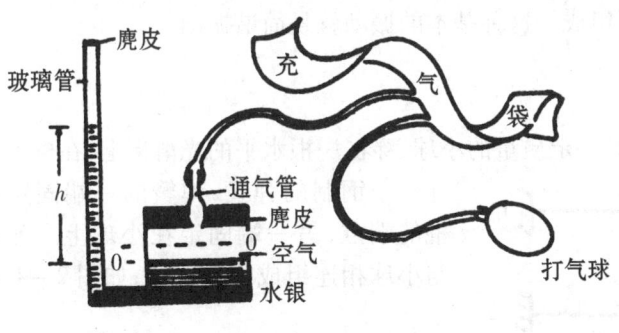

图1-40 血压计

置于肱动脉处。这时气袋中的压缩气体经导管把压强传到水银槽中,玻璃管中的汞柱高由0上升到18.6kPa左右(视病人情况还可再高一些),缓缓松开阀门,以减小气袋中压强,手臂肱动脉由压瘪状态开始逐渐恢复原状。当气袋中压强等于心缩压强时,血液的一部分可冲过已放松还未张开的肱动脉。前面学过,管的横截面积与流速成反比,所以血流速度在压瘪处的肱动脉中是很大的,这样大的流速已使血流由稳流变成湍流,与血管壁摩擦而发出声音。医学上把刚刚听到的第一个声音时的汞柱压强,作为被检者的收缩压。随着气袋中气体的不断被释放,气压逐渐下降,肱动脉由压瘪状态逐渐张开并恢复原状,血流速度也逐渐减慢,由湍流变为稳流(稳流是无声的),血流声由大逐渐变小最终消失,血流声刚消失的这一瞬间,血管刚好张圆,气袋中的气压恰好正是血管舒张压的压强。医生只要把这两个时刻汞柱位置记下,就是患者收缩压和舒张压的血压值了。

正常成人的收缩压,一般是13.33kPa～15.99kPa,舒张压一般是7.99kPa～10.66kPa。记录血压采用分数式,即收缩压/舒张压。当口述血压数值时,应先读收缩压,后读舒张压。

第二章　振动和波

振动和波是自然界普遍存在的物质运动形式。本章将着重讨论它们的特征和规律，在此基础上，还将介绍声波和超声波的一些物理性质和规律，以及超声波在医疗上的应用。

第一节　振　动

弹簧的下端挂一小球，把小球向下拉一段距离后放开，小球会在竖直方向做上下往复的运动；钟摆来回摆动；小鸟从树枝飞开，树枝来回摇晃：这些运动的共同特征是它们都沿着直线或弧线，在某一位置(平衡位置)附近做往复的运动。这种运动叫做**机械振动**，简称**振动**。

振动是比较复杂的，形式也多种多样，但是不管如何复杂的振动，我们都可以把它看做是由一些基本的、简单的振动所组成。这种基本的振动就是简谐振动。

一、简谐振动

把一个直径方向上有孔并具有一定质量的小球，穿在一根水平的光滑棍上，在棍上还穿一条钢制的弹簧，弹簧的一端固定在棍的端点，另一端固定在小球上。弹簧与小球相连组成弹簧振子，如图 2-1 所示。

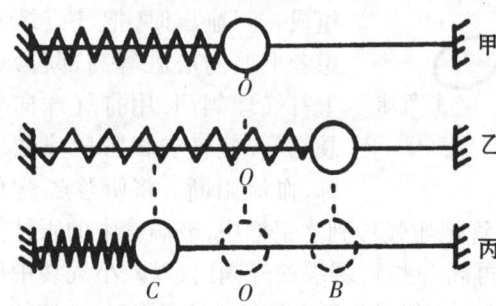

图 2-1　弹簧振子的振动

当弹簧处于自然状态时，作用在振子(小球)上的合力为零，这个位置称为平衡位置，图 2-1 甲中位置 O。如果把它拉到右侧的位置 B 后放开(图 2-1 乙)，它就在平衡位置 O 的附近振动。

振子为什么会振动呢？这是因为，我们向右侧拉振子时把弹簧拉长，弹簧产生一个使振子回到平衡位置的弹力即**回复力**。放开振子以后，振子就在这个弹力的作用下向左做加速运动。当球回到平衡位置时，它已具有一定的速度，因此，虽然这时弹簧已恢复到原状，弹性力消失，但振子由于惯性的作用，还要继续向左运动，并不停下来。振子在通过平衡位置向左运动中要压缩弹簧，被压缩的弹簧产生的弹力阻碍振子运动，使它做减速运动，于是振子减速到某一位置 C 不再向左运动(图 2-1 丙)。但是，这时振子在被压缩弹簧的弹力作用下又向右做加速运动，跟前面所述情况相似，振子到达平衡位置仍然不停下来，而是通过这个位置，再次到达位置 B。这样振子就完成了一个**全振动**。以后的运动将是重复上述的过程。

当然，影响振子振动的因素除了弹簧的弹力，还有球和棍之间的摩擦力，但是，由于球的孔和棍都很光滑,摩擦力很小可以不考虑。

根据胡克定律,在弹性限度内,振动的振子离开平衡位置时,它所受的弹力 F 跟它的位移 x 成正比而方向相反,即

$$F = -Kx \tag{2-1}$$

式中比例系数 K 是弹簧的劲度系数,简称劲度,负号表示弹力跟位移方向相反。

像这样,**回复力大小跟位移成正比,方向总是指向平衡位置的振动,叫做简谐振动**,例如单摆(细线的一端拴一小球,另一端固定)的运动也是简谐振动。

将 $F = -Kx$ 代入牛顿第二定律公式 $F = ma$ 得:

$$a = \frac{-K}{m}x \tag{2-2}$$

式(2-2)表示,简谐振动中物体加速度的大小总是与位移的大小成正比,而方向相反。由此可见,简谐振动是一种变加速运动,加速度的大小和方向在振动过程中都在发生变化。

二、振幅、周期和频率

为了描述物体的振动,常用振幅、周期和频率等物理量。

振幅　振动物体离开平衡位置的最大位移,叫做振动的**振幅**,用 A 表示,单位是米(m)。如图 2-1 中的 OB 或 OC。它反映了振子振动范围的大小,也表示了振动的强弱。

周期　振动物体完成一次全振动所需的时间叫做振动的**周期**。用 T 表示,单位是秒(s)。振动物体每秒钟完成全振动的次数,叫做振动的**频率**,用 f 来表示,单位是赫兹,简称赫(符号是 Hz)。周期和频率都反映了振动的快慢程度。

如果 1s 完成 f 次全振动,那么一次全振动所需时间为 $1/f$ s,因此

$$T = \frac{1}{f} \quad \text{或} f = \frac{1}{T} \tag{2-3}$$

弹簧振子的周期用秒表就可以测定,容易验证它满足如下的公式:

$$T = 2\pi\sqrt{\frac{m}{K}} \text{或} f = \frac{1}{2\pi}\sqrt{\frac{K}{m}} \tag{2-4}$$

式(2-4)说明,当振子做简谐振动时,它的周期(或频率)完全由弹簧劲度 K 和振子的质量 m 决定,而与振幅的大小无关。

对于一个确定的振动系统,它振动的周期(或频率)由系统本身的性质决定,称为系统的**固有周期**(或固有频率)。

如图 2-2 所示,把细线上端固定于悬点,下端拴一个小球,线的伸长和质量可以忽略,而线的长度比小球直径大得多,这种装置叫做单摆。当单摆振动时,它的固有周期(或固有频率)就只决定于摆长 l,而与摆球质量和振幅无关。

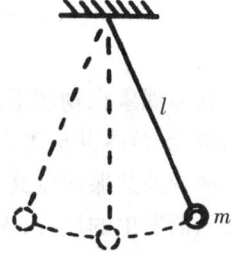

图 2-2　单摆

三、共　振

振动物体如果不受摩擦和媒质阻力的阻碍作用,会保持振幅不变并且持续不断地振

动下去。实际上上述阻碍作用是不可避免的。物体在振动过程中要不断克服阻力做功而消耗能量,振幅就会逐渐减小,最后完全停止下来。这种振幅越来越小的振动叫做阻尼振动,如图2-3甲所示。如果在振动过程中,用一个周期性的外力作用于物体,补充因克服阻力损失的能量,物体就可持续地做**等幅振动**(如图2-3乙所示)。例如,一个小孩打秋千,另一个人用周期性的外力推动秋千,则秋千便可做持续不停的等幅振动。这个周期性的外力叫做**策动力**,物体在策动力作用下的振动叫做**受迫振动**。

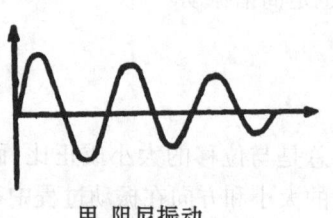
甲 阻尼振动

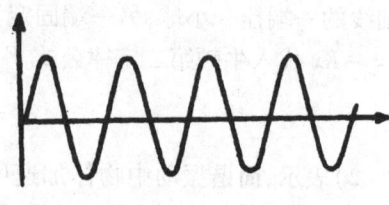
乙 等幅振动

图2-3

下面我们来分析一下受迫振动的频率由什么决定。钟的摆能够做等幅振动,是由于被卷紧的发条把能量周期性地传给了摆,使摆做等幅受迫振动,其振动频率就是策动力的频率;小孩打秋千做受迫振动时,其振动频率也等于策动力的频率。所以,物体做受迫振动的频率等于策动力的频率,而跟物体的固有频率无关。

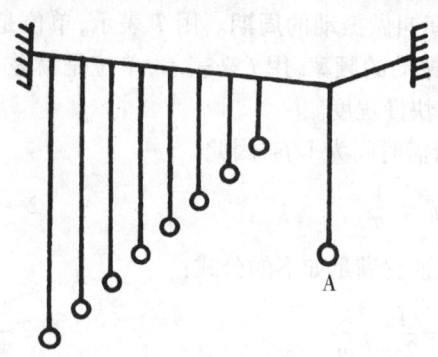
图2-4 摆的共振

那么,物体的固有频率对于受迫振动是否毫无影响呢?我们采用图2-4所示的实验方法来讨论这个问题。

在一根紧张的绳上挂几个摆球,当A摆振动时,通过张紧的绳向其余各摆球施加周期性策动力,其余各摆球就做受迫振动,策动力的频率就是A摆球的固有频率。实验表明,长度与A摆相等的摆振幅最大,长度与A摆相差最大的摆振幅最小,即在**受迫振动中,策动力的频率跟物体的固有频率相等时,振幅最大**,这种现象叫做**共振**。

共振现象在物理学、工程技术中有广泛的应用,在近代医疗技术方面起了重大作用,例如激光、核磁共振等。

声音的共振叫做共鸣。许多乐器装有共鸣箱是利用共鸣箱中的空气与琴弦共振,以增强乐器发出的声音;人发音时,口、喉、鼻腔等空气腔起着共鸣作用;人耳的外耳道一端敞开,另一端封闭,其空腔的共振作用,使人耳最容易听到频率为1 000Hz~3 000Hz的声音。共鸣对叩诊和听诊也有一定的价值,下节将学到。

共振现象也能对人引起危害。人体全身的共振频率为3Hz~14Hz,当外界与人体产生共振时,会刺激前庭器官和内脏,使人出现恶心、呕吐、头昏以及血压降低等现象,严重者可损坏脏器以致死亡。次声武器的杀伤力就是利用了这种现象。

第二节　波　动

一、波　横波和纵波

波　投一石子到水中,水开始振动,但是这振动并不停留在一点上,是以水波的形式向四周传去,而水面上的漂浮物并不随波逐流,只在原处上下荡漾,这表明漂浮物下的水也在原处上下荡漾。

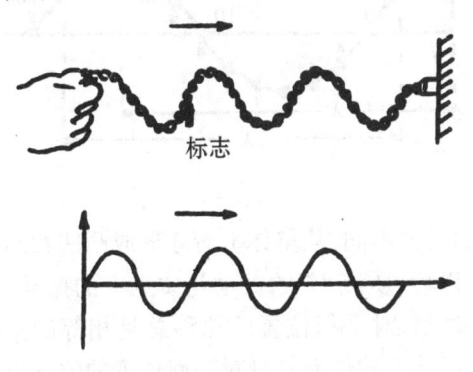

图2-5　沿绳传出凸凹相间的波

把绳的一端固定,用手捏住另一端上下振动,绳上就出现一列凸凹相间向绳的另一端传播的波,若在绳上某处做一标志,可以看到标志只上下振动,不随波迁移(图2-5)。

将一轻质弹簧用线水平地悬挂着,如图2-6所示,它的一端与薄钢片相连,当钢片左右振动时,弹簧上就出现一列疏密相间的波,沿弹簧的一端向另一端传播。同样,若在弹簧某处做一标志,可以看到标志只左右振

动,不沿波传播。

水波是在水中传播的,绳上的凸凹波是在绳上传播的,弹簧上的疏密波是在弹簧中传播的。借以传播振动的媒介物,如绳子、弹簧、水和空气等,叫做**媒质**。通过上述实验可看出,各个质点只在原来的平衡位置附近做往复运动,而不随波向前移动,表明媒质虽然能以波的形式把振动传播出去,但媒质本身并不随波迁移。

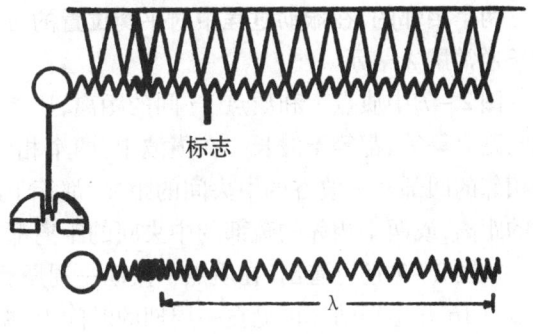

图2-6　沿弹簧传出疏密相间的波

振动为什么会在媒质中传播呢? 原来媒质的各部分之间存在着相互作用力,如果媒质的某一部分发生了振动,那么由于它对周围其他部分有力的作用,就带动周围各部分振动起来。同样,周围各部分又带动较远的各部分振动起来。这样,振动在媒质内就不会局限在一个地方,而要在媒质内传播出去。机械振动在媒质中的传播形成机械波,简称**波**。

随着波的传来,本来静止的质点开始振动起来,表明它获得了能量。这能量是从波源通过前面的质点依次传来的,所以,波在传播振动的同时,也将波源的能量传递出去。若持续地供给波源以能量,就能持续地从波源以波的形式把能量传递出去。波是传递能量的一种方式。

横波和纵波　根据媒质质点振动方向跟波的传播方向之间的关系,把波分成横波和纵波。像绳上的凸凹波那样,**振动方向与波的传播方向垂直的波**叫做**横波**。横波的波形特征是凸凹(起伏)相间,凸起和凹下部分分别叫做波峰和波谷。像弹簧上的疏密波那

样,**振动方向跟波的传播方向在同一直线上的波叫做纵波**,纵波的波形特征是疏密相间,密集和稀疏部分分别叫做波的密部和疏部。

能传播横波还是纵波,由媒质的性质决定,在液体和气体中只能传播纵波(液面除外);在固体中横波和纵波都能传播。

二、波长、频率和波速的关系

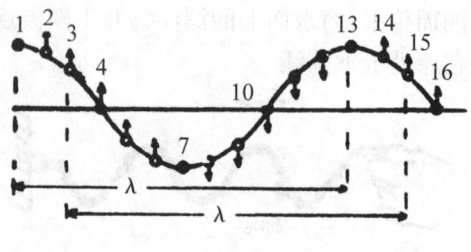

图 2 - 7 是绳上横波形成过程的示意图。绳子可看做是系列密集排列的质点组成的。质点间以弹性力相联系,小黑点上箭头所指方向,表示质点运动的方向。当质点1 振动后,它就带动质点 2 振动起来,但质点2 振动的时刻要比质点 1 迟一些。这样依次带动下去,后一个质点总比前一个迟一些开

图 2 - 7

始振动。在这列质点中,正因为相邻质点振动的时刻不同,从整体上看才形成凸凹相间的波向前传播。不难看出,在振动传播到质点 13 以后,质点 13 的振动与质点 1 的振动,步调完全一致:这两个质点在振动过程中的任何时刻,对平衡位置的位移总是相等的。同样,质点 2 和质点 14,质点 3 和质点 15 等等,在振动中的任何时刻对平衡位置的位移也总是相等的。

两个相邻的、在振动过程中对平衡位置的位移总是相等的质点间的距离,叫做波长。波长通常用 λ 表示。

图 2 - 7 中质点 1 和质点 13 间的距离,质点 2 和质点 14 间的距离,质点 3 和质点 15 间的距离等等,都等于波长。在横波中,两个相邻的凸部——波峰的中央间的距离,或两个相邻的凹部——波谷的中央间的距离,都等于波长。在纵波中,两个相邻的密部的中央间的距离,或两个相邻的疏部的中央间的距离都等于波长。

从图 2 - 7 还可看出,在质点 1 振动一周期后质点 13 开始振动,在质点 4 振动一周期后质点 16 开始振动。可见在一周期的时间内,振动在媒质中传播的距离等于波长。

既然在一个周期 T 的时间内,振动传播的距离等于波长 λ,那么,振动传播的波速 v 可写成下式:

$$v = \frac{\lambda}{T} \text{ 或 } v = \lambda f \qquad\qquad (2 - 5)$$

即**波速等于波长和频率的乘积**。式(2 - 5)也适用于今后学习的电磁波、光波等。

机械波在媒质中传播的速度是由媒质本身的性质决定的,在不同的媒质中传播的速度不相同。

〔例题〕 频率是 256Hz 的波,求它在空气中和骨头中的波长各是多少(已知空气中的速度是 340m/s,骨头中的速度是 3 400m/s)。

解:$\lambda_{空} = \frac{v}{f} = \frac{340\text{m/s}}{256\text{Hz/s}} \approx 1.33\text{m}$

$\lambda_{骨} = \frac{v}{f} = \frac{3\,400\text{m/s}}{256\text{Hz/s}} \approx 13.3\text{m}$

答:在空气中的波长是1.33m;在骨头中的波长是13.3m。

上例说明,同一波源在不同媒质中的波长是不相同的。

三、波的干涉和衍射

波的干涉　前面讨论的是一列波在媒质中的传播情况。实际上,常常有几列不同的波在媒质中传播。当几列波在媒质中相遇时,它们同时激起媒质的振动,因而波形发生了改变,这种现象叫做**波的叠加**。在两列横波叠加时,如果两个波峰(或波谷)同时到达某点,则这点的振动加强,它的振幅为两列波在该点的振幅之和(图2-8甲)。相反,如果一个波的波峰和另一个波的波谷同时到达某点,则这点的振动减弱,其振幅为这两列波在该点的振幅之差(图2-8乙)。

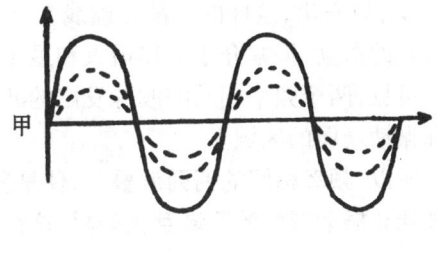
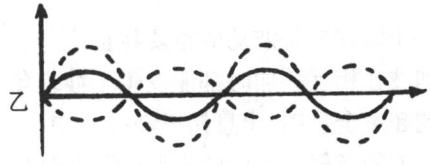

图2-8　波的叠加

如果将两个小球装在发波水槽内同一支架弹片上,让小球紧靠水面,当支架弹片振动时,两个小球周期性地触动水面,形成两列频率和振幅都相同的圆形波。这两列波叠加时,就会形成如图2-9所示的水波图样:在振动着的水面上,出现了一条条从两个波源中间伸展出来的水面平静的区域。

这种现象是怎样产生的呢? 可以用波的叠加来解释。

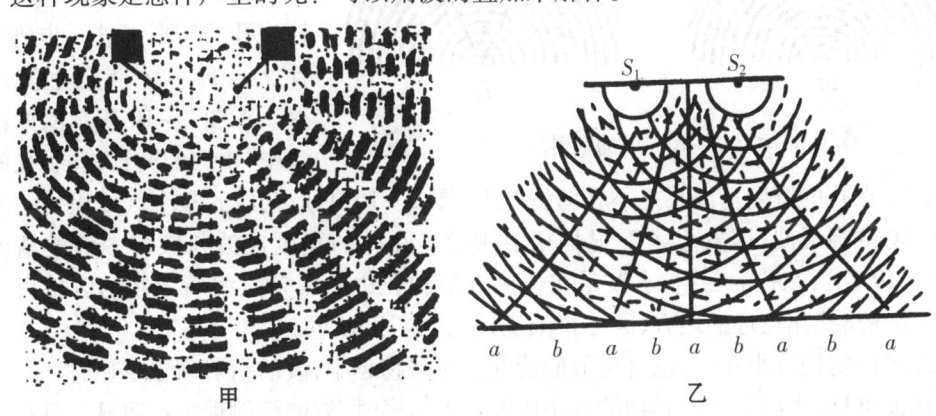

图2-9　波的干涉

如图2-9乙所示,两组同心圆分别表示从波源 S_1、S_2 发出的两列波,实线圆弧表示波峰,虚线圆弧表示波谷。某一时刻,在某一点如果是两列波的波峰和波峰相遇,位移为正的最大值(等于两列波振幅之和),那么经过半个周期,两列波各前进了半个波长的距离,在这一点是波谷和波谷相遇位移为负的最大值。再经过半个周期,这一点又是波峰和波峰相遇,依此类推,这一点会按一定的振幅振动,振幅等于两列波的振幅之和,所以这一点的振动总是最强。从图2-9乙可以看出,这样的点都在实线 a 上。某一时刻,在某一点如果是第一列波的波峰和第二列波的波谷相遇,那么经过半个周期,这一点是第一列波的波谷和第二列波的波峰相遇,再经过半个周期,在这一点第一列波的波峰和第二列波的波谷又相遇。依此类推,这一点也会按一定的振幅振动,它的振幅等于两列波的振幅之差,所以这一点的振动总是最弱,如果两列波的振幅相等,这一点的振幅等于零。从图2-9乙可以看出,这样的点都在虚线b上。a和b是互相间隔的。在实线和虚线之间的其他各点的振动,振幅介于上述最大和最小振幅之间。

可见,两个频率相同的波源发出的波叠加后,将出现稳定的互相间隔的振动最强的区域和振动最弱的区域。

所以,**频率相同的两列波叠加,使某些区域的振动加强,某些区域的振动减弱,并且振动加强和振动减弱的区域互相间隔,这种现象叫做波的干涉,形成的图样叫做波的干涉图样。**

干涉现象是波动的重要特征之一。不仅水波,一切的波,只要满足频率相同的条件,两列波在相互叠加时都能发生干涉现象。波的干涉广泛地应用于精密测量,也应用于现代的超声全息图、全息摄影新技术中。

波的衍射 河中的水波,遇到突出水面的芦苇、小石等,会绕过它们,继续传播;隔墙喊人,声音可以绕过墙壁传给对方。

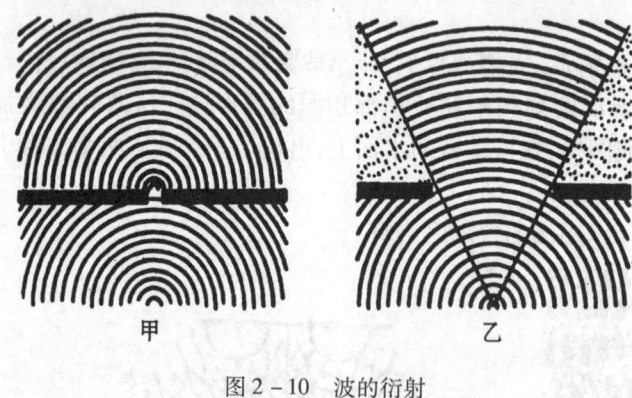

图2-10 波的衍射

波绕过障碍物的现象,叫做波的衍射,或叫波的绕射。

除了利用小障碍物外,在波的前进方向上放一个有孔的屏,也可以观察波的衍射现象。现在我们就用水波槽观察水波通过孔的情形来进一步研究在什么条件下才能发生波的衍射。在图2-10所示的两次实验中,水波的波长相同,孔的宽度不同。在孔的宽度与波长差不多的情况下(图2-10甲),孔后的整个区域里传播着以孔为中心的圆形波,即发生了明显的衍射现象。在孔的宽度比波长大好多倍的情况下(图2-10乙),在孔的后面,水波是在连接波源和孔边的两条直线所限制的区域里传播的,只是在离孔比较远的地方,波才稍微绕到"影子"区域里。

用障碍物代替小孔时,也有类似的情况。障碍物越小,波的衍射现象越显著。

由此可见,当小孔或障碍物的大小比波长大得多时,波的衍射现象不明显。只有当小孔或障碍物的大小跟波长差不多或比波长更小时,波的衍射才明显。

衍射现象是波的另一个重要特征。一切波都能发生衍射。

第三节 声 波

能够在听觉器官引起声音感觉的波动称**声波**,通常也叫声音。人类能够感觉到的声波频率范围是20Hz～20 000Hz。频率高于20 000Hz的声波叫做**超声波**,频率低于20Hz的声波叫**次声波**。超声波和次声波都不能引起人的听觉,从物理学的观点看来,它们与频率在20Hz～20 000Hz的声波相比,并无本质的不同。

一、声音的传播

声音和其他机械波一样是在媒质里传播的,如钟表摆轮的滴答声、电铃的铃铛声都是靠它们周围的空气作媒质来进行传播的。如果把它们放在玻璃钟罩内,抽去钟罩内的空气,就听不到它们的声音了,如再把空气放回罩内,又能听到它们的声音。这说明电铃或钟表的声音是通过空气传入耳内的。声波在空气中是怎样传播的呢?发声体把它的振动传给紧挨着它的空气分子,使这些空气分子也振动,这些空气分子又把振动传递给紧挨着它们距声源更远一些的空气分子……这样,在空气里就形成了从声源向外传播的声波。由于空气分子的振动方向跟波的传播方向相同,所以声波是纵波。

不仅空气能够传播声音,任何气体、液体和固体都能传播声音。例如,在长木板的一端放一只表,把自己的耳朵贴在木板的另一端,就可以清楚地听到表的滴答声;河里的鱼,能够听到河岸上人的脚步声和说话声。总之,声音能在气体、液体和固体中传播,但是不能在真空里传播。

虽然声音在气体、液体和固体中都能传播,但在不同的媒质里,声音的传播速度各不相同。声音的传播速度与媒质的性质和温度有关。表 2-1 是 0℃ 时一些媒质中的声速。

表 2-1

媒 质	声 速/(m/s)	媒 质	声 速/(m/s)
空 气	332	软 木	430~530
水	1 450	橡 胶	30~50
铜	3 800	骨	3 360~3 400
铁	5 000	脑	1 505~1 515
玻 璃	5 000~6 000	肌 肉	1 575~1 585
松 木	3 320	肾、肝	1 553~1 559

在空气中由于温度变化声速也改变,一般温度每升高 1℃ 声速增大约 0.6m/s。对固体和液体,声速变化很小,故常可以忽略不计。

二、声强和声强级

声强 声音的强度简称声强,是一个客观上表示声音强弱的物理量。**单位时间内通过垂直于声波传播方向上单位面积的能量**,叫做声强,用 I 表示,则

$$I = \frac{E}{S \cdot t} \tag{2-6}$$

式(2-6)中 S 表示面积,t 表示时间,E 表示在 t 时间内垂直通过 S 的能量。声强的国际单位是焦/米^2·秒或瓦/米^2(符号是 $J/m^2 \cdot s$ 或 W/m^2)。经理论研究和实验证明,声强的大小取决于声振动的振幅和频率。

声强级 能够引起人们听觉的声波,不仅要求在一定的频率范围内,而且要求在一定

的声强范围内。一定频率的声波,引起听觉的声强有上、下两个限度。低于下限的声强太弱,不能引起听觉;高于上限的声强又太强,只能使人耳产生痛觉,也不能引起听觉。例如,频率为 1 000Hz 的声波,能引起听觉的下限声强为 $10^{-12}W/m^2$,产生痛觉的上限声强为 $1W/m^2$。可见,声强的上、下限相差 10 000 亿倍。因此,用声强进行量度很不方便,此外,人耳对声音的感觉近似的与声强的对数成正比。因此,在声觉中比较声音的强弱不是使用声强,而是采用声强级来表示。通常规定 $I_0 = 10^{-12}W/m^2$(相当于 1 000Hz 的声波能引起听觉的下限声强)为基准声强,用声强 I 与基准声强 I_0 之比的常用对数来表示声音的强弱,称为 I 的声强级,用符号 L 表示,即

$$L = \lg\left(\frac{I}{I_0}\right)$$

L 的单位是贝尔,简称贝(符号是 B)。贝太大,常用分贝(符号 dB)作单位,由于 1B =10dB,所以上式改写成:

$$L = 10\lg\left(\frac{I}{I_0}\right) \tag{2-7}$$

〔例题1〕 在教室中讲课的声强为 $10^{-6}W/m^2$,试求它的声强级。

解:根据 $L = 10\lg\left(\frac{I}{I_0}\right)$

则 $L = 10\lg\left(\frac{10^{-6}}{10^{-12}}\right) = 60(dB)$

答:它的声强级为 60dB。

〔例题2〕 50dB 声强级的声音,若要再增加 10dB 声强级,即 60dB,问声强应增加多少?

解:已知:$L_1 = 50dB$,$L_2 = 60dB$

$L_1 = 10\lg\left(\frac{I_1}{I_0}\right) = 50(dB)$

即 $\lg I_1 - \lg I_0 = 5$

得 $I_1 = 10^5 \times 10^{-12} = 10^{-7}(W/m^2)$

$L_2 = 10\lg\left(\frac{I_2}{I_0}\right) = 60(dB)$

即 $\lg I_2 - \lg I_0 = 6$

得 $I_2 = 10^6 \times 10^{-12} = 10^{-6}(W/m^2)$

所以 $\Delta I = I_2 - I_1 = 10^{-6} - 10^{-7} = 9 \times 10^{-7}(W/m^2)$

答:声强应增加为 $9 \times 10^{-7}W/m^2$。

表2-2　几种声音的声强和声强级

声音类型	声强/(W/m^2)	声强级/dB	声音类型	声强/(W/m^2)	声强级/dB
听觉阈值	10^{-12}	0	交通要道	10^{-4}	80
正常呼吸	10^{-11}	10	高音喇叭	10^{-3}	90
小溪流水	10^{-10}	20	地铁列车	10^{-2}	100

声音类型	声强/(W/m^2)	声强级/dB	声音类型	声强/(W/m^2)	声强级/dB
医院(静)	10^{-9}	30	纺织车间	10^{-1}	110
阅览室	10^{-8}	40	柴油机车	10^{0}	120
办公室	10^{-7}	50	(疼痛阈值)		
日常交谈	10^{-6}	60	球磨机房	10^{1}	130
礼堂讲演	10^{-5}	70	喷气飞机	10^{2}	140

三、乐音和噪音

声音按其性质可分成乐音和噪音两种。

图 2-11　乐音的波形曲线

乐音　乐器的演奏声、歌唱家的歌声,听起来悦耳动听,给人以舒适的感觉,这种声音叫乐音。客观上乐音是由周期性振动的声源发出来的,见图 2-11 钢琴声音的振动曲线。

根据听觉可以知道,乐音具有音调、响度和音品三方面的特性,称为乐音的三要素,下面分别加以研究。

1. 音调　音调是指声音的高低。客观上音调的高低决定于声源振动频率的高低。一般说,儿童的音调比成人高;女人的音调比男人的高。

2. 响度　响度是人们主观感觉到声音的强弱,它决定于客观的声强。声强越大,我们感觉声音越强,即响度大;声强越小,我们感觉声音越弱,即响度小。20Hz ~ 20 000Hz 范围内的声波,声强相同,频率不同的声音,对人耳产生的响度不相同。正常人耳最敏感的频率在 1 000Hz ~ 5 000Hz 之间。

3. 音品　在乐器演奏中,各种不同乐器所发出的声音,即使它们的音调和响度都相同,我们还是可以把它们区分开,说明乐音除音调和响度外,还有第三个特性——音品。

取几种乐器,例如音叉、钢琴、黑管使它们发声。音叉的振动是简谐运动,所发出的声音听起来比较单纯。这种由做简谐振动的声源所发出的声音,叫做纯音。钢琴、黑管发出的声音,就不像音叉所发出的声音那样单纯。用专门仪器来分析钢琴、黑管的声音,可以证明,它们都是由若干个频率和振幅不同的纯音组成的,这种由许多纯音组成的声音,叫做复音。复音就是由基音和泛音组成。复音中所含的频率最低的纯音(振幅最大)叫做基音,其余的叫做泛音。复音的频率等于基音的频率。

实验指出:发声体常常不只是一种频率的振动而是包括许多种频率同时在振动,除了最低的频率(基音)之外,还有一些比基音频率高一定倍数的振动(泛音)存在。如图 2-12 所示。虽然这两个声波的基音(用虚线表示)相同,但是由于泛音(用实线表示)不同,

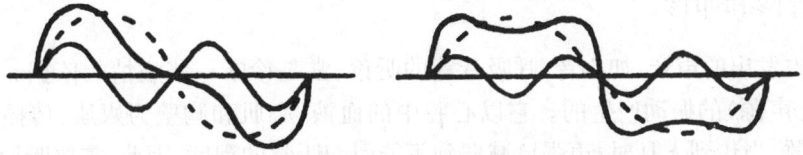

图 2-12　基音和二倍频及三倍频泛音的合成曲线

其合成波——复音(用粗实线表示)的波形就不同。因此,人耳仍然能分辨出这两个声音的音品。

从上面的研究可以知道,**乐音的音品,是由泛音的多少以及各泛音的频率和振幅所决定的。**或者说,音品是由声波的波形来决定的。

乐音能促进人的身心健康,有些患者通过音乐治疗,能增进食欲,增强免疫系统功能和调节自主神经系统功能等。近年来由于它在治疗心血管系统、神经系统的一些疾病上有一定的效果而被称为"音乐医生"。

图2-13 噪声的波形曲线

噪音 从物理性质上来分析,它是由声源做无规则、非周期性振动时所产生的,如图2-13所示。例如电锯、搅拌机、卡车等发出的声音都是噪音。从公共卫生角度来分析,还要考虑到人的生理和心理状态,通常把一切影响人们正常生活、工作、休息的声音(包括乐音)都列在噪音的范畴。

噪音与三废(废水、废气、废渣)污染一样,已成为当今社会的又一大公害。

噪音对人是一种不良刺激,有损于人体健康。噪音超过45dB~50dB,人们就感到厌烦,注意力分散,影响正常工作和休息。如果长期在80dB~90dB以上的噪音环境里,会损伤听力导致其他疾病。超过120dB的噪音,会使人头晕、恶心、呕吐。超过140dB的噪音,在短时间就会使人的听觉器官发生急性外伤,并且使整个机体受到严重损伤,引起鼓膜破裂、脑震荡、语言紊乱、神智不清、休克,甚至死亡。

然而噪音并非全对人体有害。在55dB以下的噪音环境中,对健康人多无伤害,相反,可克服一些人的隔绝感。比如,在太空飞行器中,随时用录音机播放一些轻的声音,对宇航员克服隔绝感有一定的帮助。

为了人类的健康必须防止和消除有害人体的噪音,防止噪音的方法有三:一是控制噪音源,使达到我国现行的噪音标准(见表2-3)。二是控制噪音的传播。如用隔音墙或封闭的隔音间、种植树木和花草等来控制噪音的传播。三是个人防护,如使用耳塞、防声棉、佩戴耳罩和头盔等。

表2-3 我国城市区域环境噪音标准 (dB)

适用区域	昼间	夜间	适用区域	昼间	夜间
特殊住宅区	50	40	工业区	65	55
居民、文教区	55	45	交通干线、道路两侧	70	55
居住、商业、工业混杂区	60	50			

四、听诊和叩诊

对体内发出的声音,如心音、呼吸音等的听诊,常是诊断一些病情的依据。心音是由心脏瓣膜(声源)的振动产生的。它以心腔中的血液、心肌和胸壁为媒质,传播到体表再向四周扩散,当传到人耳时,声强已减弱到不能引起听觉的程度,因此,需要听诊器。

图2-14所示,听诊器由胸件、导管和耳塞三部分组成。胸件有膜式胸件和钟式胸件

两种。膜式胸件由一个类似圆盒状的外罩,加上一个膜片构成。外罩面积比它的传音孔径大得多,这种类似喇叭形的外罩,能起到集音作用。膜片的面积大小、弹力强弱和厚度等使它具有一定的振动固有频率,对听诊频率较高的心脏第一二心音较有利。频率较低的第三四心音,多在 $10Hz \sim 50Hz$ 之间,要求膜片应很厚,固有频率很低才能听得到,这就需改用钟式胸件。钟式胸件上无膜,听诊时将患者的皮肤和肌肉当成膜片。由于人体皮肤和肌肉较厚,固有频率很低。钟式胸件轻压在患者体表上,即可听到(安静环境中)第三、第四心音了。

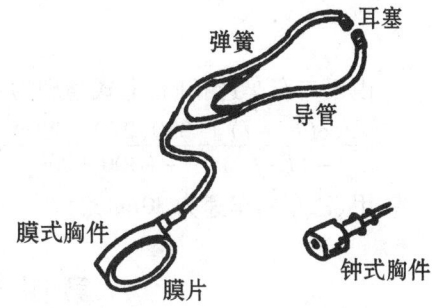

图 2 - 14　听诊器

导管的作用是医生的耳朵不必贴在患者身上听诊,但导管不宜太长,否则要衰减声波。一般 $25cm \sim 30cm$ 为宜。

耳塞是声音入耳的通道,也是阻挡外来杂音的关卡,要求佩戴舒适即可。

叩诊也是体检和诊断病情的一种方法。叩诊时,医生用手叩击患者身体的某些部位,以引起该部位下面的脏器发出不同的共鸣音。通过对这些声音的分析,有助于判断脏器有无疾病和病情的演变情况。对于正常人,叩击肺部时,由于肺部含气量多,弹性大,出现一种音调较低、响度大、振动时间较长的声音,叫做清音。叩击肝脏、心脏(被肝遮盖部分),出现一种音调较高、响度较弱、振动时间持续较短的声音,叫做浊音。叩打不含气的脏器,如心脏、肝脏、肌肉组织、骨骼等,出现音调较浊音更高、响度更弱、振动时间持续更短的声,叫做实音。叩击含气较多的空腔如胃肠,出现一种和谐的低音(接近纯音),比清音的响度更强、振动时间持续长,叫做鼓音。

五、多普勒效应

一列火车从我们身边鸣笛疾驰过去时,我们听到汽笛的音调发生了显著地变化:当火车鸣笛而来时,音调变高;当火车鸣笛而去时,音调却变低。由于声源和观察者之一,或二者相对于媒质运动时,听者听到的音调和声源与听者都处于静止时听到的音调不相同,这种现象叫做**多普勒效应**。

音调的高低决定于声源的振动频率。如果声源频率为 f,速度为 u,听者听到声音的频率为 f',听者的速度为 v,声速为 c。经实验和理论推导得知 f' 和 f 之间有如下关系

$$f' = (\frac{c \pm v}{c \pm u})f \qquad (2-8)$$

式(2-8)中听者向声源运动时,v 取"+"号,离开时取"-"号。声源向听者靠近时,u 取"-"号,离开时取"+"号。不论是声源运动,还是听者运动,或者两者同时运动,只要两者相互接近,接受到的频率就高于原来声源的频率;两者相互远离,接受到的频率就低于原来声源的频率。

〔例题〕　两辆等速相对开行的汽车,相遇后乙车上的人听到甲车的喇叭声由 $300Hz$ 变为 $250Hz$,求甲、乙车的车速。已知当时空气中声速为 $330m/s$。

解:由于听者和声源相互远离,式(2-8)应为:

$$f' = \frac{c-v}{c-u}f$$

由于二车车速相同,上式整理为:

$$v = \frac{c(f'-f)}{-(f+f')} = \frac{330(250-300)}{-(300+250)} = 30(\text{m/s})$$

答:甲、乙车的车速为30m/s。

第四节 超声波

一、超声波的产生和接收

超声波产生的方法很多,目前医用超声仪器中主要是利用结构上不对称的晶体(如石英、酒石酸钾钠、锆钛酸铅等)的压电效应来获得。压电效应包括正压电效应和逆压电效应。正压电效应是指这类晶体在受到外界压力或拉力时,晶体的两个对称平面上出现异种电荷的现象。如图2-15所示,晶片被压缩时一面带正电荷,另一面带负电荷,被拉伸时则两对称面所带

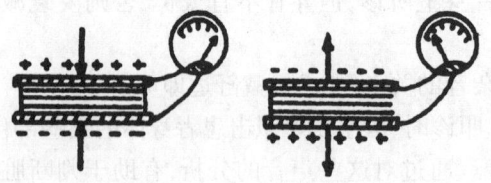

图2-15 正压电效应

电荷与压缩时相反。具有压电效应的晶体叫做压电晶体。逆压电效应是指如果在压电晶体的两面给予异种电荷,它就会沿一定方向发生压缩和拉伸形变。如果在压电晶体的两面加上20 000Hz的交流电时,晶体做高频率的振动,在媒质中就产生超声波(图2-16)。当超声波作用

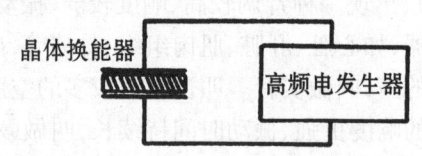

图2-16 超声波发生器示意图

在晶体上时产生正压电效应。因此,利用逆压电效应可发射超声波(这过程是把电能转换成机械能);利用正压电效应又可接收超声波(这过程是把机械能转换成了电能)。这种主要由压电晶片组成的装置称为**换能器**,又名探头。

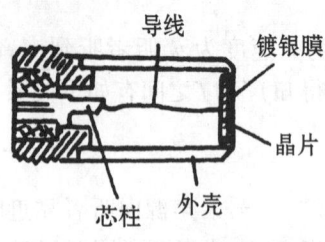

图2-17 超声探头

目前,探头通常用压电陶瓷片经双面镀银制成,两面的银层就是电极,用细铜丝分别焊在两电极上,并将两引线分别焊到基座的芯柱和外壳上(图2-17)。它的固有频率与晶片的厚度、宽度有关,使用时切忌高温和碰击。

二、超声波的性质和作用

超声波和声波都是机械波,所不同的是超声波的频率比声波的频率高,不能为人耳所感觉到,因此,它具有声波的通性:能在气体、液体和固体中传播;与声波的传播速度相同;它的强度随离开声源的距离的增加而减弱,在空气中衰减很快;通过气体与固体或液体间的界面时,产生反射、折射和衍射等。在超声诊断

中,反射尤其重要。

由于超声波的频率比声波的频率高、波长短,故它还具有如下的特性:

1. 方向性好　由于超声波频率高、波长短,衍射现象不显著,因此具有与光波类似的直线传播性质,即方向性好,便于做定向集中发射。

2. 声强大　从理论推知:声强与频率的平方成正比。频率越高,声强越大,故在同样振幅的条件下,超声波的强度比声波大得多。同样振幅的 5 000kHz 超声波与 1kHz 的声波相比,前者的强度要比后者大 25 万倍。

3. 穿透性强　实验指出,超声波在空气中传播衰弱很快,如频率为 1MHz(10^6Hz)的超声波,在空气中只经过半米长的距离时,其强度就减弱到原来的一半。超声波在液体中能够传播很远,如使强度减弱一半,所经距离约为空气中的 1 000 倍。超声波也能穿透几十米长的金属,故它在液体和固体中具有很强的穿透性。

人们在实践中发现超声波对物质有许多特殊的作用,下面介绍几种主要的作用:

1. 机械作用　超声波不仅能破坏物质作强烈的机械振动,而且产生冲击作用,能破坏物质的力学结构。在液体中发生超声振动时,质点的加速度可达重力加速度的几十万倍甚至百万倍,这种巨大的作用能够破坏媒质中粒子的结构。如果液体中存在有异类粒子(如胶粒、微生物、高分子化合物)它们的振动速度与液体质点的速度不会完全相同,两者之间就要发生巨大的摩擦力,据此可以把这些异类粒子击碎。

2. 热作用　超声波作用于媒质时,其能量被媒质所吸收(特别是不同媒质界面的吸收)而转化为热能,因此,它使媒质的温度升高。

3. 空化作用　由于超声波的能量巨大,当通过液体时,引起液体迅速发生疏密变化,稠密区受压,稀疏区受拉。液体忍受拉力的能力较差,如果支持不住这个拉力就会被拉断(特别是含有杂质或气泡的地方)从而会产生一些近乎真空的微小空腔;而到压缩阶段,空腔迅速闭合时会产生局部的瞬时高压、高温和放电现象。这种作用叫做空化作用。

三、超声波在医学上的应用

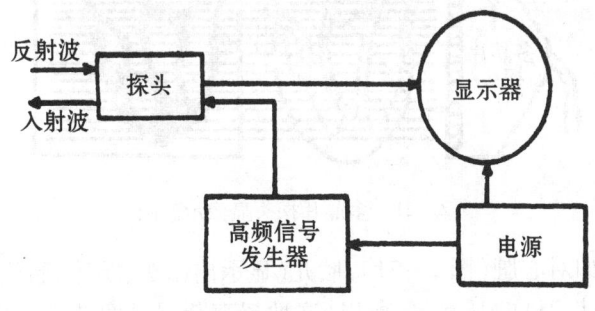

图 2-18　A 超诊断仪结构方框图

超声诊断仪　超声诊断的优点是无放射性、无损伤、检查方便、成本低,已列为临床的常规检查。超声诊断仪有多种,这里学习 A 型和 B 型超声诊断仪(简称 A 超和 B 超)的工作原理。

A 超和 B 超由四部分组成:电源、高频信号发生器、探头和显示器,如图 2-18 所示。高频信号发生器产生的高频电振动输送到探头,使之产生超声振动,在媒质中就产生超声波。超声波透入人体某一器官后,在不同的界面上发生反射,反射波经同一探头变成电振动,经放大后输送至显示器,在荧光屏上就显示出回波的图像。

1. A 超工作原理　图 2-19 是利用 A 超诊断仪探测脑部病患的示意图。在超声波通过的路线上,密度变化最大的是颅骨和中线部分。正常人的回声图,如图 2-19 甲所示,图的上方是示波器荧屏显示的曲线。横轴代表距离，纵轴代表回波的强度。正常人的中线回波应在两侧颅骨回波的中央（不超过3mm）。如果颅内一侧因伤出血或患有肿瘤，则在回波图中可以看到中线移向另一侧，并在其间出现从波（图2-19乙）。要是超声波直接通过肿瘤，则在荧光屏上还可以看到肿瘤边缘的反射波。

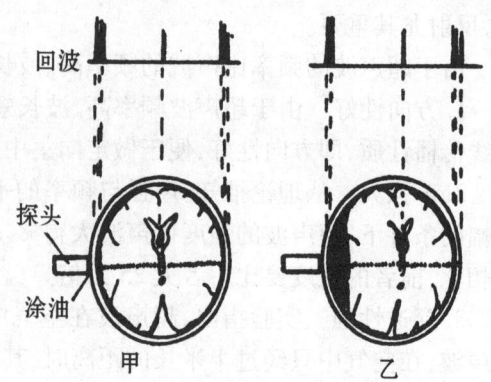

图2-19　用超声波进行脑扫描

A超操作灵活、方便，造价便宜。但它只能显示波形，不能形成图像，对组织或脏器的分辨能力差，需要结合临床症状才能作出正确的判断。

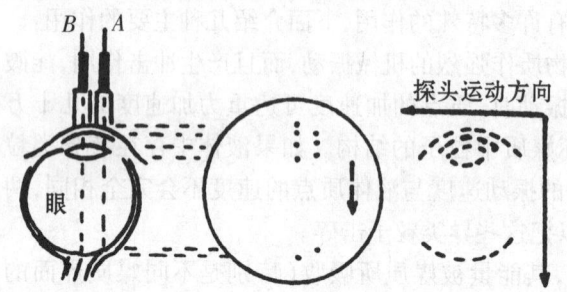

图2-20　B超截面成像图

2.B超工作原理　图2-20是利用B超诊断仪探侧眼部病患的示意图。当探头沿被探查表面移动时，可通过机械装置与电子学方法使荧光屏上的光点也沿探头方向做同步移动，在荧光屏上就显示出相应部位的截面声像图。当探头在位置A时，荧光屏上出现4个亮点，各亮点与人体组织各界面相对应，探头移至位置B时，荧光屏上出现5个亮点与人体组织界面对应，这样，当探头沿被探查的表面移动时，荧光屏上就显示出相应部位的截面声像图。

由于B超能获得人体内部脏器和病变的某一断层声像图，它可静态观察，如对肝、脾、胆、肾、胰、膀胱、子宫等的外形和内部结构等进行观察分析，还可区分肿块的性质。如果是浸润型病变时，往往无边界回声或边缘不整齐，如当肿块有膜时，其边界有回

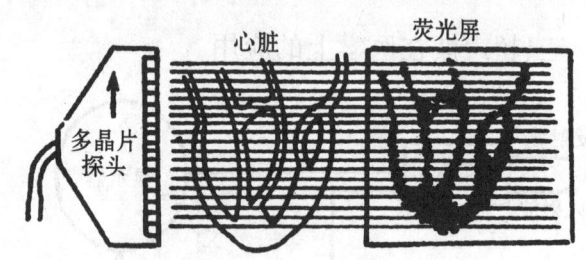

图2-21　多晶片探头显像示意图

声且显示平滑。B超还可动态观察，如对心脏（图2-21）、胎儿（显示出胎头、胎体、胎位、胎数、胎心、胎盘、宫外孕、死胎、无脑儿等）的观察等，所以，这种超声断层显像技术发展极为迅速。

B超在诊断胆结石、肝外胆管扩张、肝脏灶性结节增生等的准确性、察觉率等相当高。

近年来在B超的基础上又制出了彩色B超，简称彩超。这种彩超的色调，不是真正像人体组织本来颜色的彩色画面，而是以其反射波强度不同控制的人工彩色，又称假彩色。彩超由于具有层次丰富的彩色对比，不仅色彩浓淡可调，而且彩色的颜色也可随意改换，所以，对比十分鲜明，对疾病的鉴别极为方便。

图 2 - 22 超声多普勒血流计示意图

多普勒超声血流计　图 2 - 22 是利用多普勒效应测量血流速度的原理图。探头中有两块压电晶片,其中一块向血管发射超声波,它的频率为 f_1,超声波被血液中的红细胞反射后,被另一块所接收,频率经历了两次变化,接收到的频率为 f_2,总的频率差 $\Delta f = f_1 - f_2$。在这一过程中,声源是静止的而红细胞是运动的。计算表明,总的频率差 Δf 与血流速度 v 有如下关系:

$$v = k\Delta f \qquad\qquad (2-9)$$

式中 k 为比例常数。血流速度均由显示器直接读出,不另计算。这是一种无损伤的测量技术,不像有些测量血液流速的方法,需要切开皮肤,分离血管或血管中插入导管,因此,具有一定的优越性。

超声波的其他医疗应用　超声波还可用于透热治疗。它的能量被人体组织吸收后,可以使局部温度升高,对一些疾病(如腰肌病、扭伤、关节周围炎等)有较好的疗效。当然在治疗时要适当控制强度,避免由于温度过高或空化作用而使组织受到损害。用于治疗的超声波强度一般控制在 $10^4\,\mathrm{W/m^2}$ 以下,采用的频率为兆赫级。

利用超声波可使药物雾化,使它容易被吸入咽、喉、支气管、肺泡之中,用于治疗急慢性喉炎和咽炎、支气管炎。超声波还用于击碎结石、破坏细胞组织、清洗医疗器械等。

第三章 热学和分子物理学

热学和分子物理学都是研究物质处于热状态下有关性质和规律的学科。它们研究的观点以及采用的方法是不相同的,前者是以观察和实验总结出来的热学基本定律为基础,从能量转化和守恒的观点出发,研究宏观物体热现象的规律;后者是从物质的微观模型出发,以分子运动论为基础,研究大量分子的热运动规律。这两种方法相辅相成,互相联系。

热学和分子物理学的理论与研究方法,对生命科学的研究具有重要意义。这两门学科研究的范围极为广泛,本章将着重学习一些基础知识以及一些与医学相关联的知识。

第一节 分子运动 内能

一、分子的热运动 分子力

分子的热运动 我们已经知道,组成一切宏观物体的分子均在不停地做无规则的运动。布朗运动是分子运动的一个直接证明。1827年,英国植物学家布朗,在高倍显微镜下,观察到悬浮在水中的花粉颗粒总是在做不规则的无定向的运动,如图3-1所示(每隔一定时间记录下花粉的位置,然后用直线连起来)。这种运动,布朗首先发现,因此,称为**布朗运动**。后来还观察到悬浮在气体和液体中的各种微小颗粒,都做布朗运动,颗粒越小,

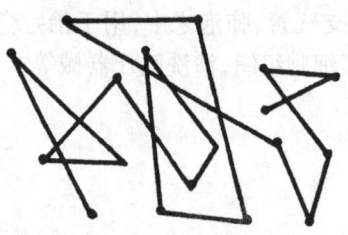

图 3-1 布朗运动

运动越剧烈。产生布朗运动的原因,只有从分子运动的观点才能得到解释。由于液体分子是在不停地无规则地运动着,悬浮的小颗粒从各方面受到液体分子的碰撞。当颗粒很小时,它各方向所受到液体分子的冲力不可能完全平衡,因此,颗粒在这一瞬间被推向某方向,下一瞬间又被推向另一方向。颗粒越小,它各方向所受液体分子的冲力,不平衡现象越显著,颗粒的运动就越剧烈。由此可见,布朗运动实际上就是液体分子无规则运动的反映。

布朗运动随温度升高而越剧烈,这说明液体分子运动的速度与温度有关。我们把**分子的无规则运动**叫做热运动。

分子力 我们知道,组成物体的分子间存在着相互作用。如果要把物体拉长或压缩都要用力,说明物体分子间既存在着引力,又存在着斥力。分子间的相互作用力,叫做**分子力**。实际表现出来的分子力,是分子引力和斥力的合力。

分子力跟分子间距离有关。当分子间相隔的距离等于某一数值时,它们之间的引力和斥力恰好相等,分子就处于平衡状态。当分子之间的距离改变时,引力和斥力的平衡遭到破坏,斥力受到距离变化的影响要比引力所受的影响大些。当物体受到拉伸时,分子间的距离变大,斥力的减小大大超过引力的减小,分子间的作用表现为引力,因而阻碍物体

被拉伸;当物体被压缩时,分子间的距离变小,斥力较引力增加快,分子间的作用表现为斥力,因而阻碍物体被压缩。

图3-2表示两个分子间的相互作用力随着它们之间的距离而变化的情形。纵坐标的正向表示斥力f_1,负向表示引力f_2。横坐标r表示分子中心之间的距离。当分子间的距离$r = r_0$时(r_0约为10^{-10}m),引力和斥力平衡;当分子间的距离小于r_0时,分子间的相互作用力表现为斥力;当分子间的距离大于r_0时,分子间的相互作用力表现为引力;当分子间的距离大于10^{-9}m时,分子间的作用力就变得十分微弱,可以认为等于零。由此可见,分子力的作用范围是短程的。

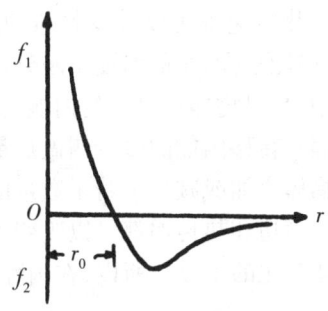

图3-2 分子力与分子间距离的关系

分子间这样复杂的作用力是怎样引起的呢?我们知道,分子是由原子组成的,原子内部有带正电荷的原子核和带负电荷的电子,分子间的力就是由这些带电的粒子的相互作用而引起的。

二、内能 内能的改变

内能 既然组成物质的分子总是在不停地做无规则的热运动,那么,像一切运动着的**物体一样,运动着的分子也具有动能**。

物体里分子运动的速度是不同的,因此,每个分子的动能并不相同。分子的动能的平均值,叫做分子的平均动能。

温度升高,分子的热运动加快,分子的平均动能也增加;相反,温度降低,分子的平均动能减小。因此,从分子运动论的观点看来,温度是物体分子热运动的平均动能的量度。

由于分子间存在着分子力,因此,对应于分子间的相对位置,分子还具有一定的势能,这就是分子势能。

分子间的距离大于r_0(见图3-2)时,分子间的相互作用表现为引力,要增大分子间的距离必须克服引力做功,因此分子势能随着分子间的距离的增大而增大。这种情形与弹簧被拉长时的弹性势能变化相似。分子间的距离小于r_0时,分子间的相互作用表现为斥力,要减小分子间的距离必须克服斥力做功,因此,分子势能是随着分子间的距离减小而增大。这种情形与弹簧被压缩时的弹性势能变化相似。

物体的体积发生变化时,分子间的距离也发生变化,因而分子势能随之发生变化。可见分子势能跟物体的体积有关。

气体分子间的距离较大,分子间的相互作用是引力。对气体来说,体积增大,分子间的距离增大,分子势能增加;体积缩小,分子间的距离减小,分子势能减少。

物体内所有分子的热运动的动能和分子势能的总和,叫做物体的**内能**。因为一切物体都是由大量的不停地做无规则运动的分子组成的,并且分子间存在着分子力,所以,任何物体都具有内能。

物体内能的改变 物体内能是可以改变(增加或减少)的。做功可以改变物体的内能,例如:用锯条锯木头,锯条和木头都会发热,这是锯木者克服摩擦力做了功,消耗了机械能,才使锯条和木头的内能增加;给自行车轮胎打气,打气者压缩空气做功,消耗机械能,使空气内能增加,同时引起气筒发热;寒冷的冬天,人们将双手互相摩擦几下会感到暖和,也是因为做功改变了物体的内能。

热传递也可以改变物体的内能,例如把烧红的铁块投入冷水中,铁块的温度不断降低,内能减少,水的温度不断升高,内能增加,直到它们的温度变为相等为止。在热传递过程中,高温物体把自己的内能传递给低温物体,所以,热传递的过程实质上是内能转移的过程。转移内能的多少叫做**热量**。比如说,物体吸收或放出若干热量,就是指由于热传递使物体增加或减少了若干数量的内能。这时,热量是物体内能变化的量度。

做功和热传递都可以改变物体的内能,在这方面两者是等效的,热量和功可以作为内能变化的量度。所以,在国际单位制中,热量、功和内能的单位都是焦(J)。

三、热力学第一定律

根据前面的讨论,说明了做功和热传递都能改变物体的内能。但在实际问题中,物体内能的改变,常常是由做功和热传递两种方式共同引起的。例如,在暖室里摩擦冰块,使它融化,既有外力做功,又有热量不断从周围传入。事实证明:做功、热传递和物体内能的变化,是符合能量转化和守恒定律的。

如果物体从外界吸收热量 Q,则物体的内能将增加,所增加的内能是 ΔE;如果物体又膨胀对外做功 W,则物体的内能减小,所减小的内能等于对外做的功 W。在这个过程中,物体内能总的改变量 ΔE 等于它增加的热量 Q 与对外做功 W 之差,即

$$\Delta E = Q - W$$

$$\text{或 } Q = \Delta E + W \tag{3-1}$$

上式表明:**物体从外界所吸收的热量等于物体内能的增加与对外做功之和**。这个结论叫做**热力学第一定律**。它是能量守恒定律在热学中的应用。

为了使热力学第一定律适用于物体热学状态变化的各种过程,对式(3-1)中各量的符号作如下规定:物体从外界吸热时,Q 取正值,物体向外界放热时,Q 取负值;物体对外界做功时,W 取正值,外界对物体做功时,W 取负值;物体内能增加时,ΔE 取正值,物体内能减少时,ΔE 取负值。

如果在物体状态变化的过程中,没有热传递,即 $Q = 0$,由式(3-1)可得:

$$\Delta E = W$$

即在单纯做功的条件下,外界对物体所做的功等于物体内能的变化。

如果在物体状态变化的过程中没有做功,即 $W = 0$,由式(3-1)可得:

$$\Delta E = Q$$

即单纯热量传递中,物体所吸收的热量或放出的热量等于物体内能的增加或减少。

热力学第一定律是人们对热现象经过长期生产实践和大量科学实验总结出来的普遍规律。历史上曾有人幻想制造一种机器,它不需消耗任何能量,却能不断地对外做功。这种机器称为第一类永动机。但所有设计永动机的企图都失败了,因为它在原则上违反了热力学第一定律。

〔例题1〕空气压缩机在一次压缩中,活塞对空气做功 2×10^5 J,若在压缩过程中,空气内能增加 1.5×10^5 J,问在此过程中空气损失了多少热量?

解:已知 $W = -2 \times 10^5$ J,$\Delta E = 1.5 \times 10^5$ J。

根据热力学第一定律得

$$Q = \Delta E + W = 1.5 \times 10^5 + (-2 \times 10^5) = -5 \times 10^4 (J)$$

答:空气损失的热量为 $5 \times 10^4 J$,负号表示空气放出的热量。

〔例题2〕 给一定质量的气体传递 $1.7 \times 10^3 J$ 的热量,它受热膨胀时对外做功 $9.0 \times 10^2 J$,求气体内能的变化。

解:已知 $Q = 1.7 \times 10^3 J, W = 9.0 \times 10^2 (J)$。

根据热力学第一定律

$$\Delta E = Q - W = 1.7 \times 10^3 - 9.0 \times 10^2 = 800 (J)$$

答:ΔE 为正值,说明气体的内能增加了800J。

热力学第一定律也适用于人体。我们知道,人体的能量来源于食物和饮料中的内能(主要是化学能)。这些能量经过复杂的化学变化(氧化)后,除了一部分暂时储存起来以外,其余都用来维持器官的活动和组织的代谢,并且最终变为散失热量和对外做功。

设人利用食物在体内氧化分解所放出的内能为 $+\Delta U$;合成与生命活动有关的中间化合物并把能量储存在体内为 $+\Delta E$;对外做功为 $-A$;以热量方式散失出去为 $-Q$。根据热力学第一定律可以得到:

食物内能 = 储存能量 + 对外做功 + 散失热量,即:

$$\Delta U = \Delta E - A - Q \qquad\qquad (3-2)$$

基础代谢测定就是根据式(3-1)设计的。当人体处于清醒、安静、空腹(禁食14h)和室温($18℃ \sim 25℃$)的状态,叫做**基础状态**。人体处于基础状态时,维持心跳、呼吸等最基本的生命活动所消耗的能量,叫做**基础代谢**。其单位是 $J/(h \cdot m^2)$。这里平方米是指体表面积。当人体处于基础状态时,$\Delta U = 0$,$A = 0$,代入式(3-2)中得 $\Delta E - Q = 0$,则:

$$-Q = -\Delta E$$

此式表明:人体在基础状态下,体内储存能量的减少,即基础代谢等于人体散失的热量。用量热器测出散失的热量,便可间接测得基础代谢。这就是基础代谢测定的物理原理。平常成年男子基础代谢约为 $1.6 \times 10^5 J/(h \cdot m^2)$,女子约为 $1.5 \times 10^5 J/(h \cdot m^2)$;基础代谢还与年龄有关。

目前基础代谢测定,是利用基础代谢测定器来测定6min的氧耗量,再求出1h的氧耗量,将其乘以1L氧的热价 $2.0 \times 10^4 J$,即为单位时间内的产热量,从而得知基础代谢。基础代谢实测值与正常值相差在 $\pm 15\%$ 之内不算病状。

〔例题〕 某被测者,男20岁,重70kg,体表 $1.8 m^2$,6min 耗氧为2L(即每小时耗氧量为20L),则其1h的产热量为:

$$2.0 \times 10^4 \times 20 = 4.0 \times 10^5 (J/h)$$

每平方米体表面积的产热量为:

$$4.0 \times 10^5 \div 1.8 = 2.2 \times 10^5 [J/(h \cdot m^2)]$$

将被测者的基础代谢与正常值比较:

$$\frac{2.2 \times 10^5 - 1.6 \times 10^5}{1.6 \times 10^5} \times 100\% \approx +41\%$$

所以,被测者基础代谢高于正常值15%以上,为病态。

第二节 固体的热膨胀

一、固体的热膨胀 线胀系数

由实验和日常生活的观察知道,通常物体受热时膨胀,受冷时收缩。例如,在夏天,电线受热伸长而下垂,冬天则冷却缩短而拉紧。

固体受热时,长度增长的现象叫做**线膨胀**;体积增大的现象叫做**体膨胀**。

由实验知道,除少数情况例外,物体的长度随温度的升高而增长。例如,长1.5m的铁棒,温度从0℃升高到20℃时伸长0.86mm;1.2m长的铜棒,温度从0℃升高到15℃时伸长了0.31mm。

像上述的铁棒和铜棒,长度既不相同,升高的温度又不一样,是无法比较它们的膨胀特性的。为了比较各种固体的线膨胀特性,我们取单位长度,使它们的温度变化1℃,来考察它们长度的变化。

固体由于温度上升1℃所增长的长度跟0℃时的长度的比叫做线胀系数。

如果在0℃时固体的长度为l_0,在t时它的长度为l,根据线胀系数的定义,$\dfrac{l-l_0}{t}/l_0 = \dfrac{l-l_0}{l_0 t}$就是固体的线胀系数。用$\alpha_l$表示线胀系数,那么

$$\alpha_l = \frac{l-l_0}{l_0} t \qquad (3-3)$$

由式(3-3)可知,线胀系数的单位是开$^{-1}$(符号为K^{-1}),读作每开。应当注意,当温度降低时,固体的长度变化是缩短。

表3-1列出在通常温度范围内几种物质的线胀系数。

表3-1

物质	α_l/K^{-1}	物质	α_l/K^{-1}
铅	0.000 02 8	钨	0.000 001
铝	0.000 024	钢	0.000 001
铁	0.000 012	玻璃	0.000 015
黄铜	0.000 019	殷钢(铁镍合金)	0.000 001 5
铜	0.000 017	熔凝石英	0.000 004
铂	0.000 009	陶瓷	0.000 03

从式(3-3)可以得到$l_t = l_0 + l_0 \alpha_l t$ 或

$$l_t = l_0 (1 + \alpha_l t) \qquad (3-4)$$

如果知道了物体在0℃时的长度和它的线胀系数,就很容易根据式(3-4)算出它在任意温度下的长度。

〔例题1〕 铁路桥梁(钢的)在0℃时的长度是800m,求温度从-20℃上升到40℃时桥梁的长度变化是多少?

解:已知 $l_0 = 800\text{m}$, $t_1 = -20℃$, $t_2 = 40℃$, $\alpha_l = 0.000\,011(\text{K}^{-1})$。

根据公式 $\quad l_1 = l_0(1 + \alpha_l t_1)$

$$l_2 = l_0(1 + \alpha_l t_2)$$

所以 $\quad l_2 - l_1 = l_0 \alpha_l(t_2 - t_1)$

因此 $\quad l_{40} - l_{-20} = 800 \times 0.000\,011[40 - (-20)] = 0.528(\text{m})$

答:铁路桥梁的变化是 0.528m。

二、体胀系数

固体由于温度升高1℃所增大的体积与0℃时的体积的比,叫做体胀系数。

如果固体在0℃时的体积为 V_0;在 t 时的体积为 V。那么,体胀系数 α_V 为:

$$\alpha_V = \frac{V - V_0}{V_0 t} \tag{3-5}$$

显然,体胀系数的单位也是 K^{-1}。

各向同性的固体,它的线胀系数 α_l 与体胀系数 α_V 的关系是:$\alpha_V = 3\alpha_l$。即固体的体胀系数是它的线胀系数的3倍。

因为液体有一定的体积而没有一定的形状,所以,对液体来说,有意义的只有体膨胀,故上式也适用于液体。

表3-2列出几种常用液体的体胀系数。

表3-2

物 质	α_V/K^{-1}	物 质	α_V/K^{-1}
水银	0.000 18	石油	0.001 0
水(20℃左右)	0.000 21	煤油	0.001 0
橄榄油	0.000 50	酒精	0.001 1
硫酸	0.000 56	乙醚	0.001 7

〔例题2〕 铅块的体积在0℃时是 $1 \times 10^{-4}\text{m}^3$,在200℃时是 $1.017\,4 \times 10^{-4}\text{m}^3$,求铅的线胀系数。

解:已知 $\quad t = 200℃$, $V_0 = 1 \times 10^{-4}\text{m}^3$, $V = 1.017 \times 10^{-4}\text{m}^3$。

根据公式

$$\beta = \frac{V - V_0}{V_0 t} = 1.017 \times \frac{10^{-4} - 1 \times 10^{-4}}{1.017 \times 10^{-4} \times 200} = 2.8 \times 10^{-5}(\text{K}^{-1})$$

因 $\quad \alpha_V = 3\alpha_l$

故 $\quad \alpha_l = \alpha_V/3 = 2.8 \times 10^{-5}/3 = 0.000\,028(\text{K}^{-1})$

答:铅的线胀系数是 0.000 028K⁻¹。

三、热膨胀在医学上的应用

热膨胀在制造医疗仪器中有广泛的应用。例如,用两种线胀系数不同的金属铆合在一起制成双金属片,当温度改变时,它能自动改变形状,故可用双金属片制成温度调节器,用于一些医用电热器(恒温箱、水温箱等)中。另外,双金属片还可做成温度记录器、电流限制器、紫外灯的氖启动器等。

热膨胀在医护工作中也有应用。例如,注射器的活塞栓塞在空筒里,抽不出来也推不进时可将注射器空筒在温热水中浸泡一会儿,活塞便可自空筒内抽出。又如,对于钝力引起人体的挫伤,可在伤后24h之内冷敷,以使局部微血管收缩,以利渗出物的吸收、消肿。某些外科手术后或急性结膜炎时,局部冷敷可引起该部位微血管收缩,减少出血、水肿或炎性渗出。对于某些急性化脓性感染的病人,做局部热敷,可以使微血管舒张,改善局部血液循环,增加吸收,而且可使局部组织舒展松弛,减轻疼痛。

热膨胀在口腔科也有广泛的应用。例如,在诊断牙髓炎时,常把牙胶烧热刺激病牙牙颈部,这时,由于牙髓和渗出物膨胀(图3-3)使病牙疼痛加剧,然后用冷水刺激,牙髓和渗出物收缩,疼痛因而缓解。这种冷热刺激的方法对诊断牙髓炎是有帮助的。又如,对于龋病患者要充填龋洞时,医生必须慎重选用热胀系数和牙相同的充填材料(如银汞合金等),以使患牙充填后不因热胀冷缩而疼痛,充填物无裂隙、无松动和不脱落等。

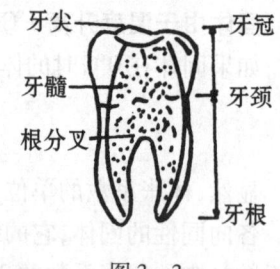

图3-3

第三节　气体的性质

一、气体的状态参量

一定量的气体,它的体积、压强和温度,都是大量分子运动的集体表现,因此,可用它们来描述气体的状态。把气体的体积、压强和温度这三个物理量,叫做**气体的状态参量**。

气体的体积　气体总是要充满容器的整个空间,因此气体的体积,就是指气体所充满容器的容积,用符号 V 表示,在国际单位制中,它的单位是米³(符号是 m^3)。医学上常用升、毫升(符号分别是 L、ml)等单位。它们的关系是:$1m^3 = 1\,000L = 1\,000\,000ml$。

气体的压强　气体对器壁有压力作用,这是由于大量运动着的气体分子对器壁频繁地撞击而产生的。如用打气筒把空气打入自行车的轮胎里去,轮胎会胀得很硬,就是因为空气对轮胎有压力作用而造成的。气体作用在器壁单位面积上的压力叫做气体的压强。压强用 p 表示,在国际单位制中,压强的单位是牛/米²或帕(符号是 Pa)。

气体的温度　温度是表示物体冷热程度的物理量。温度越高,分子热运动就越剧烈,因而分子的平均动能也越大。反之,温度低,分子的平均动能就越小。因此,温度是物体内部分子热运动平均动能大小的标志。温度的数值表示法叫做**温标**。用摄氏温标表示的温度叫做摄氏温度,用 t 表示,单位是摄氏度(符号是℃),如正常人的体温是37℃。

在国际单位制中,以热力学温标作为基础温标,这种温标以 -273.15℃作为零度。用热力学温标表示的温度,叫做**热力学温度**。用符号 T 表示,它的单位是开尔文,简称开(符号是 K)。就每一度的大小来说,热力学温度和摄氏温度是相同的,所以热力学温度跟摄氏温度间的关系为:

$$T = t + 273.15$$

为了简化,可以取 −273℃ 为热力学的零度。如图 3 − 4 所示,这样就有:

$$T = t + 273 \tag{3-6}$$

例如,在一个大气压下,冰的溶点为 0℃ 即 273K,水的沸点为 100℃ 即 373K,如图 3 − 4 所示。

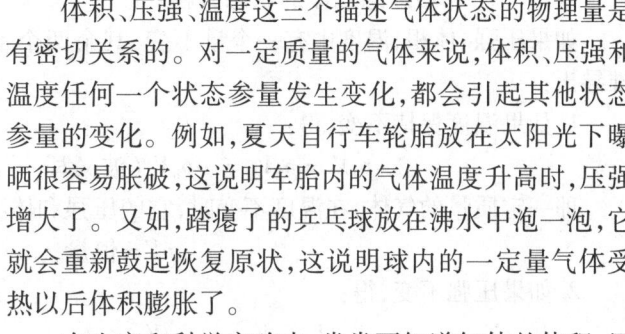

图 3 − 4

体积、压强、温度这三个描述气体状态的物理量是有密切关系的。对一定质量的气体来说,体积、压强和温度任何一个状态参量发生变化,都会引起其他状态参量的变化。例如,夏天自行车轮胎放在太阳光下曝晒很容易胀破,这说明车胎内的气体温度升高时,压强增大了。又如,踏瘪了的乒乓球放在沸水中泡一泡,它就会重新鼓起恢复原状,这说明球内的一定量气体受热以后体积膨胀了。

在生产和科学实验中,常常要知道气体的体积、压强和温度这三个参量之间的变化规律。例如,为了保证汽轮机的正常运转,就要控制通入汽轮机蒸汽的温度、压强和流量。又如,装入钢筒中的氧,一般压强达 $1.47 \times 10^7 Pa$。医院要把氧从钢筒中放出来在常压下使用,这时氧的压强、体积和温度都会起变化,我们必须很好掌握这三个状态参量的变化规律。那么,一定量气体的状态参量变化,到底有什么规律,下面将进一步研究三者之间的变化规律。

二、理想气体的状态方程

在通常的温度和压强下,许多气体分子本身的体积,比起气体所占空间来说小得多。可以忽略不计,并且气体分子间的作用力也是极小的。我们把分子本身的体积和分子间的作用力可以忽略不计的气体,叫做**理想气体**。当然理想气体是不存在的,它只是实际气体在一定程度上的近似,是理想模型。实验指出,许多实际气体(如不易被液化的氦、氧、氢、氮和空气等),在温度不太低压强不太大的情况下,均可近似看成理想气体。

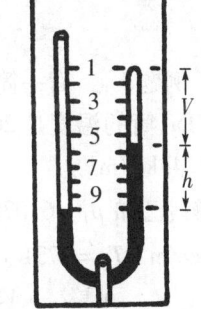

理想气体的状态是由气体的压强、体积和温度等来描述的。当一定质量的气体从初状态(p_1、V_1、T_1)变到末状态(p_2、V_2、T_2)时,这三个状态,参量变化的规律是什么呢?下面用实验方法来研究这一问题。

图 3 − 5 所示是固定在刻度尺上的一端封闭的 U 形玻璃管。

图 3 − 5　测定气体体积和压强的装置

管的闭端(右上端)有一段被水银封在里面的气体柱。将 U 形管浸没在烧杯的水中,只留左端露出水面。改变水的温度,在不同温度下测出气体的压强、体积,经计算,各次测得的 pV 的积与其对应的 T 的比值是一恒量。由此,可得出如下的结论:

一定质量的气体,它的压强和体积的乘积与热力学温度之比,在状态变化中始终保持不变。 即:

$$\frac{p_1 V_1}{T_1} = \frac{p_2 V_2}{T_2} = \cdots = \frac{p_n V_n}{T_n}$$

$$或\ \frac{pV}{T} = 恒量 \tag{3-7}$$

式(3-7)叫做**理想气体的状态方程**。

如果压强、体积、温度中有一个量不变,其余两个量之间的关系,也可以由式(3-7)推导出:

1. 如果温度保持不变,得:

$$p_1 V_1 = p_2 V_2 = \cdots p_n V_n (波义耳 - 马略特定律)$$

即一定质量的气体,在温度不变时,它的压强和体积的乘积是一个恒量,写成下式

$$pV = 恒量$$

2. 如果压强不变,得:

$$\frac{V_1}{T_1} = \frac{V_2}{T_2} = \cdots = \frac{V_n}{T_n} (盖 - 吕萨克定律)$$

即一定质量的气体,在压强不变的条件下,它的体积和热力学温度(绝对温度)成正比。写成式子为:

$$\frac{V}{T} = 恒量$$

3. 如果体积不变,得:

$$\frac{p_1}{T_1} = \frac{p_2}{T_2} = \cdots \frac{p_n}{T_n} (查理定律)$$

即一定质量的气体,在体积不变的条件下,它的压强和热力学温度(绝对温度)成正比。写成式子为:

$$\frac{p}{T} = 恒量$$

〔例题1〕 有一筒氧气,筒的容积是 20L,如果这时筒上压强计所指的压强是 $6.078 \times 10^6 Pa$,筒的温度是 20℃,求筒里氧气的质量(已知:在 0℃ 和一个大气压下,氧气的密度 $\rho_0 = 1.43 kg/m^3$)。

解:已知 $p_1 = 6.078 \times 10^6 Pa$,$V_1 = 20l = 2 \times 10^{-2} m^3$,$T_1 = 293K$,$p_2 = 1.013 \times 10^5 Pa$,$\rho_0 = 1.43 kg/m^3$,$T_2 = 273K$。

由 $$\frac{p_1 V_1}{T_1} = \frac{p_2 V_2}{T_2}$$

得:$V_2 = \dfrac{p_1 V_1 T_2}{p_2 T} = \dfrac{6.078 \times 10^6 \times 2 \times 10^{-2} \times 273}{1.013 \times 10^5 \times 293} = 1.118 (m^3)$

所以:$m = V_2 \rho_0 = 1.118 \times 1.43 kg = 1.6 kg$

答:筒里氧气的质量是 1.6kg。

理想气体状态方程 $\dfrac{pV}{T} = 恒量$,这个恒量如何确定呢? 在标准状态即 $\rho_0 = 1.013 \times 10^5 Pa$,$T_0 = 273K$ 下,1mol 任何气体的体积均为 $V_0 = 22.4L$。由理想气体状态方程,对于 1mol 气体,有:

$$R = \frac{p_0 V_0}{T_0} = \frac{1.013 \times 10^5 \times 22.4 \times 10^{-3}}{273} = 8.31 [\text{J}/(\text{mol} \cdot \text{K})]$$

上式中 R 的数值与气体种类无关,对任何气体均适用,故称 R 为普适气体恒量。

对于 1mol 的理想气体,式(3-7)的状态方程写为

$$pV = RT \tag{3-8}$$

对于质量为 $m(\text{kg})$,摩尔质量为 $\mu(\text{kg/mol})$ 的理想气体;其状态方程为:

$$pV = \frac{m}{\mu} RT \tag{3-9}$$

式(3-9)是任意质量的理想气体的状态方程,又叫**克拉珀龙方程**。

〔例题2〕 一容器内装氧气100g,压强为 $1.013 \times 10^6 \text{Pa}(10\text{atm})$,温度为47℃,因容器漏气,经若干时间后,压强降为原来的5/8,温度降到27℃,问:①容器的容积是多大? ②漏了多少氧气(设氧气为理想气体)?

解:已知 $p = 1.013 \times 10^6 \text{Pa}, \mu = 32\text{g}, R = 8.31 \text{J}/(\text{mol} \cdot \text{K}), T = (273 + 47)\text{K}, m = 100\text{g}$

(1)根据克拉珀龙方程 $\quad pV = \frac{m}{\mu} RT$

得: $\quad V = \frac{mRT}{\mu p} = \frac{100 \times 8.31 \times 320}{32 \times 1.013 \times 10^6}$

$$= 8.2 \times 10^{-3} \text{m}^3 = 8.2\text{L}$$

(2)容器漏气后,压强减小为 p',温度也降到 T',如 m' 表示容器中剩余氧气的质量,则克拉珀龙方程为:

$$p'V = \frac{m'}{\mu} RT \qquad \text{所以 } m = \frac{\mu p'V}{RT'}$$

已知 $p' = \frac{5}{8}p = \frac{5}{8} \times 1.013 \times 10^6 \text{Pa}, T' = (273 + 27)\text{K}$

$$m' = \frac{32 \times 5/8 \times 1.013 \times 10^6 \times 8.2 \times 10^{-3}}{8.31 \times 300} = 66.6(\text{g})$$

故漏去氧气的质量 $= m - m' = 100\text{g} - 66.6\text{g} = 33.4\text{g}$

答:①容器的容积是8.2L。②漏去了33.4g氧气。

三、道尔顿分压定律

在混合气体里,每一种气体单独产生的压强,叫做这一气体的**分压**。例如,大气中由氧产生的压强叫做氧分压,由水蒸气产生的压强叫做水蒸气分压。实验和理论证明,混合气体的压强等于各种气体分压之和。如果用 $p_1, p_2, p_3, \cdots p_n$。分别表示各成分的分压强,混合气体的压强为:

$$p = p_1 + p_2 + p_3 + \cdots + p_n \tag{3-10}$$

这一关系称为**道尔顿分压定律**。即理想气体是由几种不同成分的气体混合组合,则气体的压强等于各成分气体分压强之和。

大气是由氧、氮、二氧化碳、水蒸气等气体所组成,故大气压为

$$p_{\text{大气}} = p_{\text{氧}} + p_{\text{氮}} + p_{\text{二氧化碳}} + p_{\text{水蒸气}} + \cdots$$

对于某一成分气体来说,它总是由高分压处向低分压处流动,流动的方向只决定于它自己的分压。例如,人体的呼吸,包括吸入氧气、呼出二氧化碳两种相反的过程,氧气、二氧化碳在血液与肺泡、血液与组织间的气体交换,都是以分压差为动力,通过扩散实现的。

人在高山(或高空中)会感到呼吸困难、四肢无力、头痛、呕吐等,这是由于氧分压低而引起的缺氧症状,与大气压的高低没有直接关系。因此,关键在于提高氧分压而不在于提高总气压。

对于伴有组织严重缺氧的某些疾病,可以利用高压氧舱,给患者吸入纯氧,吸入101.33kPa(1atm)的纯氧,动脉血中的氧分压可增加到79.99kPa,如果在303.98kPa(3atm)下吸入纯氧时,动脉血的氧分压可增高到266.64kPa,能促进氧从血管向组织细胞中弥散,组织有足够的氧供应,达到治疗目的。

人在高气压下工作,如潜水员潜入深水中,为了防止压瘪身体组织,必须把较高压强的空气送进肺中。为了不致让很高的氮分压使溶于血和体内组织中的氮数量过大,潜水员在水下只能呼吸低浓度的氧等特殊混合气体。当人从高气压环境中回到正常环境时,需要一个减压过程,减压不能太快,否则溶于体内的过量气体又会从组织、体液中分离出来,来不及排出时,便会在微血管中形成许多气泡,造成气体栓塞而阻塞血液循环,引起组织缺血、缺氧,导致组织营养障碍。

第四节　液体的性质

一、表面张力

我们都很熟悉,荷叶上的小水滴、草叶上的露珠、玻璃板上的小水银滴都近似呈球形。

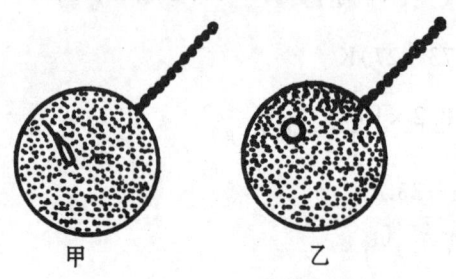

图3－6　薄膜的收缩使棉线圈成圆形

因为在体积相同的情况下,各种形状的物体中以球形的表面积为最小,所以上述现象表明,液体表面有收缩到最小面积的趋势。

还可以用肥皂液做实验。将系有棉线圈的金属环浸入肥皂液后取出,金属环和棉线圈便蒙上了肥皂液薄膜,此时线圈是松弛的(图3－6甲)。当用热针刺破线圈内的液膜时,线圈被外面的液膜拉成圆形(图3－6乙)。如果将一根棉线拴在金属环上(图3－7甲),使环上布满肥皂液薄膜后,用热针刺破一侧时,棉线将被另一侧液膜拉成弧形(图3－7乙、丙)。

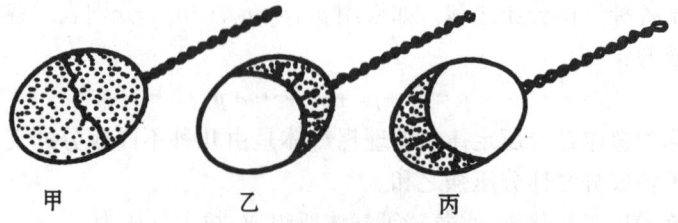

甲　　　　　　　乙　　　　　　　丙

图3－7　薄膜的收缩使棉线成弧形

以上实验表明,液体表面就像张紧的橡皮膜一样,具有收缩的趋势。

液体跟气体接触的表面形成一薄层,叫做**表面层**,表面层里的情况跟液体内部有所不

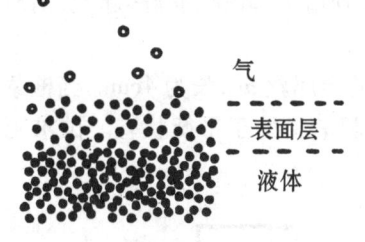

图 3-8　液体表面附近分子分布的大概情况

同。经研究表明,表面层里的分子要比液体内部稀疏些,也就是表面层里分子间的距离要比液体内部的分子间距离大些(图3-8)。液体内部分子间既存在着引力,又存在着斥力,引力和斥力的数量级相同,在通常条件下可以认为它们是大小相等的。在表面层里分子间的距离较内部大,引力和斥力都减小,但斥力减小得更快,分子间的相互作用表现为引力,因此,液面总是具有收缩的趋势。如果我们在液面上划一条长为 L 的分界线,把液面分成Ⅰ、Ⅱ两部分(图3-9),则液面Ⅰ对液面Ⅱ有引力 F_1 作用,液面Ⅱ对液面Ⅰ也有引力 F_2 作用。这两个力大小相

等,方向相反,分别作用在相邻的两部分液面上。液体表面层相邻部分间的这一引力称为**液体表面张力**。表面张力的方向总是与液面相切且垂直于分界线。如果液面是平面,它就在这个平面内;如果液面是曲面,它就在这个曲面的切面内。

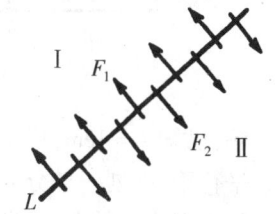

图 3-9　液体的表面张力

液体表面张力是液体表面层任意相邻两部分液体间相互作用的引力,分界线的长度愈长,所涉及的两部分间接触的液体分子愈多,相互的引力愈大。因此,一定温度下的同种液体,液体表面张力 F 与分界线的长度 L_1 成正比,写成等式为:

$$F_1 = \alpha L \qquad 或 \qquad \alpha = \frac{F_1}{L} \qquad\qquad (3-11)$$

式(3-11)中比例常数 α 叫做液体表面张力系数,它的单位由力和长度的单位决定,在国际单位制中,单位是牛/米(符号是 N/m)。在数值上等于单位长度的表面张力。表3-3列出一些常见液体的表面张力系数。

表 3-3　不同液体的表面张力系数 α

液体	温度/℃	$\alpha/(10^{-3}\text{N/m})$	液体	温度/℃	$\alpha/(10^{-3}\text{N/m})$
水	0	75.64	水银	20	470
水	20	72.75	胆汁	20	48
水	40	69.56	血液	37	40~50
水	60	66.13	血浆	20	60
水	80	62.61	正常尿	20	66
水	100	58.85	黄疸病人尿	20	55
肥皂溶液	20	40	液态氢	-253	2.1
酒精	20	22	液态氦	-269	0.12

由表3-3可知,同一温度下,不同液体 α 值不同;同一种液体,α 值随温度的升高而

减小。此外，液体里掺入少量杂质可以使液体表面张力系数发生很大的变化。例如，在一小杯水中加入一滴肥皂液，就可以把它的表面张力系数减低一半以上。能使液体表面张力系数减小的物质叫做表面活性物质，又称表面活性剂，如水的表面活性剂常见的有胆盐、蛋黄素以及有机酸、酚、醛、肥皂等。它在制药中能起到增溶、乳化、润湿、起泡、消泡等作用。

〔例题〕 如图 3—10，在金属框上有一可自由滑动的金属丝 ab，长为 4cm。当框蒙上肥皂薄膜时，需在 ab 上加 $F' = 3.2 \times 10^{-3}$ N 的力才能使肥皂膜处于平衡状态。试求肥皂液的表面张力系数。

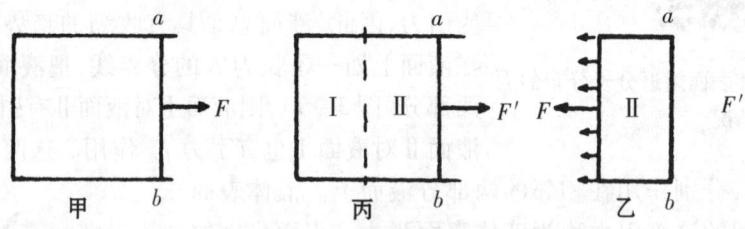

图 3—10

解：已知 $L = 4cm$，$F' = 3.2 \times 10^{-3}$ N，求 α。

平行于 ab 划一条分界线，将液膜分为两部分。由于肥皂膜有前后两个表面，表面张力应为一个表面的 2 倍，即 $F = 2\alpha L$。因为 $F = F'$，所以表面张力系数

$$\alpha = \frac{F'}{2L} = \frac{3.2 \times 10^{-3}}{2 \times 4 \times 10^{-2}} = 4.0 \times 10^{-2} (\text{N/m})$$

答：表面张力系数是 4.0×10^{-2} N/m。

二、球形液面的附加压强

肥皂泡具有两个靠得很近的球面膜，因液膜很薄，内外两个表面层的半径可看做相等，由于表面张力的作用使肥皂膜收缩，泡内空气的密度增大，压强也随着增大，直至能够

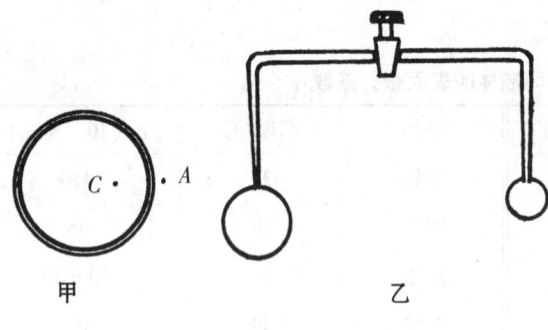

图 3—11

阻止液膜继续收缩时为止。此时，泡内气体的压强 p_C 大于泡外气体的压强 p_A。泡内气体所增大的压强即为球形肥皂膜内气体的附加压强，附加压强用 p_S 表示，它等于泡内外压强差即：$p_S = p_C - p_A$（图 3—11甲）。其他球形液泡和肥皂泡一样，泡内气体的附加压强，也等于泡内、外气体的压强差。

膜内气体的附加压强与球膜半径的关系：在图 3—11乙所示的实验装置中，一根管子的两端吹两个大小不等的肥皂泡，打开中间的活塞，使两泡相通，我们会看到小泡不断变小，大泡不断变大。此现象说明小泡的附加压强比大泡的大，泡内气体由小泡不断流入大泡。理论推导证明，球形液膜内气体的附加压强与液体表面张力系数 α 和液泡半径 R 的关系（对于肥皂泡）为：

$$p_S = \frac{4\alpha}{R} \qquad\qquad (3-12)$$

式(3-12)表明,**球形液膜内的附加压强与表面张力系数成正比,与液泡的半径成反比**。

对于液滴或半球形弯月面来说,它们只有一个表面,液滴内部的附加压强为肥皂泡压强的一半,即:

$$p_S = \frac{2\alpha}{R} \qquad\qquad (3-13)$$

〔例题〕 有一直径为4mm的水银滴,温度在20℃时,计算水银滴内的附加压强。

解:$p_S = \frac{2\alpha}{R} = \frac{2 \times 470 \times 10^{-3}}{0.002} = 470(Pa)$

答:附加压强是470Pa。

学习球形液膜内的附加压强,对于理解肺泡的正常功能有一定的帮助。肺是由大小不等、无数多的肺泡组成,肺泡膜上有肺泡孔,肺泡孔之间可以相通。肺泡内是气体,其内壁覆盖着一层黏性液体。为什么大小不等互相通气的肺泡,能处于平衡状态,而不发生小肺泡萎缩、大肺泡胀破的情况呢? 这是由于肺泡内壁液体中含有磷脂类表面活性物质,它在液膜面上的浓度随肺泡的扩大、缩小而变化。当肺泡扩大时,表面积变大,活性物质在膜面的浓度变小,使表面张力系数变大;反之,当肺泡缩小时,活性物质在膜面的浓度变大,使表面张力系数变小。液膜内气体的附加压强不仅与球形膜面的半径成反比,而且与液体表面张力系数成正比。因此,大小泡内气体的附加压强能够达到平衡,不至于使小肺泡过分萎缩,大肺泡过度扩张。如果表面活性物质缺乏,则很多肺泡将因大小不等而无法稳定,表面张力增大,功能就发生障碍,易于发生肺不张症。子宫内胎儿的肺为黏液所覆盖,使肺泡完全闭合。临产时,肺泡壁分泌表面活性物质,以降低黏液的表面张力系数。但新生儿仍需大声啼哭的强烈动作进行第一次呼吸来克服肺泡的表面张力。

三、浸润和不浸润

把一块洁净的玻璃浸入水里再取出来,可以看到玻片的表面带有一层水;在洁净的玻璃板上滴一滴水,水就沿着玻璃表面向外扩展,在玻璃板上形成一层水膜:这种现象叫做**浸润现象**。对玻璃来说,水是浸润液体。

把一块洁净的玻璃浸入水银里再取出来,可以看到玻片上不附着水银;在洁净的玻璃板上放一滴水银,水银能够在玻璃板上滚来滚去,也不附着在上面:这种现象叫做**不浸润现象**。对玻璃来说,水银是不浸润液体。

同一种液体,对一些固体是浸润的,对另一些固体是不浸润的。水能浸润玻璃,但不能浸润石蜡。水银不能浸润玻璃,但能浸润锌。

把浸润液体装在容器里,如把水装在玻璃容器里,由于水浸润玻璃,器壁附近的液面向上弯曲(图3-12)。把不浸润液体装在容器里,如把水银装在玻璃容器里,由于水银不浸润玻璃,器壁附近的液面向下弯曲(图3-13)。在内径较小的容器里,这种现象更为显著,液面形成凹形或凸形的弯月面。

浸润和不浸润现象也是分子力作用的表现。当液体和固体接触时,在接触处形成一

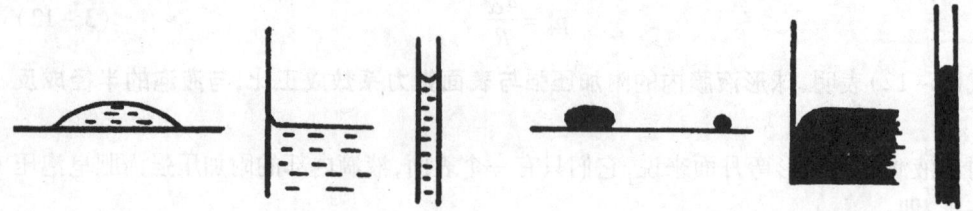

图 3-12   液体浸润固体   图 3-13   液体不浸润固体

个液体薄层,叫做**附着层**。附着层里的液体分子既受到液体内部分子的吸引力(内聚力),又要受到固体分子的吸引力(附着力)。如果附着力大于内聚力,附着层里分子就比液体内部更密。这样,附着层就出现液体分子间相互排斥的力,这时,液体与固体接触的液体表面就有扩展的趋势,形成浸润现象。相反,如果附着力小于内聚力,则附着层里分子就比液体内部稀疏,这样,在附着层里就出现跟表面张力相似的收缩力,这时,液体与固体接触的液体表面就有缩小的趋势,形成不浸润现象。

四、毛细现象

把几根内径不同的玻璃细管插入水中(图 3-14),可以看到,这些管子里的水面比容器里的水面高。管子内径越小,它里面的水面就越高。如果把这些细玻璃管插入水银中(图 3-15),可以看到,所发生的现象正好相反,管里的水银面要比容器里的水银面低些。管子的内径越小,它里面的水银面就越低。浸润液体在细管里上升、不浸润液体在细管里下降的现象叫做**毛细现象**。发生毛细现象的管子叫做**毛细管**。

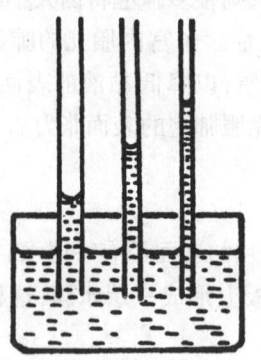
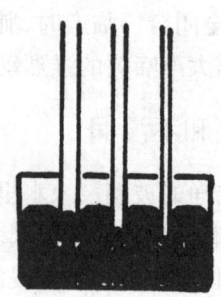

图 3-14   浸润液体在毛细管里上升   图 3-15   不浸润液体在毛细管下降

浸润液体为什么能在毛细管内上升? 由于浸润液体与毛细管的内壁接触时引起液面弯曲,使液面变大,而表面张力的收缩作用使液面减小,于是管内液体随着上升,以减小液面。直到表面张力向上的拉引作用和管内升高的液柱的重量达到平衡时,管内液体停止上升,稳定在一定的高度。同理可以解释不浸润液体在毛细管中下降的现象。如图 3-16 所示,假设毛细管的内径为 r,液体在毛细管中上升的高度为 h,管内液体的弯月面若恰好是半球面,液面和管壁的接触线的长度为 $2\pi r$。现在单独看半径为 r,高度为 h 的液柱。向上的作用力为液体表面张力

$$F = 2\pi r\alpha$$

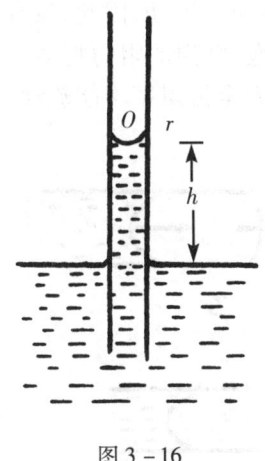

图 3-16

向下的作用力为液柱的重量 G(略去弯月面)

$$G = \rho g \pi r^2 h$$

则 G 等于 ρg 和液柱体积 $\pi r^2 h$ 的乘积,因液柱处于平衡,得

$$\rho g \pi r^2 h = 2\pi r \alpha$$

$$或\ h = \frac{2\alpha}{\rho g r} \qquad (3-14)$$

式(3-14)说明,浸润液体在毛细管内上升的高度与表面张力系数成正比,与毛细管半径和液体密度成反比。此式也适用于不浸润液体,不过,h 表示液体在毛细管中下降的高度。

〔例题〕 将一根直径为 0.6mm 的清洁玻璃管插入血液里(37℃),血液在细管中上升的高度为 32.3×10^{-3} m,试求人血的表面张力系数(人血的密度为 $1.054 \times 10^3 kg/m^3$)。

解:已知 $r = 0.3mm = 0.3 \times 10^{-3}$ m,$h = 32.3 \times 10^{-3}$ m,$\rho = 1.054 \times 10^{-3} kg/m^3$

根据　$h = \frac{2\alpha}{\rho g h}$

所以　$\alpha = \frac{1}{2}\rho g r h = \frac{1}{2} \times 1.054 \times 10^3 \times 9.8 \times 0.3 \times 10^{-3} \times 32.3 \times 10^{-3} = 50 \times 10^{-3}$ (N/m)

答:人血的表面张力系数为 50×10^{-3} N/m。

上例也是测定液体表面张力系数的方法之一。

毛细现象在日常生活中经常遇到。棉花或棉布吸水,吸墨纸能吸起墨水,打火机中汽油由灯芯上升,土壤提升地下水,植物吸收和运输水分,血液在毛细管中的流动以及栓塞现象等,都与毛细现象有关。

毛细现象在临床上有很多应用。例如外科用脱脂棉来擦拭创面的污液,就是利用棉花纤维间的毛细作用。普通手术缝合线都先经过蜡处理,因为线中间有无数缝隙,缝合伤口时,一部分线露在体表,缝隙将会成为体内外的通道,蜡处理就是封闭缝隙,破坏毛细作用,杜绝细菌感染。

在药学上,药物除湿及新鲜药材的除水大多需通过药材内毛细管才能汽化。口服片剂后,片剂在胃肠道中与胃液接触,片剂被浸润后通过毛细管作用才使水分进入片剂内部导致崩解,有利于人体对药物的吸收。

五、气体栓塞

液体在细管中流动时,如果管中有气泡,液体的流动将受到阻碍,气泡多时可发生阻塞,这种现象叫做**气体栓塞**。气体栓塞现象可用水在玻璃细管中的流动来说明。假设一充满液体的均匀水平细管中有一气泡,当左右两端液体的压强相等时,气泡两端两个液面的曲率半径相等,左边和右边液面的表面张力大小相等方向相反,液体不流动(图 3-17甲)。如果左端增加一个不太大的压强 Δp 时,对气泡施加一压力,推动气泡向右移动,于是气泡左端的曲率半径变大,右端曲率半径变小,右边液面的表面张力大于左边液面的表面张力(图3-17乙),对气泡产生一方向向左的阻力,阻碍液体向右流动,因此,只有当压强增大到一定程度,才能使液体流动。如果管中有若干个气泡,气泡的阻力将会更大(图3-17丙),即使增加更大的压强,也不能克服此阻力,液体完全被阻塞不能流动,这就是气体栓塞的成因。

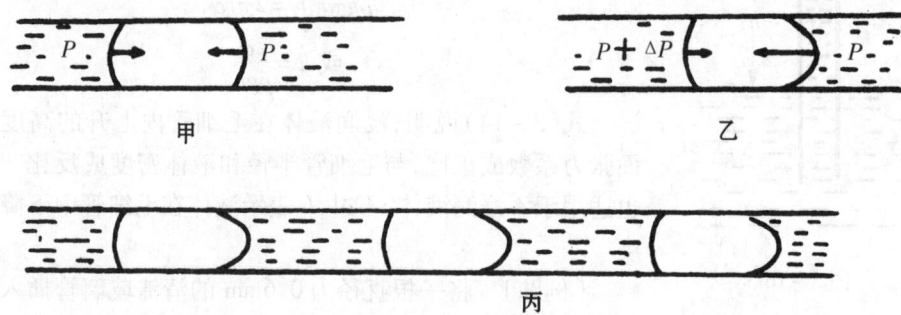

甲　　　　　　　　　　　　乙

丙

图3-17　气体栓塞

如果血管中出现气泡,它将随血液循环进入微血管,可能会发生气体栓塞现象,阻塞血液流动。因此,临床输液时,要经常防止输液管中出现气体栓塞现象,一旦出现,就要即时排除。静脉注射时,应特别注意不能在注射器中留有气泡,以免在微血管中发生栓塞。此外,潜水员从深水处上来,或患者和工作人员从高压氧舱中出来,都应有适当的缓冲时间,否则在高压时溶于血液中过量的气体,在正常压强下会迅速释放出来,若微血管中血液析出的气泡过多,就会出现气体栓塞现象。

第五节　湿　度

一、饱和汽与饱和汽压

液体在任何温度下都在蒸发,当液体装在敞口的容器里时,由于蒸发出来的汽分子能够扩散到周围空间去,所以经过一定的时间后,液体会全部蒸发完。当液体装在密闭容器里时,蒸发的情况就不同了。从液面飞出的汽分子不能扩散到容器外面,只能聚集在液面的空间里。由于液面上的汽分子不停地做无规则的热运动,相互碰撞的结果有一部分又回到液体中去。开始时,飞出液面的汽分子数大于返回液体中的分子数,液面空间里的汽分子密度不断增大,返回液体中的分子数也逐渐增多,最后,当液体蒸汽的密度增大到一定程度时,就会达到这样的状态:在单位时间内回到液体中的分子数,等于从液面飞出的分子数,这时汽分子的密度不再增大,液体也不再减少,液体和气体之间达到平衡状态,这种平衡叫做动态平衡。我们把跟液体处于动态平衡的汽叫做**饱和汽**。把没有达到饱和状态,即容器里的液体还可以继续蒸发,空间里的汽就叫做**未饱和汽**。在一定温度下,饱和汽的密度是一定的,未饱和汽的密度小于饱和汽的密度。

某种液体的饱和汽所具有的压强,叫做这种液体的**饱和汽压**。饱和汽压与什么有关呢?

实验证明:

1.饱和汽压与液体的种类有关 温度相同时,不同液体的饱和汽压不同。如在20℃时,几种液体的饱和汽压为:水是2.34kPa,酒精是5.93kPa,乙醚是5.82kPa。由此可见,容易挥发的液体饱和汽压大。这是因为温度相同时,各种液体的分子平均动能虽然相同,但易挥发液体分子间的引力较小,克服分子引力从液体变为气体较容易,所以,在相同温度下,易挥发的液体,它的饱和汽的密度较大,饱和汽压也较大。

2.饱和汽压与温度有关 同种液体,在温度一定时,饱和汽压也一定。温度升高时,饱和汽压增大,温度降低时,饱和汽压减小。这是因为温度升高时,饱和汽的密度和汽分子运动速率增大,使汽分子跟容器壁的碰撞机会增多,撞击力量变大,因而饱和汽压增大。

液体的饱和汽压跟体积有没有关系呢?没有,这是由于体积增大时一部分液体变成汽;体积缩小时一部分汽变成液体,只要温度不变,饱和汽的密度就不变,分子的速度也不变,因此,饱和汽压保持不变。

对于一种液体来说,它的饱和汽压仅随着温度的改变而改变。在不同温度下水的饱和汽压值见表3-4。

表3-4 不同温度下水的饱和汽压 （kPa）

℃	P	℃	P	℃	P	℃	P
-20	0.10	7	1.00	21	2.48	35	5.61
-10	0.26	8	1.07	22	2.64	36	5.93
-5	0.40	9	1.15	23	2.80	38	6.61
-4	0.44	10	1.23	24	2.98	40	7.36
-3	0.48	11	1.31	25	3.16	50	12.30
-2	0.52	12	1.40	26	3.36	60	19.87
-1	0.56	13	1.50	27	3.56	70	31.03
0	0.61	14	1.59	28	3.77	80	47.23
1	0.66	15	1.70	29	4.00	90	69.93
2	0.70	16	1.82	30	4.23	100	101.3
3	0.76	17	1.94	31	4.48	101	104.96
4	0.81	18	2.06	32	4.74	102	108.7
5	0.87	19	2.20	33	5.02	103	112.6
6	0.93	20	2.34	34	5.31	104	116.6

在临床工作中,常需要根据饱和汽压和温度的关系,用调节蒸汽的压强以控制高压蒸锅内的温度,达到灭菌目的。蒸汽的温度、压强和灭菌时间见表3-5。

表3-5

蒸汽温度/℃	表压/kPa	灭菌时间/min	适用范围
115	68.90	30	溶液剂、橡胶制品等
120	103.35	20	金属制品、敷料等
125	137.80	10	不常用

二、空气的湿度

泼在地上的水和江、河、湖、海以及植物生长的地方,水蒸气都在不停地从水面和植物表面蒸发出来,动物呼出的气里也含有水蒸气,所以,在我们周围的空气里总是含有水蒸气。一定温度时,一定体积的空气中含有的水蒸气越多,空气就越潮湿;含有的水蒸气越少,空气就越干燥。空气的干湿程度同我们的生活、生产和医疗有密切关系。空气太潮湿,人会感到沉闷和窒息,东西容易发霉;空气太干燥,人的口腔、鼻腔会感到干得难受,植物也易枯萎。在某些生产部门、医院以及贮藏物品和保存名贵书画等艺术品的地方,如纺织厂、病房、药房、博物馆等,都需要空气保持一定的湿度。

空气的湿度,可以用空气中所含水蒸气的密度,即单位体积的空气中所含水蒸气的质量来表示。由于直接测量空气中水蒸气的密度比较困难,而水蒸气的压强是随着水蒸气密度的增大而增大的,所以,通常用空气中水蒸气的压强来表示空气的湿度。

在某一温度时,空气中所含有水蒸气的压强,叫做这一温度时的绝对湿度。例如,空气中水蒸气的压强是 2.0kPa,这时空气的绝对湿度就是 2.0kPa。

许多与湿度有关的现象,如蒸发的快慢、纺织物的干湿、动物的感觉等等,不是跟空气中所含水蒸气的多少(即绝对湿度)直接有关,而是跟水蒸气离饱和状态的远近直接有关。由于水蒸气的饱和汽压随温度的升高而增大,在绝对湿度相同情况下,气温高时,水蒸气离饱和状态远,气温低时,水蒸气离饱和状态近。例如,空气的绝对湿度是 1.2kPa时,气温是 20℃,水蒸气离饱和状态远(20℃时,水的饱和汽压是 2.34kPa),人们感觉空气比较干燥;气温是 10℃时,水蒸气接近饱和状态(10℃时水的饱和汽压是 1.23kPa),人们就感觉空气很潮湿。因此,为了表示空气中水蒸气离饱和状态的远近,引入了相对湿度这个物理量。

某一温度时,空气的绝对湿度跟同温度时水的饱和汽压的百分比,叫做当时空气的相对湿度。

用 p 表示绝对湿度,$p_{饱}$ 表示饱和汽压,B 表示相对湿度,那么

$$B = \frac{p}{p_{饱}} \times 100\% \qquad\qquad (3-15)$$

某一温度时水的饱和汽压可从表里查出来,因此,知道了绝对湿度就可以算出相对湿度;反过来,知道了相对湿度也可以算出绝对湿度。

〔例题 1〕 测得室温 20℃时,空气的绝对湿度 $p = 0.799$kPa,求此时空气的相对湿度是多少?

解:已知 $p = 0.799$kPa,从表中查出 20℃ = 293K 时水的饱和汽压 $p_{饱} = 2.34$kPa,所以,这时空气的相对湿度

$$B = \frac{p}{p_{饱}} \times 100\% = \frac{0.799}{2.34} \times 100\% = 34\%$$

答:空气湿度为 34%。

〔例题 2〕 上题中,如果当时的室温是 7℃时,求此时的相对湿度是多少。

解:已知 $p = 0.799$kPa,从表查出 7℃ = 280K 时水的饱和汽压 $p_{饱} = 1.00$kPa,所以

$$B = \frac{0.799}{1.00} \times 100\% = 79.9\%$$

从上面两例中可以看出,绝对湿度不变,但温度不同,相对湿度相差很大。在例 1 中的空气比较干燥;例 2 中的空气却会使人感觉到比较潮湿。人最适宜的相对湿度是在 60% 左右。

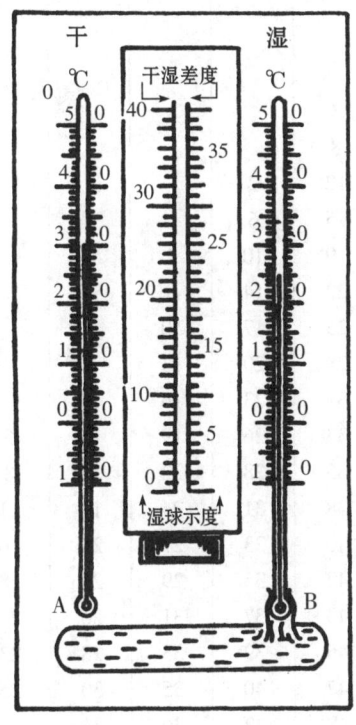

图 3-18 干湿泡湿度计

从上面计算相对湿度的两例中还可以看到,绝对湿度不变,温度降低时,相对湿度也会增大。当气温降低到某一温度时,空气里未饱和的水蒸气就会变成饱和汽,这时水蒸气开始凝结,出现细小的露滴。我们把使空气里水的未饱和汽变成饱和汽时的温度叫做露点。为什么露水总是在夜间和清晨出现呢?因为白天气温高,空气里的水蒸气是未饱和汽,到了夜晚,气温下降,如果降到露点时,空气里原来未饱和的水蒸气就变成饱和汽。饱和汽凝结成水滴,就是露水。

三、湿度计

测定空气湿度的仪器叫做湿度计,常用的湿度计有:露点湿度计、毛发湿度计、干湿泡湿度计。这里仅介绍干湿泡湿度计的构造和使用方法。

干湿泡湿度计如图 3-18 所示,它是由两支完全相同的温度计组成。温度计 A 叫做干泡温度计,用来测量空气的温度;温度计 B 叫做湿泡温度计,它的水银泡上包着纱布,纱布的下端浸入盛有水的管内,水沿着纱布上升,使它总保持湿润。

由于湿泡温度计 B 上的水蒸发时要吸收热量,温度计 B 所指的温度总是低于 A 的。A、B 的温度差叫做干湿泡温度差。当空气中的水汽离饱和状态远时,即相对湿度越小,空气越干燥,湿泡温度计 B 上的水蒸发得越快,使 B 的温度降得越低,A 与 B 的温度差就越大;反之,水汽离饱和状态较近时,即相对湿度越大,空气越潮湿,温度计 B 上的水蒸发越慢,A 与 B 的温度差就越小。所以,干湿泡温度差的大小跟空气的相对湿度有直接关系。如果把不同温度时相应于不同的干湿泡温度差的相对湿度计算出来,绘制成表,那么,根据干湿泡湿度计上 A、B 两支温度计的读数,从表上很快就可以查出空气的相对湿度。例如,干泡温度计所示温度是 24℃,湿泡温度计所示温度是 20℃,那么,它们的温度差是 4℃。查表 3-6,从第一列湿泡温度计读数中找到数字 20,再从干泡和湿泡温度差一行中找到数字 4,它们各自竖行和横行的相交处 62 就表示相对湿度是 62%。

有的湿度计是以湿泡示度和干湿泡示度差列表的,使用时应先看清楚纵行代表的是干泡示度还是湿泡示度。较为方便的湿度计是把表卷成筒状,附在湿度计上,可以方便地直接读出相对湿度。

由于湿度过高或过低都会给人们带来不适感,所以,我们应该根据湿度计所示湿度的变化进行调节。室内湿度过低时可在地上洒水,以增大湿度;室内湿度过大,可打开门窗使空气流通,以减小湿度。如果有条件,可使用空气调节器调整室内湿度。

表3-6　由干、湿泡温度计的示度求空气的相对湿度　　　　　（％）

湿泡温度计所示温度/℃	干、湿泡温度计的温度差									
	1	2	3	4	5	6	7	8	9	10
0	75	53	33	16	1					
1	76	55	37	20	6					
2	77	57	40	24	11					
3	78	59	43	28	15	3				
4	80	61	45	31	19	8				
5	81	63	48	34	22	12	2			
6	81	65	50	37	26	15	6			
7	82	66	52	40	29	19	10	2		
8	83	68	54	42	32	22	14	6		
9	84	69	58	45	34	25	17	10	3	
10	84	70	58	47	37	28	20	13	6	
11	85	72	60	49	39	31	23	16	10	
12	86	73	61	51	41	33	26	19	13	5
13	86	74	63	51	43	35	28	22	16	8
14	87	75	64	54	45	38	31	24	18	11
15	87	76	65	57	47	40	33	27	21	16
16	88	77	66	58	49	42	35	29	23	18
17	88	77	68	59	51	43	37	31	26	21
18	89	78	69	60	52	45	39	33	28	23
19	89	79	70	61	54	47	40	35	30	25
20	89	79	70	62	55	48	42	36	31	26
21	90	80	71	63	56	50	44	38	34	29
22	90	81	72	64	57	51	45	40	35	30
23	90	81	73	65	58	52	46	41	36	32
24	90	82	74	66	60	53	48	43	38	34
25	91	82	74	67	61	55	49	44	39	35
26	91	83	75	68	62	56	50	45	41	36
27	91	83	76	69	62	57	51	46	42	38
28	91	83	76	69	63	58	52	48	43	39
29	92	84	77	70	64	58	53	49	44	40
30	92	84	77	71	65	59	54	50	45	41
31	92	85	78	71	65	60	55	51	46	42
32	92	85	78	72	66	61	56	51	47	43
33	92	85	79	73	67	62	57	52	48	44
34	93	86	79	73	68	62	58	53	49	45
35	93	86	79	74	68	63	58	54	50	46
36	93	86	80	74	69	64	59	55	51	47
37	93	86	80	75	69	64	60	56	52	48
38	93	87	81	75	70	65	60	56	52	49
39	93	87	81	76	70	65	61	57	53	49
40	93	88	81	76	71	66	62	58	54	50

第四章　电　学

原子由带负电的电子和带正电的原子核组成,物质由原子、分子组成。细胞也是物质,人体由亿万个细胞构成。所以,包括人体在内的充满了五光十色的物质世界,其实是电的世界。

医学与电学息息相关。人体内的生物电现象,如心电、脑电、肌电等贯穿于整个生命过程;在疾病的诊断和治疗中,各种医疗电子仪器的使用也是离不开电学知识的。

本章先学习静电现象,然后再学习直流电及电学在医学中的应用等知识。

第一节　电　场

一、真空中的库仑定律

人们很早就发现,有许多物体如琥珀、玻璃等与丝绸摩擦后,有吸引轻微物体的本领。物体有了吸引轻微物体的性质,就说它带了电或说它有了电荷。带电的物体叫做带电体,物体所带电荷的多少叫做**电荷[量]**,常用 Q 或 q 表示,单位是库仑,简称库(符号为 C)。质子和电子带的电量,除有正负之分外,其量值都是 1.6×10^{-19} C,是电荷的最小单位,叫做**基本电荷**,用 e 表示。实验表明,一切带电粒子所带的电荷总是基本电荷的整数倍,即 $q = ne, n$ 是正整数,说明电荷的变化是不连续的。

我们已知自然界只存在两种电荷:正电荷和负电荷。电荷间有相互作用:同种电荷互相推斥,异种电荷互相吸引。

电荷间的相互作用力叫做**静电力**。这种力的大小跟哪些因素有关呢? 法国物理学家库仑在 1784 ~ 1785 年间用精密的实验首先回答了这一问题。

库仑是用图 4 - 1 所示的扭秤来做的实验。扭秤的主要部分是在一根细金属丝的下面悬挂一根玻璃棒,棒的一端有一个金属小球 a,另一端有一个平衡小球 b。在离 a 球某一距离的地方再放一个同样的小球 c。如果 a 球和 c 球带同种电荷,它们间的斥力将使玻璃棒逆时针方向转过一个角度。向顺时针方向扭转旋钮 O,玻璃棒可以回到原来的位置并保持静止,这时金属丝扭转弹力的作用跟电荷间斥力的作用平衡。因此,从旋钮 O 转过的角度,可以计算出电荷间作用力的大小。

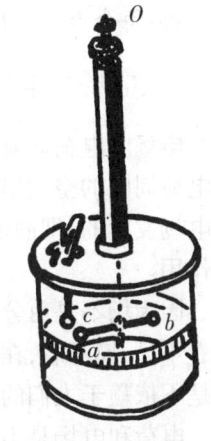

图 4 - 1　库仑扭秤

从实验得知:两个电荷间的相互作用力,跟它们的电荷和它们间的距离有关,跟它们间的介质也有关。最简单的介质是真空。事实上,空气对电荷间的相互作用影响很小,电荷在空气中的相互作用力,跟在真空中的相互作用力相差甚微。

关于**点电荷**——这是一个理想化的模型。当带电体间的距离比它们的大小大得多时,带电体的形状和电荷在其中的分布对相互作用力的影响可以忽略不计,就跟电荷全部集中在一点一样,此时就可以把带电体看成是点电荷。库仑实验的结果是:**在真空中,两个点电荷间的作用力,跟它们的电荷的乘积成正比,跟它们间的距离的平方成反比,作用力的方向在它们的连线上**(图4-2),这就是真空中的**库仑定律**。

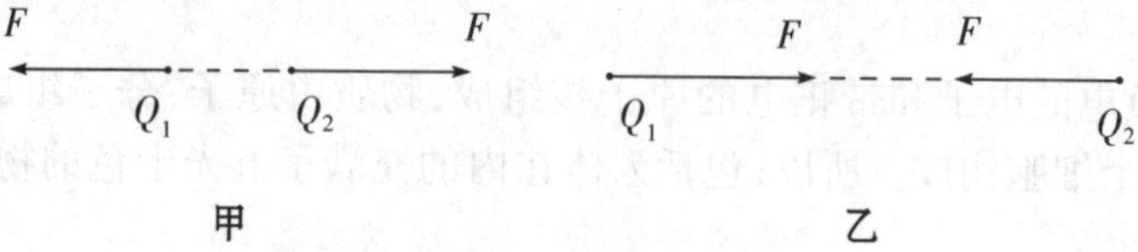

甲　　　　　　　　　乙

图4-2　点电荷间的相互作用

用 Q_1、Q_2 表示两个点电荷的电荷量,用 r 表示它们之间的距离,用 F 表示它们之间的静电力,库仑定律可以写成下面的公式:

$$F = k \frac{Q_1 Q_2}{r_2} \qquad\qquad (4-1)$$

式中 k 是**静电力恒量**,它的数值和单位由式中各量的单位决定。在国际单位制中,力、距离和电量的单位分别是牛(N)、米(m)和库(C),静电力恒量 $k = 9 \times 10^9 N \cdot m^2/C^2$。

应用库仑定律公式时,可以取电荷的绝对值来求力的大小。力的性质,则由电荷的种类确定:如果电荷同种,F 是推斥力;如果电荷异种,F 是吸引力。

库仑定律只适用于点电荷。

〔例题〕　两个电荷分别为 $-1 \times 10^{-8}C$ 和 $2 \times 10^{-8}C$ 的点电荷,在真空中相距 $0.30m$,每个电荷受到的静电力是多大?

解:由　$F = k \frac{Q_1 Q_2}{r^2}$

得　$F = 9 \times 10^9 \times \frac{1 \times 10^{-8} \times 2 \times 10^{-8}}{(0.30)^2} = 2 \times 10^{-5}(N)$

因为电荷异种,所以电荷间的相互作用力是吸引力。

答:每个点电荷都受到对方 $2 \times 10^{-5}N$ 的吸引力。

二、电场　电场强度

电场　电荷间有相互作用力,它是怎样发生的呢?经过长期的科学实验和研究知道,在电荷周围的空间里存在着一种特殊物质,把它叫做**电场**。电荷间的相互作用力就是通过电场发生的,即静电力并不是电荷之间的直接作用,而是一个电荷的电场对另一个电荷的作用。

因为场不是由分子、原子组成的实物,所以,它的性质在许多方面和实物不同。比如它看不见、摸不着,在有实物或没有实物的空间里,都可以存在。但它也跟其他物质一样,都是不依赖于人们的感觉而客观存在的。

电荷和电场是不可分割的,只要有电荷,它的周围空间里就存在电场,静止电荷产生的电场叫做**静电场**,产生电场的电荷叫做**场源电荷**。电荷之间相互作用的静电力,就是电场对电荷的作用力,所以,静电力又叫做**库仑力**。

电场强度　怎样研究电场呢？我们是从电场对电荷有力的作用入手的,这种力是静电力,也叫**电场力**。采用放一个电荷很小的正点电荷到电场中,电荷小是使它不影响到被测的电场,体积小是便于研究电场各点的性质。作这种用途的电荷叫做检验电荷,常用 q 表示。

电场的基本特性是对放入其中的电荷有力的作用。假设在真空中有一个场源电荷 Q 产生的电场,把检验电荷 q 放在电场中不同的位置, 如图 4-3 所示的 A 点、B 点和 C 点上,实验得知,检验电荷 q 受到的电场力 F_A, F_B 和 F_C 的大小和方向是不相同的。这说明电场中不同的位置,电场的强弱、方向是不相同的。用同一个检验电荷 q,放在离 Q 近的地方,q 受到的电场力大,说明那儿的电场强; 放在离 Q 远的地方,q 受到的电场力小,说明那儿的电场弱。

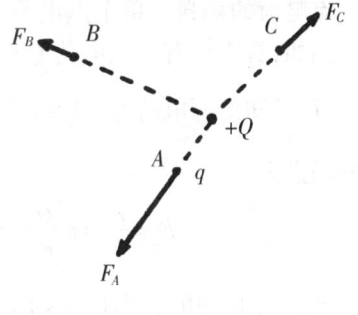

图 4-3

用不同的检验电荷 q 与 q' 在 A 点去感知时,根据库仑定律,q 与 q' 在 A 点受到的电场力为 $F_A = k \dfrac{Qq}{r_A^2}$ 与 $F'_A = k \dfrac{Qq}{r_A^2}$,很明显 F_A 与 F'_A 不相等,但是,我们发现

$$\frac{F_A}{q} = \frac{F'_A}{q'} = k\frac{Q}{r_A^2}$$

表明,这个比值与放入该点的检验电荷无关,只由该点在电场中的位置决定。同样可以得出,检验电荷在 B 点、C 点所受到的电场力跟它的电荷的比值为 $k\dfrac{Q}{r_B^2}$ 与 $k\dfrac{Q}{r_C^2}$,都是与放入该点的检验电荷无关的,而由电场中的位置决定。在电场中,不同的位置,比值一般不相同:离 Q 近的(r 小)点,这个比值大,单位电荷受到的电场力大,即该点的电场强;离 Q 远(r 大)的点,这个比值小,单位电荷受到的电场力小,即该点的电场弱。可见,比值 $\dfrac{F}{q}$ 的大小表征了电场的强弱。

放入电场中某一点的电荷受到的电场力跟它的电荷的比值,叫做这一点的电场强度, 简称**场强**。用 E 表示场强,F 表示检验电荷 q 受到的电场力,写成公式如下:

$$E = \frac{F}{q} \qquad\qquad (4-2)$$

场强的单位由力和电荷的单位决定,在国际单位制中是牛/库(符号 N/C)。电场中某一点,如果 1C 的电荷在这点受到的电场力是 1N 时,该点的场强就是 1N/C。

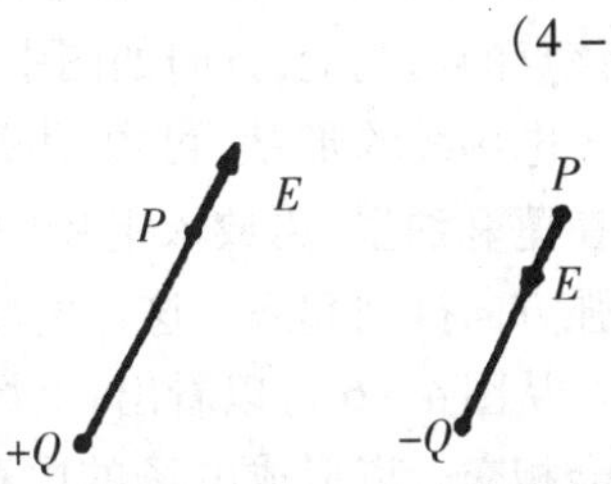

场强是矢量,场强的方向规定为正电荷在该点的受力方向。图 4-4 画出了正、负电荷产生的电场中,任意一点 P 的场强方向。当电荷为正时,P 点的场强 E 的方向沿 QP 连线远离 $+Q$;当电荷为负时,P 点的场强 E 的方向沿 QP 连线指向 $-Q$。

图 4-4

如果知道了电场中任意一点的场强 E，则电荷 q 在该点受到的电场力由式(4-2)可得

$$F = qE \qquad\qquad (4-3)$$

可见，电场力的方向，不一定和场强的方向相同，当 q 是正电荷时相同；当 q 是负电荷时则相反。

点电荷的场强　单个点电荷 Q 产生的电场从上面的讨论中已经知道，这里再举例说明。例如，真空中有一点电荷 $Q = 1 \times 10^{-9}$C，求距它 $r = 1 \times 10^{-2}$m 处 A 点的场强。

解：已知场源电荷 $Q = 1 \times 10^{-9}$C，$r = 1 \times 10^{-2}$m，由库仑定律 $F = k\dfrac{Qq}{r^2}$ 和式(4-2)得 A 点的场强为

$$E = \frac{F}{q} = k\frac{Q}{r^2} = 9 \times 10^9 \times \frac{1 \times 10^{-9}}{(1 \times 10^{-2})^2} = 9 \times 10^4 \,(\text{N/C}) \qquad (4-4)$$

答：A 点场强的大小是 9×10^4N/C，方向沿场源电荷和 A 点的连线，远离场源电荷。

式(4-4)说明，**在点电荷的电场中，任意一点场强的大小跟点电荷的电荷成正比，与该点到点电荷的距离的平方成反比。**

用式(4-4)进行计算时，Q 取绝对值，场强的方向，仍是正电荷在该点受力的方向。式(4-4)是由真空中库仑定律得出的，因而只适用于真空（或空气）中点电荷产生的电场。

如果电场是由两个或两个以上的点电荷形成的，根据电场的矢量性，某一点的场强应是各个点电荷在该点产生的场强矢量和。

匀强电场　在电场的某一区域里，如果各点场强的大小和方向都相同，这一区域的电场就叫做**匀强电场**。匀强电场是最简单的同时也是很重要的电场。两块靠得很近的大小相等互相正对并且互相平行的金属板，分别带上等量的正负电荷，它们间的电场（除边缘附近外），就是匀强电场。

电场线　对电场的研究，重要的是知道电场中各点场强的大小和方向。英国物理学家法拉第成功地用电场线来形象地表示场强的大小和方向。

电场线是在电场中画出的一系列有方向的曲线，在这些曲线上任何一点的切线方向都与该点的场强方向一致。图4-5是一条电场线，A、B 点的场强 E_A、E_B 在该点的切线上，方向如图中的箭头所示。

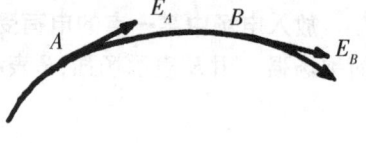

图4-5　电场线

电场线的形状，可以用实验来观察。把头发屑漂浮在蓖麻油里，再放入电场中，就可以看到头发屑按照场强方向排列起来。这是电场线的形象表示。图4-6是几种常见电场的电场线的图形。

从图4-6可以看出：电场线是起于正电荷，止于负电荷的曲线。任何两条电场线都不会相交。离形成电场的电荷近的地方（场强强的地方），电场线分布较密，反之较疏。因此，电场线不仅可以形象地表示场强的方向，而且可以表示场强的大小，场强强的地方电场线密，场强弱的地方电场线疏。

电场线虽然可以用实验来"看到"，但它不是电场中实际存在的，是人们为了形象地描述电场而想象地绘出来的曲线。

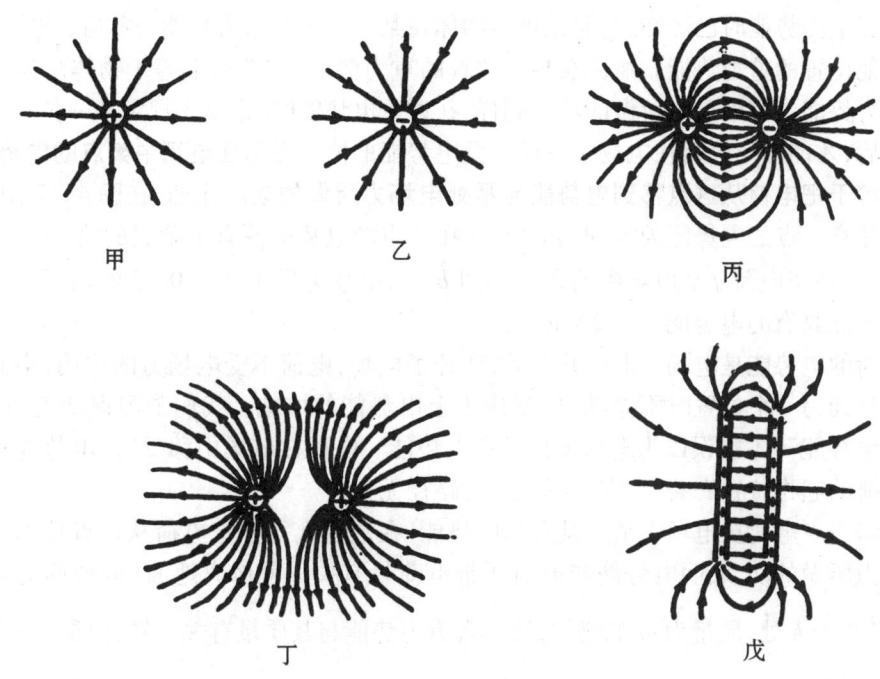

甲　　　　　　　　乙　　　　　　　　丙

丁　　　　　　　　　　　　戊

图4-6　几种常见电场的电场线

三、电势　电势差

电场的另一特性,是电荷在电场中移动时,电场力要对它做功。现在我们来研究在电场中移动电荷时电场力做功的情况。

在力学中学过,物体在重力场中具有重力势能,重力势能和重力做功密切相关。同样,电荷在电场中也具有势能,叫做**电势能**。电势能用 ε 表示,电势能与电场力做功密切相关。

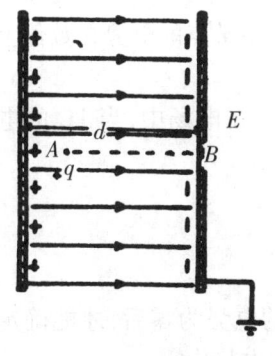

图4-7

物体在地面附近下落时,重力对物体做正功,重力势能减少;物体上升时,重力对物体做负功,重力势能增加。重力势能的变化总等于重力对物体所做的功。与此相似,在电场中移动电荷时,电场力对电荷做正功,电荷的电势能减少;电场力对电荷做负功,电荷的电势能增加。电势能的变化总等于电场力对电荷所做的功。用公式可表示为

$$W_{AB} = \varepsilon_A - \varepsilon_B \qquad (4-5)$$

式(4-5)中的 W_{AB} 是把电荷从电势能为 ε_A 的 A 点,移到电势能为 ε_B 的 B 点时,电场力所做的功。用图4-7可以说明,图4-7是场强为 E 的匀强电场,设 AB 两点间距离为 d,

它们的连线与电场线平行。当正电荷 q 在电场力的作用下从 A 移到 B 时,电场力做正功为 $W_{AB} = F \cdot d = qEd$,q 的电势能减少了 qEd;当正电荷 q 在电场力作用下,从 B 移到 A 时,

电场力做负功为 $W_{BA} = F \cdot d\cos180° = -qEd$，$q$ 的电势能增加了 qEd。

学习重力势能时已经知道，要先规定物体在某一位置的重力势能为零后，才能确定物体在其他位置的重力势能。物体在某一位置的重力势能，在数值上等于物体从这一位置移到重力势能为零处重力所做的功。同样，在讨论电势能时，也要先规定某一位置的电势能为零后，才能确定电荷在电场中其他位置电势能的值。**电荷在电场中某点的电势能，在数值上等于把电荷从这点移到电势能为零处电场力所做的功**。比如，在图 4 - 7 中，选负极板上任意一点的电势能为零，即 $\varepsilon_B = 0$，q 在 A 点的电势能便有了确定的值，为 $\varepsilon_A = W_{AB} = qEd$。若把正电荷 q 从电场中的 A 点移到 B 点，电场力做了 2×10^{-5}J 的功，那么，正电荷 q 在 A 点具有的电势能就是 2×10^{-5}J。

电荷的电势能是电场与电荷共有的，离开了电场，电荷不受电场力的作用，当它从一个位置移到另一个位置时不做功，也就谈不上电势能的增减。我们常习惯地说"电荷具有多少电势能"，不能误以为电荷单独具有电势能。电荷在电场中移动时，电势能的增减只与电荷的起讫位置有关，与它实际经过的路径无关。

电势 点电荷在电场中某点具有的电势能，在数值上等于把电荷从该点移到零电势点电场力所做的功，表明电势能与电荷所带电荷量有关。就像离地面（取地面为零重力势能面）高为 h 处，质量为 m 的物体，所具有重力势能与其质量有关一样，但是比值 $\frac{mgh}{mg} = h$ 与物体的质量无关，它只说明地势的高低，由重力场中位置决定。与此相似，在静电场中（如图 4 - 7 所示），选定 B 点为零电势点后，电荷 q 在 A 点的电势能与电量的比值 $\frac{qEd}{q} = Ed$，是一个常量，与电荷 q 无关，只决定于电场中的位置。在比值大的地方，单位电荷具有的电势能大；在比值小的地方，单位电荷具有的电势能小（在非匀强电场中也有类似情况）。比值反映了电场本身能的特性。

点电荷在电场中某点所具有的电势能 ε，跟它的电荷量 q 的比值，叫做该点的电势（又叫**电位**）。用 φ（或 V）表示电势，那么

$$\varphi = \frac{\varepsilon}{q} \tag{4-6}$$

由式（4-6）知，q 为单位正电荷时，φ 数值上等于 ε，即电场中某点的电势在数值上等于单位正电荷在该点所具有的电势能。

在国际单位制中，电势的单位是伏特，简称伏（符号是 V）。在电场中，当 1C 的电荷在某点的电势能为 1J 时这点的电势就是 1V。

$$1V = 1\frac{J}{C}$$

电势只有大小（常叫高低），没有方向，是标量。

电势跟电势能一样，没有绝对的意义，只有先规定了某处的电势为零后，才能确定其他各处电势的值，在实际应用中，常选大地或仪器的公共地线的电势为零。

〔例题 1〕 在图 4 - 8 所示的电场中，有 A、B、C、D 四点，若选 C 为零电势点，又已知 $q = 1C$，它在 A、B、D 点的电势能分别为 $\varepsilon_A = 2$J，$\varepsilon_B = 0.5$J，$\varepsilon_D = $

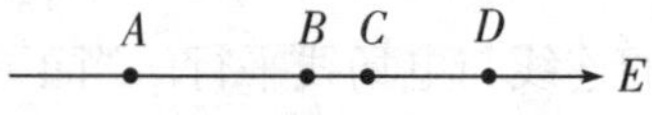

图 4 - 8

$-1J$,求 φ_A、φ_B、φ_P 各等于多少?

解:由式(4-5) $\varphi = \dfrac{\varepsilon}{q}$

得 $\varphi_A = 2V, \varphi_B = 0.5V$。

由于电荷 q 从 D 点移到 C 点,要克服电场力做功 $1J$,使电势能增加 $1J$ 后才等于零,所以,D 点的电势为 $-1V$,即 $\varphi_D = -1V$。

由此题知,**电势是沿着电场线方向降低的。**

〔例题2〕 将电荷量为 $2 \times 10^{-8}C$ 的正电荷,从零电势处移动到电场中某一点,外力克服电场力做了 $1 \times 10^{-6}J$ 的功。问:(1)电荷的电势能是增加还是减少? 电荷在该点的电势能是多少? (2)该点的电势是多少?

解:(1)选定零电势位置后,将 $2 \times 10^{-8}C$ 的正电荷从零电势处移到电场中某点时,是外力克服电场力做功,做了 $1 \times 10^{-6}J$ 的功,则电荷的电势能增加,电荷在该点具有的电势能为 $1 \times 10^{-6}J$。

(2)由式(4-4)得:

$$\varphi = \frac{\varepsilon}{q} = \frac{1 \times 10^{-6}}{2 \times 10^{-8}} = 50(\text{V})$$

答:(1)电荷的电势能增加了,该点的电势能是 $1 \times 10^{-6}J$。(2)该点的电势是50V。

前面学习了电场强度,电场强度是反映电场的力的性质的物理量,知道了电场强度 E 后,就可以知道电荷 q 在电场中所受的力 $F = qE$。电势是反映电场的能的性质的物理量,知道了电势 φ 后,就可以知道电荷 q 在电场中所具有的电势能 $\varepsilon = q\varphi$。

等势面 场强的分布可以用电场线形象地表示,电势的分布可以用等势面形象地表示。**电场中电势相等的点构成的面叫做等势面。**在电场中可以用等势面方便地表示出电势的高低,就像地图上用等高线表示地形的高低一样。图4-9画出了几种电场的等势面(实线)和电场线(虚线)。其中甲图是点电荷电场的等势面,它们是以点电荷为球心的一族球面。乙图是匀强电场中的等势面,它们是垂直于电场线的一族平面。

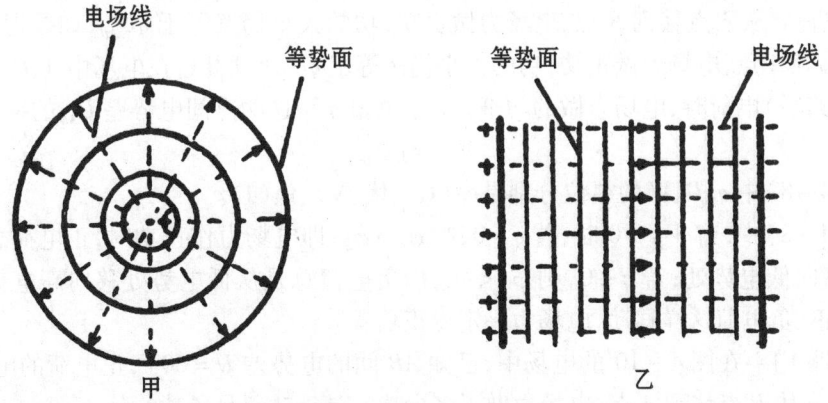

图4-9

等势面有如下性质:

在同一等势面上任何两点间移动电荷时,电场力不做功。这是因为,假如电场力做了功,这两点的电势就不相等,它们就不在一个等势面上了。这种情形,跟在同一水平面上的两点间移动物体时,重力不做功的道理是一样的。

等势面一定跟电场线垂直,即跟场强的方向垂直。假如不是这样,场强就有一个沿着等势面的分量,这样在等势面上移动电荷时电场力就要做功。但这是不可能的,因为等势面上各点电势相等,沿等势面移动电荷时电场力是不做功的,所以,**场强跟等势面垂直。**

电场线总是从电势高的等势面指向电势较低的等势面。

由于测量电势比测量电场强度容易,所以,常用等势面来研究电场。其过程是先测绘出等势面的形状和分布,再根据电场线跟等势面处处垂直的特性,绘出电场线的形状和分布,就可以知道整个电场的分布了。设计许多电子仪器,如电子显微镜、示波管等,都要用到这种方法。

电势差 选择不同位置作零电势时,电场中某点电势的数值会改变,但电场中任意两点间的电势差值却保持不变,这使物理学中用电势的差值比用电势更为普遍。

电场中两点间电势的差值叫做电势差,也叫做**电压**。设 A 点的电势为 φ_A,B 点的电势为 φ_B,如果 A 点的电势高于 B 点的电势,即 $\varphi_A > \varphi_B$,这两点间的电势差为:

$$U_{AB} = \varphi_A - \varphi_B \tag{4-7}$$

如果 B 点的电势高于 A 点的电势,即 $\varphi_B > \varphi_A$,这两点间的电势差是:$U_{AB} = \varphi_A - \varphi_B$。

电势差的单位跟电势的单位相同,是伏(V)。

利用电势差可以方便地计算出电荷移动时电场力所做的功。

在图 4-10 所示的电场中,设正电荷 q 在 A 点和 B 点的电势能分别为 $q\varphi_A$ 和 $q\varphi_B$,由于 $\varphi_A > \varphi_B$,把正电荷 q 从 A 点移到 B 点时,电荷电势能的减少为 $q\varphi_A - q\varphi_B$,而电势能的减少等于电场力做的正功,所以,正电荷从 A 点移到 B 点,电场力做正功为:

$$W_{AB} = q(\varphi_A - \varphi_B) = qU_{AB}$$

同理,如果把正电荷 q 从 B 点移到 A 点,电场力做负功,功的大小仍然等于 qU_{AB};如果把负电荷 q 从 A 点移到 B 点,电场力做负功,功的大小仍然等于 qU_{AB};如果把负电荷 q 从 B 点移到 A 点,电场力做正功,功的大小仍然等于 qU_{AB}。所以,在电场中 A、B 两点间移动(任意路径)电荷时,电场力做的功 W_{AB} 等于电量 q 跟这两点间电势差 U_{AB} 的乘积,即:

$$W_{AB} = qU_{AB} \tag{4-8}$$

式(4-8)中 q、U、W 的单位分别是库(C)、伏(V)、焦(J)。

式(4-8)中,当 $W_{AB} > 0$ 时,若 $q > 0$,则 $\varphi_A > \varphi_B$;即电场力作正功时,正电荷总是从高电势处移向低电势处;若 $q < 0$,则 $\varphi_A < \varphi_B$,即负电荷总是从低电势处移向高电势处。反之,只要正、负电荷这样移动,电场力一定做正功。

〔例题1〕 在图 4-10 的电场中,已知 AB 间的电势差 $U = 60\text{V}$,正电荷的电量 $q = 2 \times 10^{-8}\text{C}$,$q$ 从 B 点移到 A 点,电场力做了多少功? 是正功还是负功?

解:由图 4-10 知,$\varphi_A > \varphi_B$,所以 $U_{BA} = -60\text{V}$,$q = 2 \times 10^{-8}\text{C}$。

根据式(4-6)

得 $W_{BA} = qU_{BA} = 2 \times 10^{-8} \times (-60) = -1.2 \times 10^{-6}(\text{J})$

正电荷从低电势的 B 点移向高电势的 A 点,是电场力做负功。

答:电场力做负功,做了 1.2×10^{-6}J 的功。

〔例题2〕 设电场中 M、N 两点的电势差 $U_{MN} = 100$V,问(1)若选 M 点的电势为零时,N 点的电势是多少,选 N 点的电势为零时,M 点的电势呢?(2)电量为 -2×10^{-9}C 的负电荷从 N 点移到 M 点时,电场力做正功还是做负功?做了多少功?

解:(1)由题知 $U_{MN} = \varphi_M - \varphi_N = 100$V

选 $\varphi_M = 0$ 时,得 $\varphi_N = -100$V

选 $\varphi_N = 0$ 时,得 $\varphi_M = 100$V

(2)因为 $U_{MN} > 0$,所以,$\varphi_M > \varphi_N$ 电场线的方向由 M 指向 N,$-q$ 从 N 点移到 M 点,是负电荷逆着电场线方向移动,电场力做正功。

将 $q = -2 \times 10^{-9}$C,$U_{NM} = -100$V 代入式(4-8)

得:$W_{NM} = qU_{NM} = -2 \times 10^{-9} \times (-100) = 2 \times 10^{-7}$(J)

答:(1)N 点的电势是 -100V,M 点的电势是 100V。(2)是电场力做正功,做了 2×10^{-7}J 的功。

由题知道,电势可以说是相对于零电势点的电势差。

〔例题3〕 能否用式(4-8)说明电势是沿电场线方向降低的呢?

答:由图 4-10 知,正电荷 q 沿电场线从 A 点移到 B 点,是电场力做正功,用式(4-8)得 $W_{AB} = q(\varphi_A - \varphi_B) > 0$,即 $\varphi_A > \varphi_B$,这说明沿电场线方向电势越来越低。

四、电势差与场强的关系

场强与电势都是描述电场特性的物理量,场强跟电场对电荷的作用力相联系;电势、电势差跟电场力移动电荷做功相联系。像力和功有联系一样,场强和电势差也有联系。由式(4-8)知,电场力做功与 A、B 两点电势差 U 的关系式是 $W = qU$;另一方面,又有 $W = qEd$,因为 $qU = qEd$,所以,得到:

$$U = Ed \qquad\qquad (4-9)$$

上式说明,在匀强电场中,沿场强方向的两点间的电势差,等于场强跟这两点间距离的乘积。

上式改写成:

$$E = \frac{U}{d} \qquad\qquad (4-10)$$

式(4-10)说明,在匀强电场中,场强在数值上等于沿场强方向每单位距离降低的电势。

由式(4-10)得到场强的另一个单位:V/m。

$$1\text{V/m} = 1\frac{\text{J/C}}{\text{m}} = 1\frac{\text{N}\cdot\text{m}}{\text{C}\cdot\text{m}} = 1\text{N/C}$$

场强的两个单位:V/m 和 N/C 是相等的。

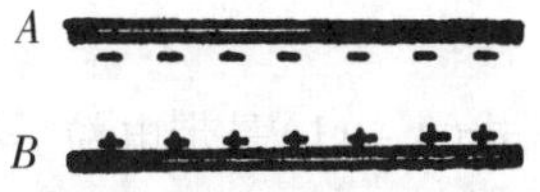

〔例题1〕 如图 4-11 所示,带电板 AB 间距离为 2cm,电压为 30V,问 AB 板间匀强电场的场强大小和方向。

解:由式(4-10)

图 4-11

得：$E = \dfrac{U}{d} = \dfrac{30}{2 \times 10^{-2}} = 1.5 \times 10^2\,(\mathrm{V/m})$

答：场强是 $1.5 \times 10^2\,\mathrm{V/m}$，方向由 B 指向 A。

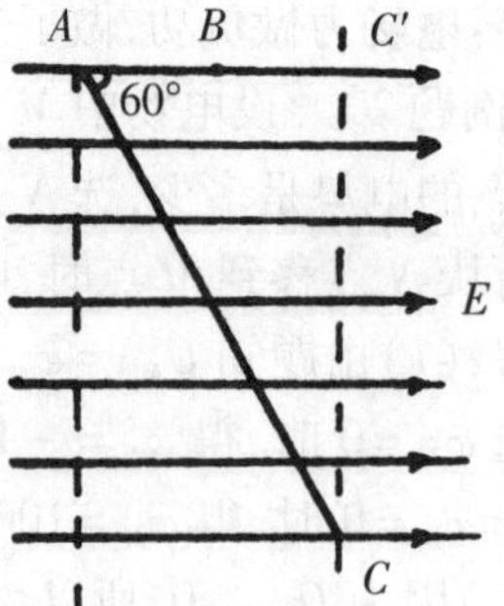

〔例题2〕 如图 $4-12$ 所示，在匀强电场中有 A、B、C 三点，AB 的连线与场强平行，AC 的连线与场强成 $60°$ 夹角。已知，$d_{AB} = 0.3\,\mathrm{cm}$，$d_{AC} = 1.2\,\mathrm{cm}$，$U_{AB} = 15\,\mathrm{V}$，$\varphi_A = 50\,\mathrm{V}$，求场强和 C 点的电势 φ_C。

解：由式 $(4-10)$

得 $\quad E = \dfrac{U_{AB}}{d_{AB}} = \dfrac{15}{0.3 \times 10^{-2}} = 5 \times 10^3\,(\mathrm{V/m})$

图 $4-12$

因为 $U_{AB} > 0$，所以，场强方向由 A 指向 B，

又由式 $(4-7)$ 知：$U_{AC} = \varphi_A - \varphi_C$

得 $\quad \varphi_C = \varphi_A - U_{AC}$

其中 $\quad U_{AC} = U_{AC'} = Ed_{AC}\cos 60° = 5 \times 10^3 \times 1.2 \times 10^{-2} \times \dfrac{1}{2} = 30\,(\mathrm{V})$

所以，$\varphi_C = 50\,\mathrm{V} - 30\,\mathrm{V} = 20\,\mathrm{V}$

答：场强的大小是 $5 \times 10^3\,\mathrm{V/m}$，方向由 A 指向 B，C 点的电势是 $20\,\mathrm{V}$。

五、带电粒子在电场中的运动

带电粒子在电场中运动时，由于受到电场力的作用，速度的大小和方向都要发生变化，即产生加速度。在现代科学实验和技术设备中，常用这一原理来使带电粒子加速和偏转。

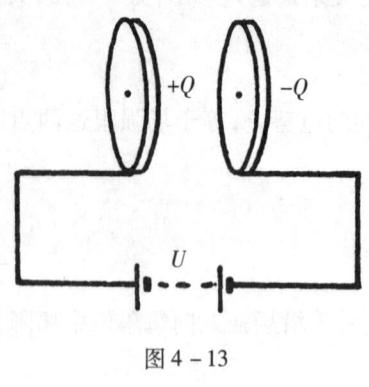

图 $4-13$

带电粒子的加速 如图 $4-13$ 所示，在真空中有一对平行金属板，接上电压为 U 的电池后，在它们之间建立了匀强电场。设在电场力的作用下，有一个静止的带电量为 q 的带电粒子，从一个极板移动到另一个极板，带电粒子电势能的减少量为 $\Delta\varepsilon = qU$，它等于粒子获得的动能。设带电粒子的质量为 m，到达另一极板时的速度为 v，那么

$$\frac{1}{2}mv^2 = qU$$

$$v = \sqrt{\frac{2qv}{m}} \qquad (4-11)$$

式 $(4-11)$ 是带电粒子被加速后的速度。

在图 $4-13$ 的两个极板上各有一小孔，彼此正对，如果在正极板的左侧有一些带电量为 $+q$ 的粒子，其中有一部分能够以很小的速度从左孔进入电场被加速，则将以式 $(4-11)$ 的速度从右孔穿出。若带电平行板之外无电场，从右孔穿出的带电粒子将做匀速直线运动，直到碰着其他物体或进入另一电场为止。

带电粒子的偏转　真空中水平放置一对金属板,接上电池后建立了匀强电场(图4-14),当带电粒子以一定的初速度沿水平方向进入电场时,由于在竖直方向上受到电场力的作用,带电粒子的运动在离开电场时,将偏离原来的速度方向,速度的大小也改变了。

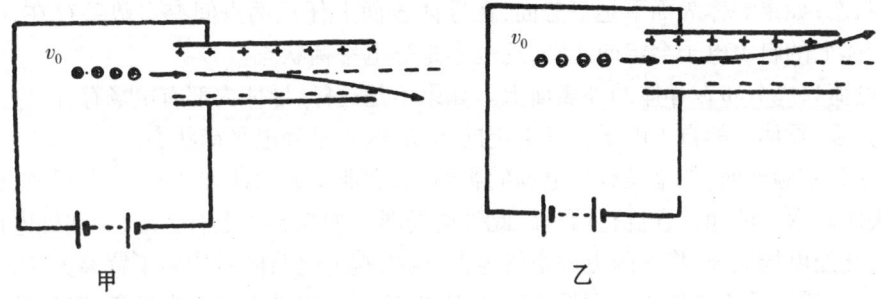

图 4-14

电子射线管(又叫示波管)就是根据这一原理制成的。示波管是电子示波器的主要元件,电子示波器在医学上有广泛应用,如超声诊断仪、心电图仪、脑电图仪等都离不了它。

六、电场中的导体

导体中有大量可以移动的自由电荷,金属中能自由移动的电荷是自由电子。金属原子最外层的电子跟原子核联系很弱,一旦脱离了原子就能在整块金属中"游荡"。失去电子的原子变成带正电的离子,在平衡位置附近做热振动。所以,整块金属是由做热振动的正离子和在它们间做无规则热运动的自由电子组成的。

静电平衡　把金属导体放进场强为 E 的电场中,如图4-15所示,导体中的自由电子受到电场力的作用,向电场的反方向定向运动(图4-15甲),使导体两边出现了等量的异号电荷(图4-15乙)。这种由于导体中的自由电荷受到外电场的作用而重新分

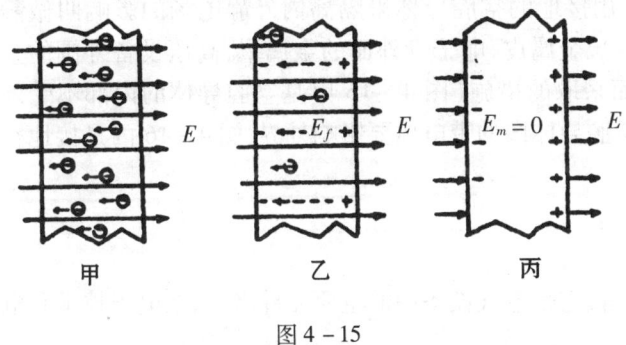

图 4-15

布的现象,叫做**静电感应**。导体表面出现的正负电荷叫做**感生电荷**。感生电荷在导体内部形成反方向的电场 E_f,它的电场线用虚线表示(图4-15乙),两个电场叠加的结果,使导体内部的电场减小。只要导体内部的场强不为零,自由电荷就要继续移动,导体两端的正负电荷就继续增加,导体内部的电场将进一步削弱,直到导体内部各点的场强为零为止。这时,自由电子定向移动停止,导体中(包括表面)没有电荷定向移动的状态,叫做**静电平衡状态**。处于静电平衡状态的导体,内部的场强处处为零(图4-15丙),由此,可以推出:

1. 导体表面上任何一点的场强方向跟该点的表面垂直。如果不是这样,场强就有一

个沿导体表面的分量,自由电子就会发生定向移动,这不是静电平衡状态。

2. 导体是一个等势体,导体表面是一个等势面。如果导体不是等势体,在导体内部任意两点间移动电荷时,电场力要做功,电场力做了功,表明导体内部场强不为零,这不是静电平衡状态;如果导体表面不是等势面,在导体表面上任意两点间有电势差存在,电场不为零,导体上的自由电子会定向运动,这也不是静电平衡状态。

3. 电荷只能分布在导体的外表面上。如果不是这样,导体内部有电场存在,它附近的场强不为零,导体上的自由电子会发生定向运动,这不是静电平衡状态。

理论和实验证明,如果没有外电场的影响,表面曲率大的地方,电荷分布得密,此处电场强;表面曲率小的地方,电荷分布稀,此处电场弱。如果导体上有尖端,尖端处电荷密度特别大,此处电场极强,将使附近的空气电离,与尖端上电荷同号的离子背离尖端,与尖端上电荷异号的离子急速趋向尖端发生电荷中和,这现象叫做**尖端放电现象**,避雷针就是利用尖端放电制成的。

静电屏蔽 导体处于静电平衡时,导体内部的场强处处为零,技术上用它来屏蔽外电场。把物体(或仪器)放入金属空腔内,该物体(或仪器)就不受任何外电场的影响,这就是静电屏蔽的原理。由于这种屏蔽只能使空腔内部不受外电场的影响,所以,叫做**外屏蔽**(图4-16甲)。为了防止腔内带电体的电场对腔外物体的影响,可把金属空腔的外壳接地,从大地移来的负电荷与外壳的正电荷中和,腔外电场线

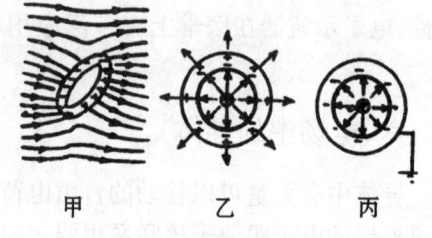

图4-16

消失。这种屏蔽不仅能使腔内部不受外电场的影响,而且还能使腔内带电体不影响腔外,因而叫做**全屏蔽**(图4-16丙)。用接地的空腔导体来隔离内外静电场的影响叫做**静电屏蔽**。电信用的电缆,外面包有一层金属皮,电子管外面的金属罩,高压设备外围的金属栅网等,都是为了实现静电屏蔽而采取的措施(图4-16甲是空腔导体的内部不受外电场的影响,图4-16乙是不接地空腔导体内的带电体要影响外界,图4-16丙是接地空腔导体内的带电体不影响外界)。

七、电容器 电容

电容器 电容器可以储存电荷,它是电气设备中的重要元件之一,在电子技术和电工技术中有重要的应用。

任何两个彼此绝缘而又互相靠近的导体,都可以看成是一个电容器。这两个导体是电容器的两个极,两块正对、互相平行、相隔很近、彼此绝缘的金属板组成了一个最简单的电容器,叫做**平行板电容器**。

使电容器带电的过程,叫做**充电**。最简单的充电方法,是把电容器的两极分别与电源的正负极相连接。充电开始时,电容器两极间的电势差为零。在电源作用下,电容器的两极分别带上等量的异种电荷。**每个极所带电荷量的绝对值**,叫做**电容器所带的电荷量**。充电结束,电容器两极间的电势差跟电源的正负极间的电势差相等。充电后的电容器两极间存在电场。

使充电后的电容器失去电荷的过程,叫做**放电**。用一根导线把电容器的两极接通,在

电场力的作用下,两极上的电荷互相中和,电容器就不带电了。放电后的电容器两极间不存在电场。

电容　电容器带电时,两极间要产生电势差,对任何一个电容器来说,两极间的电势差都随所带电荷量的增加而增加,并且电量跟电势差成正比,其比值为一恒量,不同的电容器这个比值一般是不同的。在电压 U 相同的情况下,这个比值越大的电容器,所带电荷量越多,因而这个比值表征了电容器容纳电荷的本领,我们称这个比值为电容器的**电容**。

若用 Q 表示电容器所带的电荷量,用 U 表示它两极间的电势差,用 C 表示它的电容,写成公式:

$$C = \frac{Q}{U} \tag{4-12}$$

一般说来电容器的电容,由极板的形状、大小,极板间距离,极板间的介质决定,而与极板是否带电、带电的多少无关。

在国际单位制中,电容的单位是法拉,简称法(符号 F)。一个电容器,如果在带 1C 的电荷量时两极间的电势差是 1V,这个电容器的电容是 1F。法(F)这个单位太大,实际上常用较小的单位:微法(符号是 μF)和皮法(符号是 pF)。它们间的换算关系是:

$$1F = 10^6 \mu F = 10^{12} pF$$

由式(4-12)可知,**电容器的电容,在数值上等于使两极间的电势差升高一个单位时所必需供给它的电荷量。**

电容器带电的情形,跟直筒容器装水的情形很相似。每一个直筒容器装水后,水的深度总是跟装的水量成正比,水量和水深的比值是一个恒量。不同的直筒容器,这个比值一般是不相同的。

常用电容器从构造上看,可分为固定电容器和可变电容器两类。固定电容器的电容是固定不变的,因所用电介质不同而分为纸介电容器、云母电容器、瓷介电容器和电解电容器等。

纸介电容器是在两层锡箔或铝箔中间夹以在蜡中浸过的纸,卷成圆柱体而做成,如图 4-17 甲所示。电解电容器是用铝箔作阳极,铝箔上很薄一层氧化膜作电介质,用浸过电解液的纸作阴极制成,因而,它的极性是固定的,使用时正负极不能接错(图 4-17 乙)。

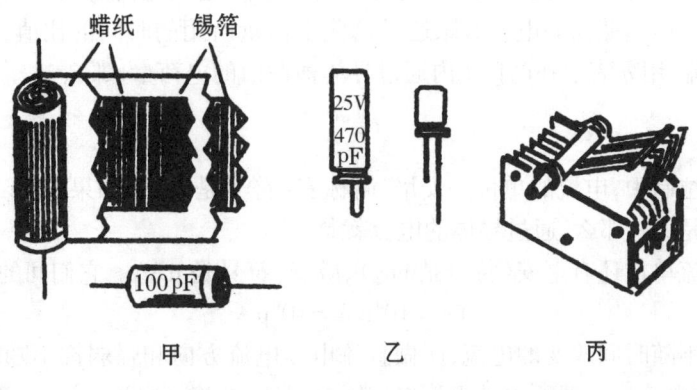

图 4-17

可变电容器的电容是可以改变的。它由两组铝片组成,固定的一组铝片和可转动的一组铝片分别叫做定片和动片,在定片和动片之间通常是空气(图4-17丙)。

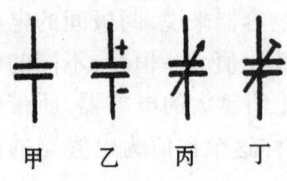

图4-18

还有半可变电容器,它能微小地改变其正对面积,从而使电容发生微小变化。图4-18是电路图中常用的几种电容器的符号。甲是固定电容器,乙是电解电容器,丙是可变电容器,丁是半可变电容器。

加在电容器两极上的电压不能过高,否则电介质会被击穿,电容器会被损坏。这一极限电压叫做击穿电压。电容器的额定电压是指电容器长期工作时所能承受的电压,它比击穿电压要低。电容器上一般都标明了电容和额定电压的数值。

〔例题〕一个电容器带的电荷量为1.0×10^{-5}C 时,两极间的电势差是200V,如果再增加带电荷量1.0×10^{-5}C 时,两极间的电势差将变为多少? 在这个过程中电容器的电容有无变化?

解:已知$Q = 1.0 \times 10^{-5}$C$, U = 200($V$)$。

由式(4-12) $C = \dfrac{Q}{U}$

得 $C = \dfrac{1.0 \times 10^{-5}}{200} = 0.5 \times 10^{-7}(F)$

如果Q再增加1倍,则U也增加1倍,即$U = 400$V$, C$不变化。

或者用计算式为

$$U = \frac{Q}{C} = \frac{1.0 \times 10^{-5} + 1.0 \times 10^{-5}}{0.5 \times 10^{-7}} = 400(V)$$

答:两极间的电势差是400V,电容不变。

第二节   直流电

一、电流

在初中学过,电荷的定向移动形成电流。习惯上规定正电荷定向移动的方向为电流的方向。通过导体横截面的电荷量跟通过这些电荷量所用的时间的比值,叫做电流。如果用I表示电流,用q表示在时间t内通过导体横截面的电荷量,那么:

$$I = \frac{q}{t} \tag{4-13}$$

在国际单位制中,电流的单位是安培,简称安(符号是 A)。如果在1s 内通过导体横截面的电荷量是1C,那么,通过导体的电流就是1A。

常用的电流单位还有毫安(符号是 mA)、微安(符号是 μA)。它们间的换算关系是

$$1A = 10^{3}\text{mA} = 10^{6}\mu\text{A}$$

电流方向不随时间改变的电流,叫做直流电。电流方向和强弱都不随时间而改变的电流,叫做稳恒电流。一般所说的直流电,常常就是指的稳恒电流。

在导体中产生电流的条件,首先要有能够自由移动的电荷——**自由电荷**。只有自由

电荷还不能形成电流,因为导体中大量的自由电荷在不断地做无规则的热运动。朝任何方向运动的几率都一样。在通常情况下,对导体的任一个横截面来说,在任何一段时间内从横截面两侧穿过横截面的自由电荷数相等。所以,从宏观上看,没有电荷的定向移动,也就没有电流。

若把导体的一端接到带电的物体上,把它的另一端接到不带电的物体上,由于导体两端的电势不相等,导体内的电场强度不为零,这时,导体内的自由电荷就要在电场力的作用下做定向移动而产生电流。由此可知,在导体中产生电流的条件是导体两端必须存在电压。

上面的这种情形中,导体里的电流只是瞬时的。因为,电荷的定向移动使导体两端的电势很快就相等了,导体成为等势体,导体内部的电场强度为零,自由电荷不再受到电场力作用而定向移动。为了使导体中有持续的电流,必须使导体两端保持持续的电压。例如,手电筒里,持续的电压是由干电池提供的;汽车电路里,持续的电压是由蓄电池、发电机提供的。干电池、蓄电池、发电机都是电源。在电路中,电源的作用就是保持导体两端的电压,使电路中产生持续的电流。

导体中的电流跟所加的电压有什么关系呢? 德国物理学家欧姆通过实验,于1827年得到下述的结论:**导体中的电流跟它两端的电压成正比,跟它的电阻成反比**。这就是**欧姆定律**。由于这一结论是对一段电路进行研究时得出的,因而又叫做部分电路的欧姆定律。用 I 表示通过导体的电流,U 表示导体两端的电压,R 表示导体的电阻,欧姆定律可写成下面的公式:

$$I = \frac{U}{R} \quad 或 \quad U = IR \tag{4-14}$$

上式表明,一段电路两端的电压,等于通过这段电路的电流和这段电路的电阻的乘积。

二、分压在电压表中的应用

已经学过,串联电路(图4-19)中,电流处处相等;总电阻等于各分电阻之和;总电压等于各分电压之和。

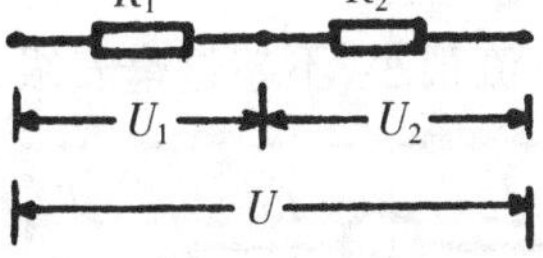

图 4-19

各电阻上的电压跟它的阻值成正比,即

$$\frac{U_1}{R_1} = \frac{U_2}{R_2} = I \tag{4-15}$$

表明串联电路中每个电阻都分担了一部分电压,而且阻值大的电阻,它两端的电压也大。串联电阻的这种作用叫做**分压作用**,作这种用途的电阻叫做分压电阻。

常用的电压表是由电流计改装的。电流计用符号 G 表示,它的主要参数是表头内阻 R_g,满偏电流 I_g(指针偏转到最大刻度处通过电流计的电流)。由欧姆定律知,电流计所能承受的最大电压为 $U_g = I_g \cdot R_g$,如果加在电流计两端的电压超过 U_g 时,通过电流计的电流超过 I_g,电流计将被烧毁。

通过电流计的电流大,指针的偏角也大,因此,根据指针的偏角可以知道电流的大小。由于,通过电流计的电流跟加在它两端的电压成正比,所以,根据偏角也可以知道加在电流计两端电压的大小。电流计虽然能够测量电压，但是，所能承担的电压 $U_g = I_g R_g$ 很小，不能直接测量较大的电压。若给电流计串联一个电阻，让它分担一部分电压，它就可以测量较大的电压了，即电流计改装成了电压表，如图 4－20 所示。

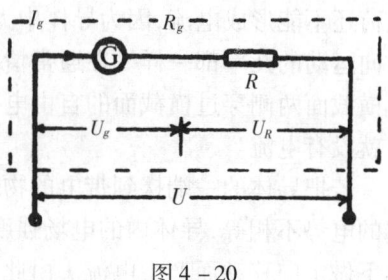

图 4－20

〔例题〕 有一个电流计，电阻 $R_g = 1\ 000\Omega$，满偏电流 $I_g = 100\mu A$，要把它改装成量程是 3V 的电压表，应串联多大的电阻？

电流计指针偏转到满刻度时它两端的电压 $U_g = I_g R_g = 100 \times 10^{-6} \times 1\ 000 = 0.1V$，这是它能承担的最大电压，分压电阻必须分担 2.9V 电压即 $U_R = U - U_g = 2.9V$。由于串联电路中电压跟电阻成正比，由 $\dfrac{U_g}{R_g} = \dfrac{U_R}{R}$ 可以求出：

$$R = \frac{U_R}{U_g}R_g = \frac{2.9}{0.1} \times 1\ 000 = 29k\Omega$$

可见，串联 29kΩ 的分压电阻后，可以把这个电流计改装成量程为 3V 的电压表了。

三、分流在电流表中的应用

并联电路（图 4－21）中各支路两端电压相等；总电阻的倒数等于各个电阻的倒数和；总电流等于各支路电流之和。

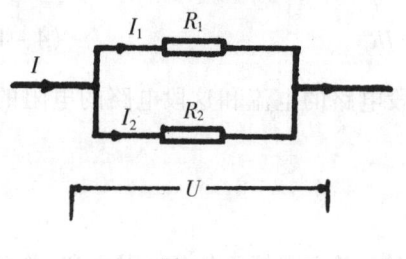

图 4－21

各电阻上的电流跟它的阻值成反比，即：

$$I_1 R_1 = I_2 R_2 = U$$

也可写成：

$$I_1 = \frac{R_2}{R_1 + R_2}I \qquad I_2 = \frac{R_1}{R_1 + R_2}I \qquad (4-16)$$

表明并联电路中每个电阻都分担了一部分电流，并联电阻的这种作用叫做**分流作用**，作这种用途的电阻叫做分流电阻。

常用的电流表也是由电流计改装的。电流计能够测量的电流很小，不超过毫安级，为了测量几安甚至更大的电流，可以给它并联一个分流电阻，分掉一部分电流，这样在测量大电流时通过电流计的电流不致超过满偏电流 I_g，并联了分流电阻并在刻度盘上标出安培值，电流计就改装成了电流表了，如图 4－22 所示。

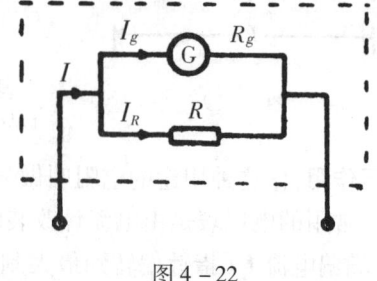

图 4－22

例如，电阻 R_g 是 $1\ 000\Omega$，满偏电流 I_g 是 $100\mu A$ 的电流计，要改装成量程为 1A 的电流表，应并联多大的分流电阻？

电流计允许通过的最大电流是 $100\mu A = 0.000\ 1A$，在测量 1A 的电流时，分流电阻 R 上通过的电流应是 $I_R = I - I_g = 0.999\ 9A$，由于并联电路中电流跟电阻成反比，$I_g R_g = I_R R$，所以：

$$R = \frac{I_g}{I_R}R_g = \frac{0.000\,1}{0.999\,9} \times 1000 = 0.1(\Omega)$$

可见，并联 0.1Ω 的分流电阻后，就可以把这个电流计改装成量程为 1A 的电流表了。

四、电功　焦耳定律

电功和电功率　导体两端加上电压后，导体内建立了电场，电场力做功使自由电子定向移动。设导体两端的电压为 U，通过导体横截面的电荷量为 q，那么，电场力做的功为 $W = qU$，由于 $q = It$，所以，得到

$$W = UIt \qquad (4-17)$$

式（4-17）中 W、U、I、t 的单位分别是焦（J）、伏（V）、安（A）、秒（s）。电场力做的功又常说成是电流做的功，简称电功，所以，**电流在一段电路上所做的功，跟这段电路两端的电压、电路中的电流和通电时间成正比。**

电场力做功时，正电荷从导体电势高的一端移向电势低的一端，电势能减少，减少的电势能转化成其他形式的能。例如，电流通过电炉做功，电能转化为内能；电流通过电动机做功，电能转化为机械能；电流通过电解槽做功，电能转化为化学能。可见，电流通过用电器做功的过程，实际上是电能转化为其他形式的能的过程，而且，电流做了多少功，就有多少电能转化为其他形式的能。

电流所做的功与完成这些功所用的时间的比值，叫做电功率，用 P 表示电功率，则

$$P = \frac{W}{t} = UI \qquad (4-18)$$

式（4-18）中 P、U、I 的单位分别是瓦（W）、伏（V）、安（A）。$1W = 1V \cdot A$，即**一段电路上的电功率，与这段电路两端的电压和电路中的电流成正比。**

用电器的铭牌上标明的电功率和电压，是额定功率和额定电压。用电器正常工作时，额定电压乘额定电流才等于用电器的额定功率。例如，标有"220V、25W"的灯泡，接到 220V 线路中，灯泡正常发光，它的功率为 25W，这时通过它的电流为 25/220A ≈ 0.11A。如果接到高于 220V 线路中，通过灯泡的电流将增大，消耗的实际功率也将增大，电压太高时，灯泡有烧坏的危险；如果接到低于 220V 线路中，通过灯泡的电流将减小，消耗的实际功率也将减小，灯泡变得昏暗不亮。这说明加在用电器上的电压改变时，通过它的电流也改变，它的实际功率也随之改变。

〔例题〕　一个电熨斗，铭牌上标明"220V500W"，问（1）正常工作时电流是多少？（2）接到 110V 电源上时，消耗的功率是多少（不考虑温度对电阻的影响）？

解：（1）由式（4-18）

得：$I = \frac{P}{U} = \frac{500}{220}A = 2.3A$

（2）已知　$U = 220V$，$U' = 110V$，$P = 500W$，求 P'

由 $P = \frac{U^2}{R}$，$R = \frac{U^2}{P}$

得：$P' = \frac{U'^2}{R} = \frac{U'^2}{U^2}P =$

$$\frac{110^2}{220^2} \times 500 = 125(\text{W})$$

答:(1)电流是2.3A;(2)实际功率是125W。

焦耳定律　电流通过导体时,由于电荷间的碰撞要产生热,导体的温度升高,这即是电流的热效应。英国物理学家焦耳通过大量实验指出:**电流通过导体产生的热量,跟电流强度的平方、导体的电阻和通电时间成正比**。这就是**焦耳定律**。用 Q 表示热量,I、R、t 分别表示电流强度、导体电阻、通电时间,写成公式

$$Q = I^2Rt \qquad\qquad (4-19)$$

式(4-19)中 Q、I、R、t 的单位分别是焦(J)、安(A)、欧(Ω)、秒(s)。

电流的热效应应用很广,电灯、电炉、电烘箱、电烙铁等都是利用电流的热效应制作的。电流的热效应也有有害的一面,例如,电流通过输电导线、电视机零件时要生热,这除消耗电能外,还会因热而损坏部件,所以要注意散热。

五、闭合电路欧姆定律

电源电动势　能使电路两端保持电压,并向电路供给电能的装置叫做电源。例如,干电池、蓄电池和发电机等都是电源。

电源有两个电极,即正极和负极。正极的电势比负极的电势高,因而两极间有一定的电势差(电压)。这样,当导体两端分别连接电源的正、负极时,导体中就有持续的电流流过。用电压表测量电源电压时,干电池两极间的电压是1.5V,铅蓄电池为2V,说明不同种类的电源,两极间的电压一般不相同。物理学上用电动势这个物理量来表示电源的这种特性。**电源的电动势,等于电源没有接入电路时两极间的电压**。用符号 E 表示电动势,单位是伏(V)。

电源实质上是一种换能器,它是把其他形式的能转化为电能的装置。比如,干电池是由于化学作用(做功)的结果,使正电荷从负极移到正极,让两极带上等量异种电荷,从而保持了两极间1.5V的电压,这一过程是把化学能转化成电能的过程。蓄电池比干电池的电动势大,说明它把化学能转化成电能的本领比干电池大。由此可见,电动势表示的是电源把其他形式的能转化为电能的本领。

电源没有接入电路时,两极间的电压等于电源电动势。把电源接入电路后,再用电压表测量两极间的电压时,发现所测得的数值比电源电动势小了。为什么有这个差值呢?下面用闭合电路来讨论这个问题。

图4-24所示电路,可看成是一个闭合电路,它由两部分组成。一部分是电源外部的电路叫做外电路,另一部分是电源内部的电路叫做内电路。内、外电路交接处是电源的电极,图4-24中 A 是电势较高的**正极**,B 是电势较低的**负极**。内外电路上都有电阻,分别叫做内电阻和外电阻。当电路中有电流流过时,内电路两端的电压叫做**内电压**,外电路两端的电压叫做**外电压**,又叫做路端电压,简称端电压,电压表Ⓥ的示数是该电路的端电压。

闭合电路的内、外电压和电动势之间有什么关系呢?

图4-23中 A、B 分别是电源的正、负极,a、b 分别是位于电极内侧的探针。把滑动变阻器按图示接入电路。测量内、外电路的电压表Ⓥ和Ⓥ分别接到 A、B 和 a、b 上。实验表明,当改变内电阻或外电阻的大小时,电压表Ⓥ和Ⓥ的示数都要改变:当外电压 U 增大

时,内电压 U' 减小;当内电压 U' 增大时,外电压 U 减小,而内、外电压的和总是一个恒量。这个恒量的大小,与用电压表直接测得的电动势的大小是一致的,即:

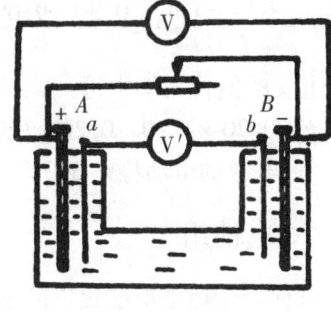

$$E = U + U' \qquad (4-20)$$

在闭合电路中,由于有内电压,才使电源两极间的电压小于电源电动势的。

闭合电路欧姆定律 用 r 和 R 分别表示内、外电路的电阻,用 I 表示通过电路的电流,根据部分电路欧姆定律,外电压即端电压 $U = IR$,内电压 $U' = Ir$,代入式(4-20)

图 4-23

$$得 \quad E = IR + Ir$$

整理后得到电路里的电流为:

$$I = \frac{E}{R+r} \qquad (4-21)$$

式(4-21)表明,**闭合电路中的电流,跟电源电动势成正比,与该电路的总电阻成反比**,这就是**闭合电路欧姆定律**。

路端电压与外电路电阻间有何关系呢?利用式(4-21)可以说明。当外电路电阻 R 增大时,由 $I = \frac{E}{R+r}$,电流 I 要减小,而路端电压 $U = E - Ir$ 增大;反之,外电路的电阻 R 减小时路端电压 U 也减小。

下面讨论两种特殊情况:

1. **断路** 外电路电阻 R 变成无限大,即外电路断路,I 变为零,Ir 也变为零,这时 $U = E$,说明**外电路断开时,路端电压等于电源电动势**。根据这个道理可以用电压表来粗测电动势。

2. **短路** 外电路电阻 R 趋于零,即外电路**短路**,路端电压也趋于零,这时电流很大趋近于 $\frac{E}{r}$。

电源内电阻 r 一般很小,例如,铅蓄电池的内电阻 r 只有 $0.005 \sim 0.1\Omega$,所以,发生短路时电流很大,会烧坏电源,还可能引起火灾,因此,在实际操作中务必要防止短路。

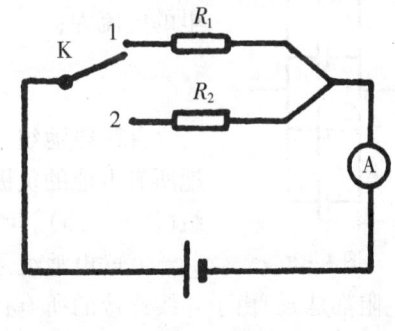

图 4-24

〔例题〕 在图 4-24 中,当单刀双掷开关 K 扳到位置 1 时,外电路的电阻 R_1 为 14.0Ω,测得电流 I_1 为 $0.20A$;当 K 扳到位置 2 时,外电路的电阻 R_2 为 9.0Ω。测得电流 I_2 为 $0.30A$。求电源的电动势和内电阻。

解:根据闭合电路的欧姆定律,可列出下面的联立方程:

$$E = I_1R_1 + I_1r \qquad ①$$
$$E = I_2R_2 + I_2r \qquad ②$$

解①、②得:

$$r = \frac{I_2 R_2 - I_1 R_1}{I_1 - I_2} = \frac{0.30 \times 9.0 - 0.20 \times 14.0}{0.2 - 0.30} = 1.0(\Omega)$$

把 r 的值代入①中得:

$$E = 0.20 \times 14.0 + 0.20 \times 1.0 = 3.0(\text{V})$$

答:电源的电动势是 3.0V,内电阻是 1.0Ω。

六、电池组

任何一个电池所能提供的电压都不会超过它的电动势,输出的电流也有一个最大的限度值,超过了这个限度,电池就要损坏。但是在许多实际应用中,常常需要较高的电压或者较大的电流。这需要把几个电池连在一起使用。**连在一起使用的几个电池**叫做**电池组**。电池组一般都是用相同的电池组成的,电流的基本接法有两种:串联和并联。

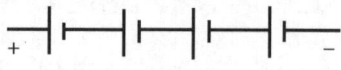

图 4 - 25

串联电池组　把第一个电池的负极与第二个电池的正极相连接,再把第二个电池的负极与第三个电池的正极相连接,这样依次连接起来,就组成了串联电池组(图 4 - 25)。第一个电池的正极就是电池组的正极,最后一个电池的负极就是电池组的负极。

串联电池组是由 n 个电池组成,且每个电池的电动势都是 E,内电阻都是 r。由于断路时的路端电压等于电源的电动势,每一个电池的正极的电势比它的负极的电势高 E,而前一个电池的负极和后一个电池的正极相连,这两个电极的电势相同。因此,串联电池组正极的电势比它的负极的电势高 nE。整个电池组的电动势

$$E_{串} = nE$$

由于电池是串联的,因而电池的内电阻也是串联的,所以,串联电池组的内电阻:

$$r_{串} = nr$$

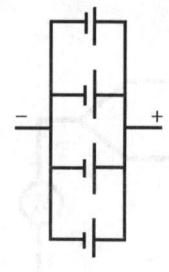

根据式(4 - 21)可得,串联电池组在接上外电阻 R 后,闭合电路里的电流为:

$$I = \frac{nE}{R + nr} \qquad (4 - 22)$$

并联电池组　把所有电池的正极连在一起,成为电池组的正极,把所有电池的负极连在一起,成为电池组的负极,就组成了并联电池组(图 4 - 26)。

图 4 - 26　　并联电池组是由 n 个电池组成的,且每个电池的电动势都是 E,内电阻都是 r。由于导线连接的所有极板的电势都相同,并联电池组正负极间的电势差等于每个电池正负极间的电势差,而断路时正负极间的电势差等于电源的电动势。所以,并联电池组的电动势为:

$$E_{并} = E$$

由于电池是并联的,因而电池的内电阻也是并联的,所以,并联电池组的内电阻为:

$$r_{并} = \frac{r}{n}$$

根据式(4 - 21)可得,并联电池组在接上外电阻 R 后,闭合电路里的电流为:

$$I = \frac{E}{R + \frac{r}{n}} \quad \text{或} \quad I = \frac{nE}{nR + r} \tag{4-23}$$

在实际应用中,如果使用电池组的目的在于提高供电的电压,就应采用串联电池组供电。如果使用电池组的目的在于向外电路供给较大的电流,就应采用并联电池组供电。这时向外供给的电流由所有的电池共同提供,使每个电池输出的电流不致超过允许的最大限度,以避免电池损坏。

用电器要在额定电压和额定电流下才能正常工作。如果电池的电动势和允许通过的最大电流都小于用电器的额定电压和额定电流时,可以先组成几个串联电池组,使用电器得到需要的额定电压,再把这几个串联电池组并联起来,使每个电池实际通过的电流小于允许通过的最大电流。像这样把几个串联电池组再并联起来组成的电池组,叫做混联电池组。

〔例题〕 有四个电动势都是 1.5V、内电阻都是 1Ω 的干电池和一个电阻始终是 4Ω 的用电器。

(1)用一个电池供电时,通过用电器的电流是多大? 加在用电器两端的电压是多大?

(2)用四个电池组成串联电池组供电时,加在用电器两端的电压是多大?

(3)用四个电池组成并联电池组供电时,通过用电器的电流是多大?

解:(1) 由 $I = \frac{E}{R + r}$

得:$I = \frac{1.5}{4 + 1} = 0.3(A)$

再由 $U = IR$ 得 $U = 0.3 \times 4 = 1.2(V)$

(2) 由 $I = \frac{nE}{R + nr}$

得:$I = \frac{4 \times 1.5}{4 + 4 \times 1} = 0.75(A)$

再由 $U = IR$ 得 $U = 0.75 \times 4 = 3.0(V)$

(3) 由 $I = \frac{E}{R + \frac{r}{n}}$

得:$I = \frac{1.5}{4 + \frac{1}{4}} \approx 0.35(A)$

答:(1)电流是 0.3A,电压是 1.2V。(2)电压是 3.0V。(3)电流是 0.35A。

七、直流电对人体的作用

电泳 悬浮或溶解在电解质溶液中的带电微粒,在外加电场作用下定向移动的现象,叫做**电泳**。这些微粒可以是细菌、病毒、球蛋白,分子或合成的粒子等。由于带电粒子的分子量、带电量以及体积不同,因此在电场作用下移动的速度不同,据此便可把不同的带电粒子分开。这种方法已成为生化研究、制药、临床诊断(如肝炎诊断)和治疗的(如离子透入法)常用手段。电泳技术已在生物医学中获得了广泛的应用,从常规医疗诊断到生物医学研究,都在使用着各种类型的电泳技术。

临床常作蛋白电泳检验。进行肝脏疾病诊断时,就是用电泳方法测血清蛋白中各种蛋白质(血清蛋白、球蛋白等)的百分率。较精细的电泳技术,可把人体血清中的几十种蛋白质分开。电泳技术与同位素技术、免疫技术、酶学技术相结合形成了各种各样的分支。电泳技术跟计算机技术、激光技术等结合,能达到灵敏度高、自动化程度高和速度快的目的。

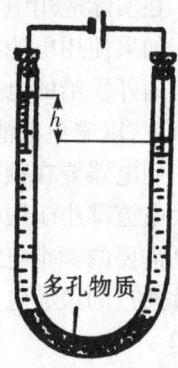

图 4 - 27

电渗 如图 4 - 27 所示,在 U 形管底部置入多孔物质,管中注入水后两臂等高,再在两臂中加上正负电极,并通以直流电。若该毛细管带负电(不同物质的多孔壁可带不同的电,有的带正电,有的带负电),则水带正电,右臂中的水将通过多孔物质形成的毛细管流向左臂,平衡时,形成与外加电压相关的两臂液面高度差(图 4 - 27 中 h),若多孔物质(如火棉胶膜、组织膜、羊皮纸等)带正电,而水带负电,则左臂中的水将通过多孔物质形成的毛细管向右臂流去,这种液体(水)在电压作用下通过毛细管的运动叫做**电渗**。

人体内的胶体粒子在发生电泳的同时,还会有电渗现象产生。在直流电压的作用下,组织中的水(带正电)要通过膜孔向阴极移动,使阳极下组织中的水分减少,细胞膜变得致密,通透性降低;阴极下组织水分增多,细胞膜变得疏松,通透性增高。

直流电疗法 临床上可以直接用直流电治疗疾病,达到镇痛、消炎、兴奋、调节自主神经的效果和升高(或降低)血压等。如果用离子透入疗法则效果更好。离子透入疗法是利用直流电使药物离子经皮肤进入机体的方法,例如,在阳极可把带正电的链霉素离子、黄连素离子、普鲁卡因离子等透入体内;在阴极可把带负电的溴离子、碘离子、青霉素离子等透入体内。此法主要适用于较浅组织的治疗,如皮肤、黏膜、眼、耳和鼻等部位。至今应用的药物已达 100 种以上,其中包括金属离子、非金属离子、植物碱、荨麻疹药物及麻醉剂、抗菌素、维生素、激素以及中药等。临床上还用来测定病人对各种药物的过敏反应。青霉素过敏反应试验器就是根据这一原理制成的。

第五章　电磁学

人类很早就观察到了磁现象和电现象。我国在战国末期已发现了磁铁矿吸引铁的现象，但对电磁现象的系统研究却在很久以后。直到 19 世纪初，发现了电流周围有磁场，之后又发现变化的磁场也能产生电流，这时人们认识到了电与磁是密不可分的，所以在 19 世纪才建立起完整的电磁理论。

电磁学知识及其应用对人类的影响十分巨大。在电磁理论的指导下，人们成功地制造了电机、电器和电讯等设备。物理学上的这一重大突破，引起了工业革命，导致了生产和技术的飞跃发展，使人类进入了应用电能的时代。电气化设备对科技进步、经济发展和人类生活等影响很大。所以，它是人类发展史上的一个重要标志。医学科学离不开电磁学知识，要深入地了解生命现象，在预防、诊治过程中有效地使用现代医疗仪器与设备，掌握一定的电磁学知识是必需的。

本章先学习磁场，然后由浅入深地学习电磁感应、交流电以及电磁学的医学应用等知识。

第一节　磁　场

一、磁场

两个相互接近的磁体之间有相互作用力：同性磁极互相推斥，异性磁极互相吸引。初中还学过，磁体周围空间存在着磁场，磁场对放入其中的磁体有磁场力的作用，所以，磁体之间的相互作用力是通过磁场发生的。

除了磁铁外，1820 年丹麦物理学家奥斯特发现，小磁针放在通电导线附近时，磁针要偏转，表明电流周围也存在着磁场。这一发现揭示了电与磁的紧密联系。

把小磁针放入磁场中任一点，小磁针因受力的作用而指向一定的方向。在磁场中不同的位置，其指向一般不相同，这说明磁场是有方向的。我们规定：在磁场中的任一点，小磁针北极受力的方向（即小磁针静止时北极所指的方向）为该点的磁场方向。

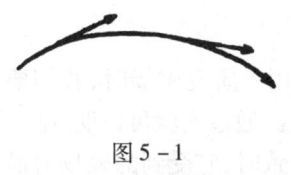

图 5-1

为了形象地描绘磁场各点的方向，像用电场线描绘电场一样，可用磁感线描绘磁场。磁感线是在磁场中人为地画出一些曲线，曲线上每一点的切线方向都跟该点的磁场方向相同，如图 5-1 所示。图 5-2、图 5-3、图 5-4、图 5-5 分别是永磁体和直线电流、环形电流、通电螺线管的磁场。

图 5-2 是条形磁铁和蹄形磁铁磁场的磁感线分布，磁铁外部的磁感线从磁铁的北极出发，回到磁铁的南极终止。图 5-3 是直线电流的磁场。用右手握住导线，让伸直的大拇指所指的方向跟电流的方向一致，弯曲的四指所指的方向就是磁感线环绕的方向。图 5-4 是环形电流的磁场，让右手弯曲的四指与环形电流的方向一致，伸直的大拇指所指

的方向就是环形导线中心轴线上磁感线的方向。图5－5是通电螺线管的磁场,用右手握住螺线管使弯曲的四指所指的方向跟电流的方向一致,大拇指所指的方向就是螺线管内部磁感线的方向,即大拇指所指的那端就是通电螺线管的北极。电流磁场的磁感线是无头无尾的闭合曲线。

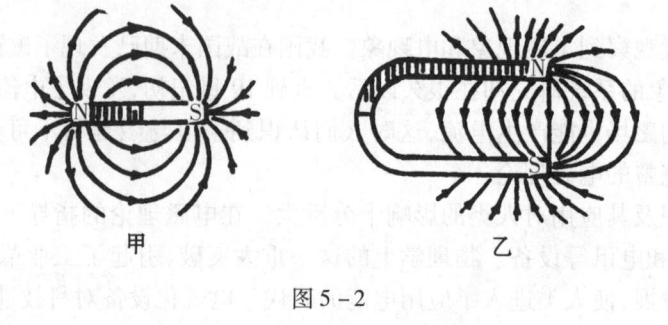

图5－2

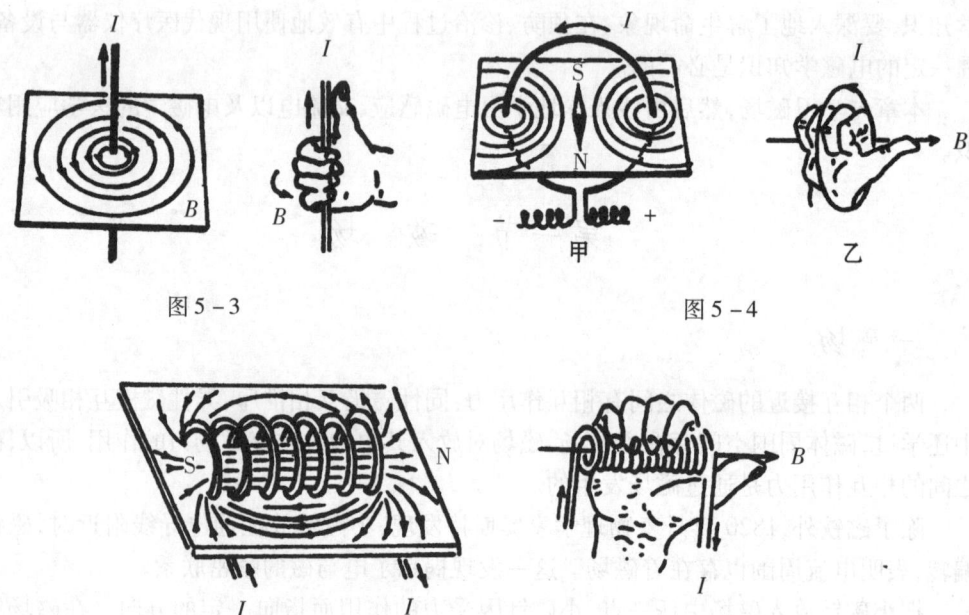

图5－3

图5－4

图5－5

二、磁感应强度

磁场的基本特性是对放入其中的磁极或电流有磁场力的作用。研究磁场时,我们要分析电流在磁场中的受力情况,然后找出表示磁场强弱的物理量。通过实验可证明,把一小段通电直导线放入磁场中的某处,当导线与该处的磁场方向一致时,它受到的磁场力最小,等于零;当导线与该处的磁场方向垂直时,它受到的磁场力最大;当导线与该处的磁场斜交时,它受到的磁场力介于零和最大值之间。为了确定起见,把一小段通电直导线垂直放入磁场。实验表明:导线在磁场中所受到的磁场力 F,与导线中通过的电流 I 和通电导线的长度 l 的乘积 Il 成正比。当乘积 Il 增大1倍、2倍、3倍等时,F 也增大1倍、2倍、3

倍等,但比值不变,是一个恒量。在磁场中不同的地方,这个比值一般是不相等的。比值大的地方,磁场强;比值小的地方,磁场弱。因此,可以用这个比值来反映磁场本身的一种属性。

在磁场中,垂直于磁场方向的一段通电直导线,受到磁场力的作用 F,**跟电流** I **和导线长度** l **的乘积的比值,叫做通电导线所在处的磁感应强度。**用 B 表示磁感应强度,那么:

$$B = \frac{F}{Il} \tag{5-1}$$

磁感应强度的单位由力、电流和长度的单位决定。在国际单位制中,磁感应强度的单位是特斯拉,简称特(符号是 T)。1m 长的导线,通过 1A 的电流,在磁场中所受到的磁场力是 1N,则该处的磁感应强度就是 1T。

$$1T = 1\frac{N}{A \cdot m}$$

一般永久磁铁附近的磁感应强度是 0.4~0.7T,在电机和变压器的铁芯中,磁感应强度可达 0.8~1.4T、通过超导材料的强电流的磁感应强度可高达 1 000T,而地面附近地磁场的磁感应强度大约只有 5×10^{-5} T。人体心脏的磁场,其磁感应强度仅为地磁场的 1/(100 万),是非常微弱的。

磁感应强度是矢量。磁场中某点磁感应强度的方向就是该点磁场的方向,即该点的磁感线的切线方向。利用磁感线可了解磁场中各处磁感应强度的方向。

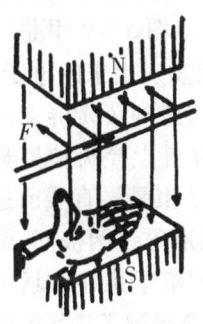

图 5-6

式(5-1)中 B、I、F 三者的方向可用左手定则判断。伸开左手,使大拇指与其余四个手指垂直,并且都跟手掌在一个平面内,把左手放入磁场中,让磁感线垂直穿入手心,并使伸开的四指指向电流的方向,那么,拇指所指的方向,就是通电导线在磁场中受到的磁场力的方向,如图 5-6 所示。

在磁场中不同的地方,磁感应强度的大小和方向一般是不相同的。我们可以用磁感线了解磁感应强度的大小。通常规定:在垂直于磁场方向上单位面积内的磁感线条数跟那里的磁感应强度的数值相同。这样,磁感应强度大的地方磁感线密,磁感应强度小的地方磁感线疏。如果在磁场中某一区域里,磁感应强度的大小和方向处处相同,那么,这一区域就叫做匀强磁场。距离相当近的、两个平行的异性磁极间的磁场(除边缘附近)可看做是匀强磁场,如图 5-7 所示。

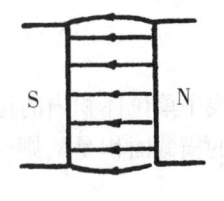

图 5-7

磁通量 由于磁感线的疏密可以表示磁感应强度的大小,所以,在物理学中引入了一个叫做磁通量的物理量。**穿过某一面积的磁感线条数,叫做穿过这个面积的磁通量,**简称磁通。用 Φ 表示。

由于穿过垂直于磁感应强度方向上单位面积的磁感线条数,等于磁感应强度 B,所以,在匀强磁场中,垂直于磁感应强度的面积 S 的磁通为

$$\Phi = BS \tag{5-2}$$

从图 5 - 8 所示中看出,同一平面,当它跟磁场方向垂直时,磁通最大;当平面与磁场方向平行时,没有磁感线穿过这个面,磁通为零。

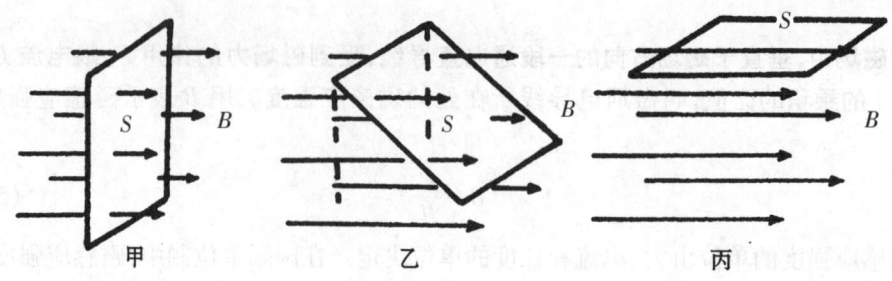

图 5 - 8

在国际单位制中,磁通的单位是韦伯,简称韦(符号是 Wb)。1Wb = 1T · m²(1Wb = 1V · s)。

三、磁场对运动电荷的作用

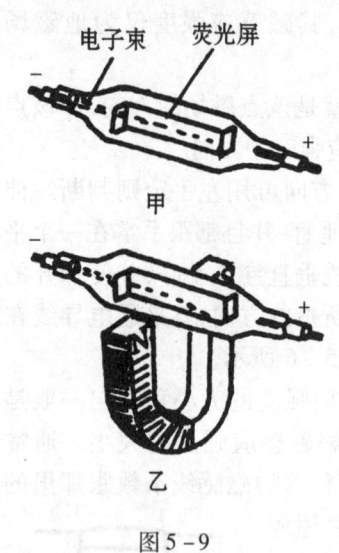

图 5 - 9

磁场对通电导线有作用力这一事实,使我们会想到:由于电流是电荷运动产生的,那么磁场力可能是直接作用在运动电荷上的,作用在通电导线上的力不过是作用在运动电荷上的力的宏观表现而已。

下面的实验证实了这个事实。图 5 - 9 甲是一个抽成了真空的电子射线管,从阴极发射出来的电子束,在阴极和阳极间的高电压作用下,射到荧光屏上激发出荧光,电子束的运动轨迹从荧光屏上亮斑位置显示出来。实验表明,无外磁场时,电子束是沿直线前进的(图 5 - 9 甲),若将射线管放在蹄形磁铁两极间,荧光屏上的亮斑就离开原来的位置,即电子束在磁场中发生偏转(图 5 - 9 乙),表明**运动电荷受到了磁场的作用力**。这个力叫做**洛伦兹力**。

在磁场中,单个运动电荷受到的力是多少呢?设导线中单位体积内的运动电荷数是 n,每个电荷电量是 q,每个电荷定向运动速度是 v,导线的横截面积是 s,则通过导线的电流强度

$$I = nqvs$$

对于垂直放入磁场中的通电导线,设它的长度是 l,通过的电流是 I,在磁场中受到的作用力:

$$F = IlB$$

设每个运动电荷受到的磁场力是 F,那么,$F = Nf$,N 是这根导线中运动电荷的总数,所以,$NF = nqvslB$,而 $N = nsl$,简化成:

$$f = qvB \qquad\qquad (5 - 3)$$

式(5 - 3)表明,当电荷在垂直于磁场方向上运动时,磁场对运动电荷的作用力(洛伦

兹力),等于电荷的电荷量、速率和磁感应强度的乘积。

在国际单位制中,f、q、v、B 的单位分别是牛(N)、库(C)、m/秒(m/s)、特(T)。

运动电荷在磁场中的受力方向也用左手定则判定。洛伦兹力的方向总是跟带电粒子的速度方向垂直,所以,它对带电粒子不做功,只改变带电粒子的运动方向,不改变它的速率。在匀强磁场中,如果有一个运动的带电粒子,当它的初速度方向跟磁场方向垂直时,带电粒子在洛伦兹力作用下,将做匀速圆周运动,如图 5-10 所示,这时洛伦兹力就是带电粒子做匀速圆周运动的向心力。

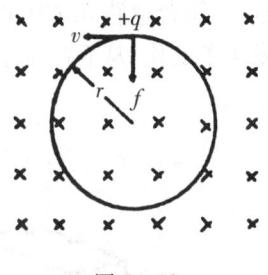

图 5-10

带电粒子在磁场中运动时,受到洛伦兹力而发生偏转的现象,常用来控制电子射线的方向,在电视摄像和显像管中有重要的应用。

四、生物磁

现代科学的发展已经证明,磁性是物质的一种基本属性。任何生物体都具有磁性,而且在生命活动中会产生磁场,这就是生物的磁现象。生物磁场是很微弱的,例如,心肌磁场的磁感应强度为 $10^{-11} \sim 10^{-9}$ T,脑磁场的磁感应强度为 $10^{-18} \sim 10^{-12}$ T。这样弱的磁场,需要极灵敏的仪器才能进行测量。由于地磁场(磁感应强度约为 10^{-15} T)和电气设备的电磁干扰,需要性能良好的磁屏蔽室才能测得无干扰的人体磁场。把心肌磁场随时间的变化记录下来,就是心磁图。把脑磁场随时间的变化记录下来,就是脑磁图。心磁图和心电图相比,具有下列优点:无接触电极干扰;可以测出肌肉和神经损伤时所出现的直流电的磁场,这一信息,可用于诊断。例如,如果心脏病发作前存在着损伤电流的话,用心磁图可以记录此损伤电流的磁场。

反过来,外界的磁场又在不同程度上影响着生物的生命活动,这就是磁场的生物效应,简称生物磁效应。磁场对人体的神经、体液、血细胞、血脂等方面都有影响,因而可以利用磁场的生物效应对某些疾病进行治疗。

第二节 电磁感应

一、电磁感应现象

英国物理学家法拉第经过长期的实验研究后,于 1831 年获得了重大突破:发现了电磁感应现象。这是 19 世纪最卓越的科学成就之一。他从实验中发现,变化的磁场能使闭合导线中产生电流。利用变化的磁场获得电流的现象叫做**电磁感应现象**。电磁感应现象揭示了电与磁的内在紧密联系,为后来发电机、变压器等重要电器设备的制造奠定了理论基础,使机械能转化为电能的梦想成为现实,开拓了电能在生产和生活中广泛应用的途径。

如图 5-11 甲所示,闭合电路中的一部分导体 AB,在磁场中垂直于磁感线的方向上运动,即做切割磁感线运动时,电流表的指针发生偏转,表明导体中产生了电流,这种由电磁感应现象产生的电流叫做感应电流(亦称感生电流)。如果导体 AB 不动,或在平行于磁感线的方向上运动,即导体没有做切割线的运动,这时,电流表的指针不发生偏转,表明导体中没有产生电流。如图5-11乙所示,当导线 AB 向左或向右做切割磁感线运动的过程中,闭合电路 ABCD 的面积 S 在变化(虽然磁场 B 未变)。所以,穿过闭合电路的磁通发生了变化,从而产生了感应电流。

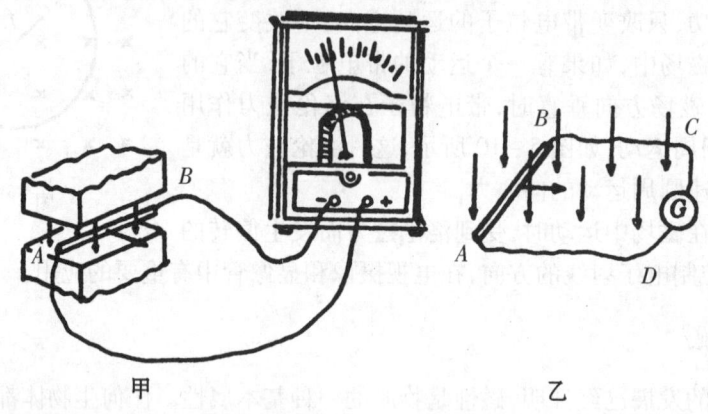

甲　　　　　　　　乙

图 5-11

图 5-12 所示,把线圈和电流表连接起来,当磁铁插入线圈或从线圈中抽出时,由于穿过线圈的磁通发生了变化,从而产生了感应电流,表明只要穿过闭合电路的磁通发生了变化,闭合电路中就产生感应电流。如果磁铁与线圈之间无相对运动,穿过线圈的磁通不发生变化,闭合电路中无电流产生,电流表指针就不动。

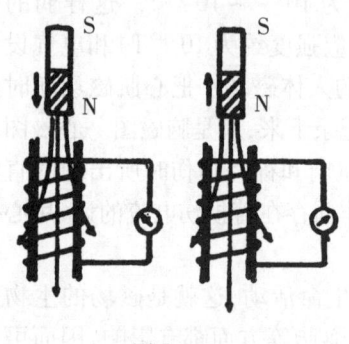

图 5-12

二、楞次定律

感应电流的方向如何判断呢? 初中学过,闭合电路的一部分导体在磁场中切割磁感线时感应电流的方向可以用右手定则来判断:如图5-13所示,伸开右手,使大拇指与其余四个手指垂直,并且都跟手掌在一个平面内,让磁感线垂直穿入手心,并使大拇指指向导体运动的方向,这时其余四个手指所指的方向就是感应电流的方向。

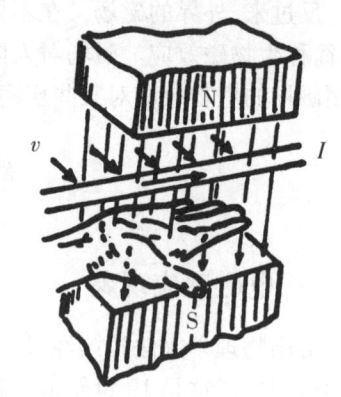

图 5-13

用右手定则判断感应电流的方向时,直观、方便,但它不能判断图 5-12 所示产生的感应电流的方向,若用楞次定律判断感应电流的方向时,图5-11、图5-12所示产生的感应电流的方向都可判定。

如图5-14所示,当磁铁移近或插入线圈时,线圈中产生的感应电流的磁场与磁铁的磁场方向相反(图5-14中甲、丙);当磁铁离开线圈或从线圈中抽出时,线圈中产生的感应电流的磁场与磁铁的磁场方向相同(图5-14中乙、丁)。这表明:当磁铁移近线圈时,

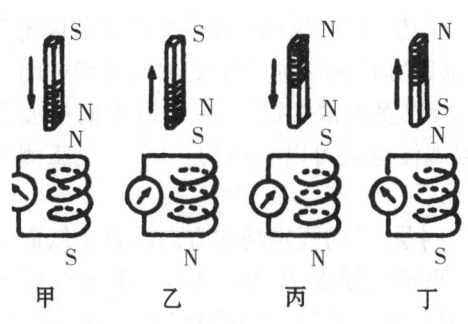

图 5 – 14

穿过线圈的磁通增加,这时产生的感应电流的磁场方向跟磁铁的磁场方向相反,阻碍磁通的增加;当磁铁离开线圈时,穿过线圈的磁通减少,这时产生的感应电流的磁场方向与磁铁的磁场方向相同,阻碍磁通的减少。总之,**感应电流的磁场总是阻碍引起感应电流的磁通量的变化**,这个规律叫做楞次定律。为了便于记忆,楞次定律可简化为**感应电流总要阻碍磁通变化。**

三、法拉第电磁感应定律

感应电动势 我们知道,要使闭合电路中有电流通过,这个电路必须有电源,因为电流是由电源的电动势引起的。同样,在电磁感应现象中,既然闭合电路里有感应电流,这个电路中就一定有电动势。在电磁感应现象中产生的电动势,叫做感应电动势(亦称感生电动势)。不管外电路是否闭合,只要穿过电路的磁通量发生变化,电路中就存在感应电动势。如果外电路是断开的,电路中没有感应电流;如果外电路是闭合的,电路中就有感应电流。

从图 5 – 11 所示的实验可知,导体 AB 中产生的感应电动势的大小跟导体 AB 切割磁感线的快慢有关,也就是跟穿过闭合电路的磁通变化的快慢有关。从图 5 – 12 所示的实验可知,线圈中产生的感应电动势的大小与线圈和磁铁相对运动的快慢有关,也就是与穿过线圈的磁通变化的快慢有关。当磁通变化快时,感应电动势大;当磁通变化慢时,感应电动势小。

法拉第电磁感应定律 磁通变化的快慢,可以用磁通的改变量 $\Delta\Phi = \Phi_末 - \Phi_初$ 和变化所需的时间 $\Delta t = t_末 - t_初$ 的比值 $\dfrac{\Delta\Phi}{\Delta t}$ 来表示,这个比值叫做磁通的变化率。法拉第根据大量事实总结出如下的定律:**电路中感应电动势的大小,与穿过这一电路的磁通量的变化率成正比**,这就是法拉第电磁感应定律。用 ε 表示感应电动势,可写成下面的公式:

$$\varepsilon = k\frac{\Delta\Phi}{\Delta t}$$

式中 k 是比例系数,它的数值与单位选择有关,在国际单位制中,$\Delta\Phi$、$\Delta\varepsilon$、ε 分别用韦(Wb)、秒(s)、伏(V)作单位,由于 $1\,\text{Wb/s} = 1\,\dfrac{\text{T}\cdot\text{m}^2}{\text{s}} = 1\,\dfrac{\text{N}}{\text{A}\cdot\text{m}}\cdot\dfrac{\text{m}^2}{\text{s}} = 1\,\dfrac{\text{J}}{\text{C}} = 1\,\text{V}$,所以,$k = 1$,上式可写成:

$$\varepsilon = \frac{\Delta\Phi}{\Delta t}$$

上式是对单匝线圈来说的。如果线圈是 n 匝,且穿过每匝线圈的磁通的变化率都相同,那么,由于多匝线圈可以看作是由单匝线圈串联而成的,因此,整个线圈中的感应电动势就是单匝线圈的 n 倍,即:

$$\varepsilon = n\frac{\Delta\Phi}{\Delta t} \qquad\qquad (5-4)$$

不仅穿过闭合电路的磁通发生变化时,闭合电路中有感应电流产生,整块金属导体中的磁通发生变化时,金属导体内部也有感应电流产生,此电流在金属导体内部自成闭合回路,很像水的漩涡,因此,把这种在整块导体内部因穿过的磁通发生变化而出现的闭合感应电流叫做涡流。由于整块金属的电阻很小,所以涡流常常很大,会导致金属的温度升高。在变压器和电机设备中,涡流是有害的,但涡流也是可以利用的。例如,电工测量仪表中的磁性制动器,可利用涡流使指针减少摆动。

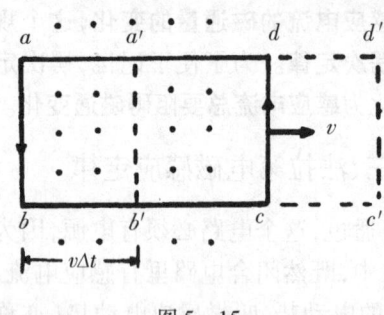

图 5 - 15

〔例题〕 匀强磁场的方向垂直于纸面方向向外,磁感应强度 B 为 0.10T。矩形线框 $abcd$ 的框面与磁场垂直。当线框以 5.0m/s 的速度从左向右匀速运动时,如果切割磁感线的一段导线的长度是 0.40m,整个线框的电阻是 0.50Ω。求感应电动势的大小、感应电流的大小和方向。

解:当线框从左向右运动时,线框的 ab 段做切割磁感线的运动,经过 Δt 的时间,线框从位置 $abcd$ 移动到位置 $a'b'c'd'$,在此时间内,穿过线框的磁通减少。减少的量为:

$$\Delta \Phi = B\Delta S = Blv\Delta t$$

由 $\quad \varepsilon = \dfrac{\Delta \Phi}{\Delta t}$

得: $\qquad \varepsilon = Blv = 0.10 \times 0.40 \times 5.0 = 0.20(\text{V}) \qquad\qquad (5-5)$

再由 $\quad I = \dfrac{\varepsilon}{R+r}$

得:$I = \dfrac{0.20}{0.50} = 0.40(\text{A})$

答:感应电动势的大小是 0.20V。感应电流的大小是 0.40A。利用楞次定律或右手定则都可以确定线框中感应电流方向是沿逆时针方向流动。

式(5-5)表明,导线运动方向跟导线本身垂直,跟磁感线方向也垂直的情况下,运动导线中产生的感应电动势的大小,等于磁场的磁感应强度、导线长度和导线运动速度的乘积。

四、自感

自感现象 自感现象是电磁感应现象的一种特殊情况。先观察两个实验。

在图 5 - 16 中,A_1 和 A_2 是两个同样规格的灯泡,L 是有铁芯的线圈。合上开关 K,调节变阻器 R,使两个灯泡的明亮程度相同。再调节变阻器 R_1,使两个灯

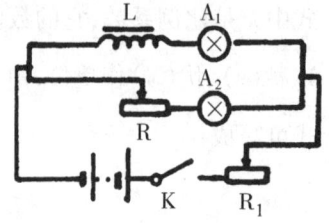

图 5 - 16

泡都正常发光。然后断开开关 K 进行实验。当合上开关 K 时,可以看到,灯泡 A_2 立刻达到正常亮度,灯泡 A_1 却是慢慢地达到正常亮度。表明在接通电路时,两支路中电流增加的快慢是不一样的。为什么 L 支路的电流增加要慢一些呢?因为在接通电路的瞬间,通

过线圈 L 的电流增大,穿过线圈的磁通量也随着增大。这样,在线圈中就产生了感应电动势。这个电动势是阻碍通过线圈的电流增加的,所以 L 支路的电流只能逐渐地增加到它的最终值。

在图 5－17 中,L 是有铁芯的(电阻很小)线圈。接通电路,灯泡正常发光后再断开电路,这时可以看到,断电的那一瞬间,灯泡突然发出很强的亮光,然后才熄灭。表明在断开电路的瞬间,通过灯泡的电流不但不立刻停止,反而会瞬时的增大。为什么会出现这种现象呢? 因为在断电瞬间,通过线圈 L 的电流很快减小,穿过线圈的磁通量也随之很快减小。这样,在线圈中就产生了比电池的电动势还大的感应电动势。它阻碍线圈的电流减弱。它在 L 支路和 R 支路组成的闭合电路中引起短暂的较大的电流,所以灯泡突然发出很强的亮光,然后才熄灭。

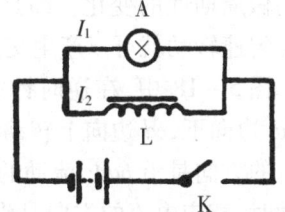

图 5－17

当导体中的电流发生变化时,导体本身就要产生感应电动势,这个电动势总是阻碍导体中原来电流的变化的。像这种由于导体本身的电流发生变化而产生感应电动势的现象,叫做**自感现象**。在自感现象中产生的电动势,叫做**自感电动势**。

自感　自感电动势跟其他感应电动势一样,都是跟穿过线圈的磁通量的变化率 $\dfrac{\Delta\varPhi}{\Delta t}$ 成正比的。由于磁通量 $\varPhi$ 跟磁感应强度 B 成正比,而 B 又跟产生磁场的电流强度 I 成正比,所以 $\varPhi$ 也与 I 成正比。由此可知,$\dfrac{\Delta\varPhi}{\Delta t}$ 跟电流的变化率 $\dfrac{\Delta I}{\Delta t}$ 成正比,因此,自感电动势 ε 跟 $\dfrac{\Delta I}{\Delta t}$ 成正比,即:

$$\varepsilon = L\,\frac{\Delta I}{\Delta t} \qquad\qquad (5-6)$$

式中的比例恒量 L 叫做线圈的**自感系数**,简称**自感**或**电感**。它是由线圈本身的特性决定的。线圈越长,单位长度上的匝数越多,截面积越大,它的自感就越大。另外,有铁芯的线圈的自感比没有铁芯时要大得多。

自感的单位是亨利,简称亨(符号是 H)。如果通过线圈的电流在 1s 内改变 1A 时产生的自感电动势是 1V,这个线圈的自感是 1H,所以:

1H ＝ 1V · s/A

常用的较小单位有毫亨和微亨。

1mH ＝ 10^{-3}H

1μH ＝ 10^{-6}H

第三节　交流电

一、交流电的产生和图形

大小和方向都随时间做周期性变化的电流叫做**交流电**。交流电和直流电相比有许多优点,如它可以用变压器来升降电压,以实现远距离高压输电,给额定电压不同的用电设备供电等。因此,交流电在生产和生活中得到了广泛的应用。

如图5–18所示,使矩形线圈 abcd 在匀强磁场中匀速转动,可以看到,电流表的指针随着线圈的转动而摆动,线圈每转一周,指针就左右摆动一次。这表明,在转动的线圈里,不仅产生了感应电动势,而且还产生了感应电流,它们的大小和方向都随时间做周期性的变化。即是说,使矩形线圈在匀强磁场中匀速转动就可以产生交流电。

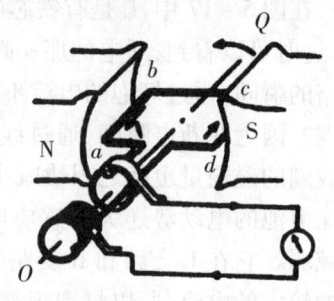

图5–18中,在逆时针方向转动的线圈 abcd 中,当 ab 边向下,cd 边向上转动时,由右手定则可知,感应电流的方向是沿 badc 流动的;当 ab 边向上,cd 边向下转动时,感应电流的方向是沿 cdab 流动的。在线圈转动过程中,这两种情况交替出现,因此,表明线圈中产生了交流电。当线圈平面垂直于磁感线时,各边都不切割磁感线,即线圈中的磁通无变化,线圈中就没有感生的电流产生,这样的位置叫做中性面。

图 5 – 18

由上述可知,线圈转一周中,前半周与后半周相比,电流的方向正好相反,中性面处电流为零。如果把前半周的电流方向规定为正,则后半周的电流方向为负。线圈转动一周后,一切情形又恢复到开始观察的那样,线圈继续转动下去,感应电流将完全重复上述变化。

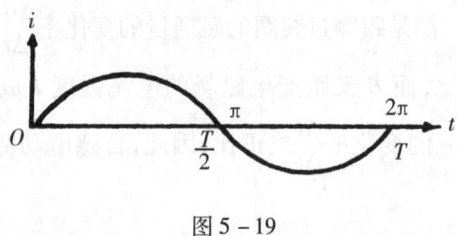

图 5 – 19

交流电的变化规律可用图像表示。图5–19中横坐标代表线圈转过的角度 φ(或时间 t),纵坐标代表交流电的电动势 e 或电压 U、电流 i。图中所示图像是从中性面位置开始转动一周的情形。交流电的图像是一条正弦曲线。I_m 是电流的最大值,也称幅值或峰值。

二、交流电的周期和频率

交流电完成一次周期性变化所需要的时间,叫做交流电的**周期**,常用 T 表示,单位是秒(s)。

在说明交流电变化的快慢时,除了用周期描述外,还常用物理量频率来描述。交流电在1s内完成周期性变化的次数,叫做交流电的**频率**,常用 f 表示,它的单位是赫(Hz)周期和频率都是表示变化快慢的物理量,根据周期和频率的定义可知:

$$T = \frac{1}{f} \quad 或 f = \frac{1}{T} \tag{5–7}$$

我国工农业生产和生活用的交流电,周期是 0.02s,由式(5–7)可得,频率是 50Hz(电流的方向每秒改变 100 次)。

三、交流电的有效值

交流电的瞬时值随时间而变化,没有一个恒定的值,交流电的最大值虽然是恒定的,但它不能反映交流电产生的实际效果。因此,在实际工作中常用交流电的有效值来表示交流电的大小。

交流电的有效值是根据电流的热效应来规定的。让交流电和直流电通过相同阻值的电阻,如果它们在同一时间(即交流电的一个周期)内产生的热量相等,就把这一直流电的数值作为对应的交流电的有效值。例如,在同一时间(在交流电的一个周期)内,某一交流电通过一段电阻产生的热量,跟 2A 的直流电通过阻值相同的另一段电阻产生的热量相等,那么,这一交流电的电流强度的有效值就是 2A。

对于正弦交流电来说,有效值 I 和最大值 I_m 间有如下的关系:

$$I = \frac{I_m}{\sqrt{2}} = 0.707 I_m \qquad (5-8)$$

我们通常说照明电路的电流是 2A,指的是交流电的有效值。由式(5-8)可知,这一交流电的最大值约等于 2.83A。

电动势的有效值和电压的有效值的定义,跟电流的有效值的定义相同,对于正弦交流电来说,电动势和电压的有效值 E、U 和最大值 E_m、U_m 间有如下的关系:

$$E = \frac{E_m}{\sqrt{2}} = 0.707 E_m \qquad (5-9)$$

$$U = \frac{U_m}{\sqrt{2}} = 0.707 U_m \qquad (5-10)$$

各种使用交流电的电器上标明的额定电压和额定电流,都是指的交流电的有效值。交流电压表和交流电流表测量的也是交流电的有效值。我们以后说的交流电的数值,凡没有特别说明的,都是指交流电的有效值。

四、电感、电容对交流电的作用

从前面的学习知道,影响直流电路中电流跟电压关系的只有电阻,在交流电路中除电阻外,还有电感和电容。

电感对交流电的阻碍作用　如图 5-20 所示的电路中,当双刀双掷开关 K 分别接通直流电源和交流电源时,灯泡的亮度相同,表明电阻对直流电和交流电的阻碍作用相同。

当用电感线圈 L 代替图甲中的电阻 R 时,情况就不同了。为了说明问题,让线圈 L 的电阻值等于 R,再用双刀双掷开关分别接通直流电源和交流电源,看到接通直流电源时,灯泡的亮度与图甲时相同,接通交流电源时,灯泡明显变暗,表明电感线圈对交直流电的阻碍不同,对于直流电只有电阻起阻碍作用,对于交流电,除了线圈的电阻外,电感也起阻碍作用。

交流电通过电感线圈时,由于电流时刻变化以及电感的存在,线圈中产生了自感电动势,阻碍电流的变化,从而对电流起阻碍作用。

在只有电感的电路中,如果改变交流电源的电压 U,则通过电感线圈 L 的电流 I 也随

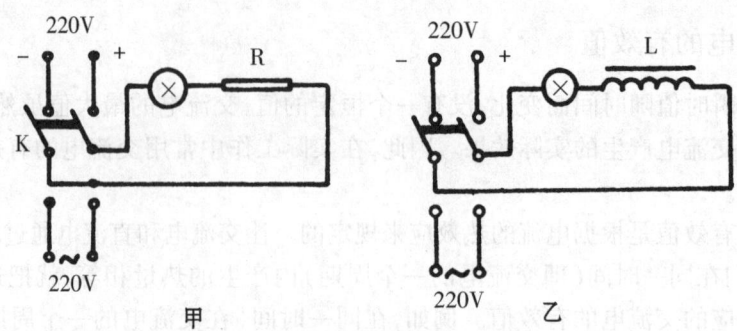

图 5 - 20

着改变,实验得出电流跟电压成正比,即 $I \propto U$,用 $\frac{1}{X_L}$ 作为比例恒量,写成公式为:

$$I = \frac{U}{X_L} \qquad\qquad (5-11)$$

将此式与 $I = \frac{U}{R}$ 比较,X_L 相当于 R,表示电感对交流电阻碍作用的大小,叫做**感抗**。它的单位与电阻的单位相同,是欧(Ω)。

由于感抗是自感现象引起的,那么线圈的自感 L 越大,自感作用就越大,因而感抗就越大;交流电的频率 f 大,电流的变化就大,自感作用大,感抗也就大。进一步的研究指出,线圈的感抗 X_L 跟它的自感 L、交流电的频率 f 间的关系为:

$$X_L = 2\pi f L \qquad\qquad (5-12)$$

由式(5 - 12)可知电感线圈在电路中有"通直流、阻交流"或"通低频、阻高频"的特性,这在电子技术中很有用处。

〔例题〕 一线圈的自感是 0.4H,电阻可以忽略,把它接在 50Hz、220V 的交流电源上,求通过线圈的电流。

解:已知 $L = 0.4$H, $f = 50$Hz, $U = 220$V。

由式(5 - 12)

得:$X_L = 2\pi f L = 2 \times 3.14 \times 50 \times 0.4 = 125.6(\Omega)$

由代入式(5 - 11)

得:$I = \frac{U}{X_L} = \frac{220}{125.6} = 1.75(A)$

答:是 1.57A。

电容对交流电的作用 如图 5 - 21 所示,是电灯和电容器串联成的电路,它接在直流电源上时,灯泡不亮,说明直流电不能通过电容器,把它接在交流电源上时,灯泡亮了,说明交流电能够"通过"电容器。这儿的通过为什么打引号呢? 电荷实际上并没有通过电容器,只不过在交变电压的作用下,当电压增高时,电容器充电,电荷向电容器极板集聚,形成充电电流;当电压降低时,电

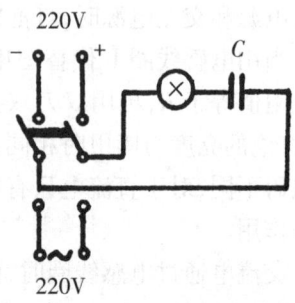

图 5 - 21

· 102 ·

容器放电,电荷从电容器的极板上放出,形成放电电流,电容器交替进行着充电、放电,电路中有了电流,似乎交流电通过了电容器。

在图5-21中,把电容器取下来,使电灯直接与交流电源相接,发现电灯比接有电容器时亮得多,表明电容也对交流电有阻碍作用。

交流电通过电容器时,电压推动导线中形成电流的自由电荷向一方向做定向运动时,电容器两极板上积累的电荷反抗它们向这个方定向运动,从而产生了电容对交流电的阻碍作用。

在只有电容器的电路中,如果改变交流电源的电压 U,则电路两端的电流也随着改变,实验得出电流跟电压成正比,即 $I \propto U$,用 $\frac{1}{X_C}$ 作为比例恒量,写成公式为:

$$I = \frac{U}{X_L} \tag{5-13}$$

将此式与 $I = \frac{U}{R}$ 比较,X_C 相当于 R,表示电容对交流电阻碍作用的大小,叫做**容抗**,单位也是欧(Ω)。

由于电容越大,在同样电压下充放电时电流越大,容抗越小。交流电的频率越高,电容器充放电进行得越快,充放电电流越大,容抗越小。进一步的研究指出,电容器的容抗跟它的电容 C、交流电的频率 f 间的关系为:

$$X_C = \frac{1}{2\pi f C} \tag{5-14}$$

由式(5-14)可知电容器在电路中有"通交流、隔直流"或"通高频、阻低频"的特性,这在电子技术中得到广泛应用。

〔例题〕 把 $5\mu F$ 的电容器接到 $220V$、$50Hz$ 的交流电源上,问通过电容器的电流是多少?若将电容器换成 $0.05\mu F$,通过的电流又是多少?

解:已知 $C = 5\mu F$ $C' = 0.05\mu F$, $U = 220V$, $f = 50Hz$。

由式(5-14)

得 $X_C = \frac{1}{2\pi f C} = \frac{1}{2 \times 3.14 \times 50 \times 5 \times 10^{-6}} = 636.94(\Omega)$

再代入式(5-13)

得 $I = \frac{U}{X_C} = \frac{220}{636.94} = 0.345(A)$

若改用 C' 的电容器后

因为 $X'_C = \frac{1}{2\pi f C'} = 10^2 X_C$

所以 $I' = 10^{-2} I = 0.00345(A)$

答:用 $5\mu F$ 时电流是 $0.345A$,改用 $0.05\mu F$ 时电流变成 $0.00345A$。

五、三相四线电路

如果在产生交流电的发电机中,线圈不是一匝,而是三个匝数相同、彼此相隔 $120°$ 角的线圈在磁场中同时转动,在三个线圈里产生三个交变电动势,这样的发电机叫做三相交流发电机,如图 5-22 所示。三个线圈 AX、BY、CZ 的始端是 A、B、C,末端是 X、Y、Z,像图 5-23 那样,把每个线圈分别跟负载 1、2、3 连接起来,三相发电机就相当于三个独立的电源同时供电,所产生的电流叫做三相交流电。由于三相交流发电机中,三个线圈是相同的,所以产生的三个电动势的最大值和周期都相同,只是它们不同时等于零或不同时达到最大值,而是依次落后 $\frac{1}{3}$ 周期。

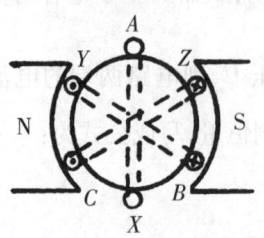

图 5-22

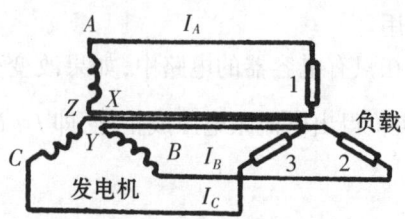

图 5-23

在实际应用中,三相发电机和负载的连接不像图 5-23 那样,而是只用四条导线连接的,如图 5-24 所示,这种连接方法叫做星形连接,这种电路叫做**三相四线交流电路**。从每个线圈的始端引出的导线叫做端线,也叫做**相线**,在照明电路里俗称火线。从公共点引出的导线叫做中性线,照明电路里中性线是接地的,叫做**零线**。火线和零线可以用测电笔来判断,当笔尖与火线接触时,笔内氖灯发红光;当笔尖与零线接触时,氖灯不发光。在三相电路中,每个线圈两端的电压叫做相电压,图 5-24 里相线与中性线之间的电压是**相电压**。两条相线之间的电压叫做线电压,根据理论计算,可以得到:

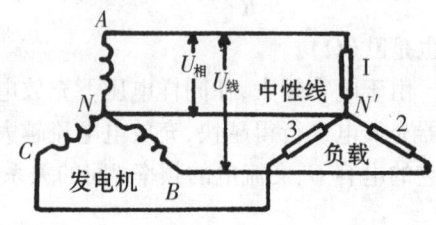

图 5-24

$$U_{线} = \sqrt{3}U_{相} \tag{5-15}$$

在照明电路中,电灯总是接在相线和中性线之间,电灯两端的电压是相电压,我国相电压是 220V,线电压是 $U_{线} = \sqrt{3}U_{相} = \sqrt{3} \times 220V = 380V$,见图 5-25。

图 5-25

六、变压器

变压器是一种改变交流电压和电流的电气设备,它广泛应用在电力工程、电子仪器、通讯广播和医疗仪器等方面。

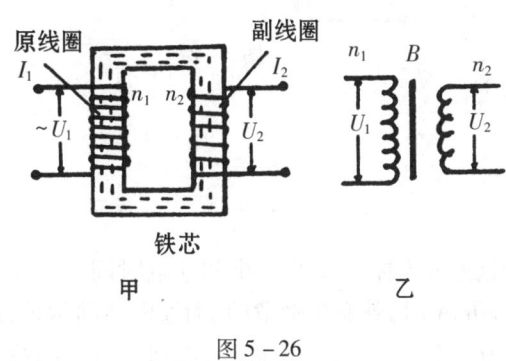

图 5-26

图 5-26 是变压器的示意图。它是由一个闭合铁芯,和套在铁芯上的两个用绝缘导线绕制的线圈构成(图 5-26甲),与交流电源连接的线圈叫做原线圈(又叫初级线圈),原线圈的两端叫做变压器的输入端;与负载(用电器)连接的线圈,叫做副线圈(又叫次级线圈),副线圈的两端叫做变压器的输出端。变压器的闭合铁芯由彼此绝缘的薄硅钢片叠合而成。

在原线圈两端加上交流电压 U_1 后,原线圈中有交流电通过,铁芯中就产生了交变的磁通,这个交变的磁通不仅穿过原线圈,也穿过副线圈。根据电磁感应原理,在原、副线圈中都要引起感应电动势。若副线圈电路是闭合的,在副线圈中就产生交流电。副线圈中的交流电也在铁芯中产生交变的磁通,这个交变的磁通不仅穿过副线圈本身,也穿过原线圈,在原、副线圈中同样要引起感应电动势。**在原、副线圈中由于有交流电而互相感应,这种现象叫做互感现象。**互感现象是变压器工作的物理基础。

当用电器连接在副线圈两端时,副线圈电路中会有电流通过,这时加在用电器上的电压即是副线圈的端电压 U_2。由实验知,**变压器原线圈两端的电压 U_1 和副线圈两端的电压 U_2 之比,等于原、副线圈匝数** n_1、n_2 之比,即:

$$\frac{U_1}{U_2} = \frac{n_1}{n_2} \qquad (5-16)$$

如果 $n_2 > n_1$,U_2 就大于 U_1,变压器使电压升高,这种变压器叫做升压变压器;如果 $n_2 < n_1$,U_2 就小于 U_1,变压器使电压降低,这种变压器叫做降压变压器。

如果变压器中的损耗可以略去不计,根据能量守恒定律,变压器的输出功率 P_2 应等于输入功率 P_1,即:$P_2 = P_1$。

因为:$P_2 = U_2 \cdot I_2$ $\qquad P_1 = U_1 \cdot I_1$

所以:$U_2 \cdot I_2 = U_1 \cdot I_1$

又因为:$\dfrac{U_1}{U_2} = \dfrac{n_1}{n_2}$

所以 $$\frac{I_1}{I_2} = \frac{n_2}{n_1} \qquad (5-17)$$

变压器工作时,原、副线圈中的电流跟它们的匝数成反比。

式(5-16)和式(5-17)表明了变压器工作过程中电流、电压和线圈匝数之间的关系。反映在变压器的构造上,高压线圈的匝数多,通过的电流小,常用较细的导线来绕制;低压线圈的匝数少,通过的电流大,应用较粗的导线来绕制。

〔例题〕 图 5-27 是手术室用的电烧灼器的电路图,T 是变压器,A 是高阻合金制成的烧灼头,K 是电键。图中变压器的原线圈是 1 210 匝,问副线圈为多少匝,才能使输出电压为 2V。

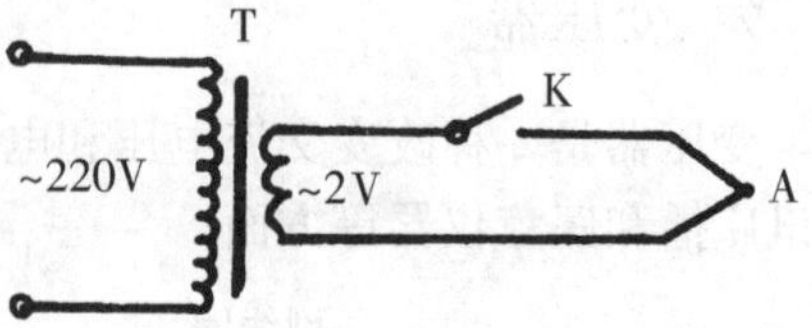

解:由式(5-16)

得 $n_2 = \dfrac{U_2}{U_1} n_1 = \dfrac{2}{220} \times 1\ 210 = 11$(匝)

答:副线圈应是 11 匝。

图 5-27

七、安全用电

人体触电的危险程度与下列因素有关:①通过人体电流的大小和通电时间。当通过人体的电流超过 50mA 时,就有生命危险,而通电时间越长,危险越大。②频率为 50Hz 的交流电最危险,而理疗时用的高频电流对人体一般危险不大。③电流通过人体的心脏、大脑等重要器官,比通过人体其他部位危险性大。④人体触及 65V 以上的交流电时,就可能危及生命。一般交流电压小于 36V 时,对人体才比较安全。

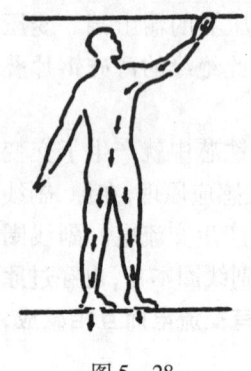

图 5-28

人体触电的形式通常是:①单线触电,即电流从一根火线通过人体流入大地,如图 5-28 所示。②双线触电:即电流从一根导线通过人体流入另一根导线(图 5-29)。③跨步电压触电:指当高压输电线折断落地时,电流入地。如果走近电线落地点,在两脚踏地的两点间有电压(即跨步电压)存在,使电流通过人体而触电。④电气设备漏电:在正常情况下,电气设备的外壳是没有电的,当绝缘损坏而漏电时,人接触到其外壳,就有可能触电。⑤接近高压带电体时:触电的发生不仅限于人体直接和有电物体接触时,当人体接近高压带电体(如高压线)到一定距离,高压带电体通过空气放电,也可造成人体触电。

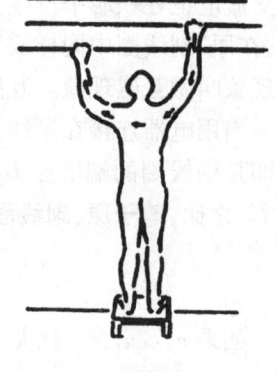

图 5-29

为了防止触电事故发生,应该注意以下几点:①广播线、电话线、收音机和电视机的天线等架设时,注意使它们与电力线至少相距 1.25m,同杆架设时应大于 1.5m。②不要损坏电线或乱拉电线。③用电器,如电动机、电风扇、电炉、电动离心机等的外壳要接地(用接有地线的插座),以防内部漏电时外壳带电而引起触电。④不要用湿手接触用电器(比如手掌很干时它们之间的电阻高达 $10^6\,\Omega$,而手湿时可降到 $10^3\,\Omega$),并且要防止用电器受潮。⑤一般不要带电操作,停电检修电路时严禁合拢闸刀。

一旦发生触电事故时,要迅速抢救。首先应立即切断电源,尽快使触电者脱离电源后,一方面请医生,同时根据情况采取紧急救护措施。①如果触电者神志清醒,呼吸正常,可让触电者到空气新鲜的地方安静休息。②如果触电者已失去知觉,但呼吸没有停止,应使他安静仰卧,解开衣扣以利呼吸。如果呼吸困难,发生抽筋现象,必须施行人工呼吸。

③如果触电者呼吸、心跳停止,不可轻易认为已经死去,而应立即连续地进行人工呼吸和心外按摩,以尽可能抢救其生命。

第四节　磁疗与电疗

一、磁疗

磁疗是指在人体某些穴位或患处施加磁场作用,以达到治疗目的的一种疗法。它包括一切利用磁场这种物理因素进行治疗的方法。

磁疗对高血压、神经衰弱、失眠、类风湿关节炎、肥大性脊椎炎和心绞痛等几十种疾病有一定疗效。

磁疗在我国有近千年的历史,但过去用作场源的磁性材料强度不高,故疗效不显著。近代出现了磁感应强度相当高的磁性材料,从而提高了疗效。

磁疗中使用的磁场一般在 $0.01T \sim 0.03T$ 范围。磁性类型是多种多样的,有恒定磁场、旋转磁场、脉冲磁场($0 \sim 50Hz$)、交变磁场($0 \sim 50Hz$)等,用它们直接作用于患部或有关穴位,将水(冷开水)多次穿过强磁场,可使其黏度和表面张力系数减小,这种水叫做磁化水,饮用后较易渗透细胞,增加细胞活性。临床上常用来治疗一些疾病,如肾结石等疾病。

有关磁疗的机理正在探索中。这一探索的成功,对生命现象的微观认识,将是很有意义的。

二、电疗

低频电疗　低频电流是指频率在 1kHz 以下的交流电。低频电流通过组织时,对人体有刺激作用,这主要是在电场力作用下,离子来回移动所致。当频率升高时,离子无足够的时间移动显著距离,只能在通常位置附近振动,因此,高频电流的刺激作用较低。实验证明,频率为 150kHz 的电流,只有微弱的刺激性。当频率达 1MHz 以上时,刺激性完全消失。

所以,低频电疗主要是兴奋神经细胞组织,促进局部血液循环,并可对中枢神经系统产生镇静和镇痛作用等。

中频电疗　由于皮肤电阻是随电流频率的升高而明显降低的,所以,频率在 1kHz ~ 100kHz 范围的中频电流,可以使较大的电流通过组织而达到较深的部位,使肌肉强烈收缩。其主要治疗作用有镇痛、促进局部血液循环和锻炼骨骼肌等。

第六章　电子技术与电磁振荡

电子技术已广泛用到工业、农业和医学科学技术等各部门，成为现代化生产、企业管理、科学研究的重要手段。无线电波、电视广播都是利用电磁波传播的。电磁波究竟是什么？它是怎样产生的？有些什么性质？对机体有什么作用？所有这些问题我们将在本章里学到，同时我们还将介绍电子技术等在医学中的一些应用。

第一节　半导体的导电特性

一、半导体的导电性

在金属导体中，原子的外层电子受原子核的束缚很弱，有大量的外层电子挣脱束缚成为自由电子，因此，金属导体的导电性能良好。在绝缘体中，原子的外层电子受原子核的束缚很强，外层电子不容易挣脱束缚成为自由电子，因此，绝缘体的导电性能很差。在半导体中，原子的外层电子受原子核的束缚比导体强，但比绝缘体弱，因此，半导体的导电性介于导体与绝缘体之间并随外界条件发生很大的变化。温度升高时，导电性显著地增强，这叫做半导体导电的热敏性。当被光线照射时，导电性也显著地增强，这叫做半导体导电的光敏性。因此，人们用半导体的热敏性制成热敏电阻元件，利用半导体的光敏性制成光敏电阻、光电二极管等元件。更为重要的是，在纯净的半导体中，掺入微量的杂质，半导体的导电性能会大大地增强。下面用半导体硅为例来说明半导体的导电性。

半导体硅(Si)是四价元素，硅原子外层有四个电子。当用硅制成单晶体时，整个晶体的原子按一定的规律整齐地排列，每个原子都以四个价电子与相邻的四个原子联系着。这样，相邻的两个原子就有一对共有电子，形成共价键。图6-1甲是硅单晶体共价键结构的平面示意图。共价键结构使每个原子都满足了最外层电子数为8的条件，因此，处于共价键中的电子是一种束缚电子，不能自由移动，因而不能导电。

但是，这种束缚并不是很牢固的。由于热运动或受光照射，其中极少数电子获得足够的动能，挣脱束缚成为自由电子。没有外电场时，这些自由电子的移动是无规则的。有外电场时，这些自由电子逆着电场的方向定向移动形成电流，这叫做半导体的**电子导电**。

当共价键中有一个电子挣脱束缚成为自由电子时，在原来的共价键中就留下一个空位，叫做**空穴**，如图6-1乙所示。原子是电中性的，空穴是失去了带负电的电子而形成的，因此，可以把空穴看做是带正电的。这个空穴很容易由附近共价键中的束缚电子来填补，于是出现了一个新的空穴。束缚电子的这种填补运动，从效果上看相当于空穴沿着电子填补运动的反方向运动。为了跟自由电子的移动相区别，我们把束缚电子的这种填补运动叫做空穴运动。没有外电场时，空穴运动同样是无规则的，有外电场时，空穴就沿着电场方向定向移动形成电流，这叫做半导体的**空穴导电**。

在外电场作用下，自由电子的移动和空穴的移动方向是相反的，但形成电流的方向是

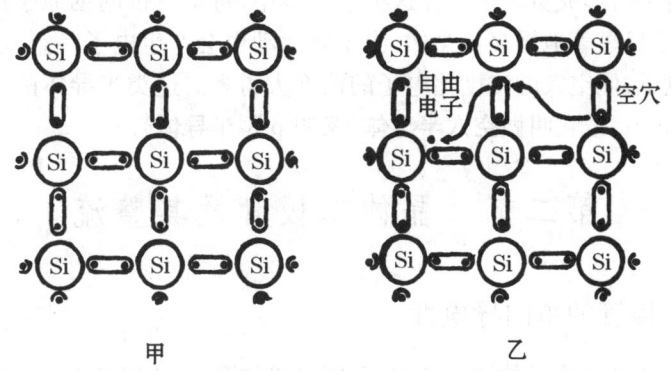

甲   乙

图 6-1

相同的。在纯净的半导体中,自由电子和空穴是成对出现的,叫做**电子-空穴对**。自由电子和空穴的重新结合,叫做**复合**。纯净的半导体虽然有电子导电和空穴导电,但电子-空穴对的数量很少,因此,导电性远不如金属良好。为了增强半导体的导电性,通常是在纯净的半导体中掺入微量杂质。掺入半导体中的杂质有两类,因而形成两类半导体。

二、n 型半导体

如果在纯净的半导体硅中掺入微量的五价元素磷(P)或砷(As)、锑(Sb),一些硅原子就会被磷原子代替。磷原子有五个价电子,它与周围硅原子组成共价键时多出一个价电子,这个价电子受磷原子的束缚很弱,很容易成为自由电子,如图 6-2 甲所示。磷原子失去一个价电子后成为正离子。在这类半导体中,每个五价磷原子都能提供一个自由电子,因此,自由电子数显著地增多。当然,由于热运动也会产生电子-空穴对,这类半导体中也有少数的空穴,但自由电子的浓度比空穴浓度大得多。这类半导体的主要载流子是电子,主要靠电子导电,因此,把它叫做**电子型半导体**(又叫 n 型半导体)。

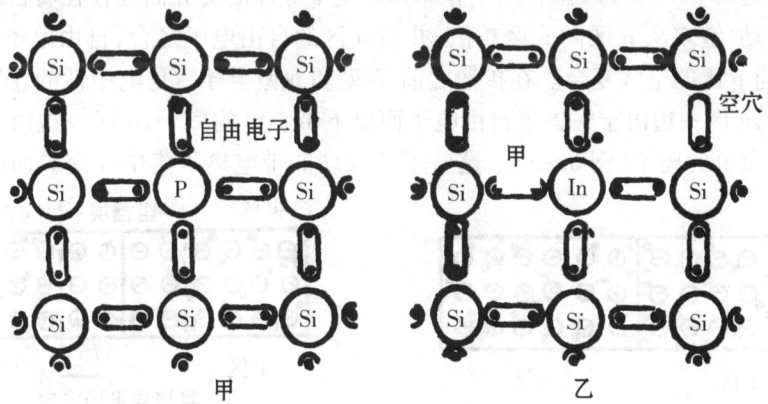

甲   乙

图 6-2

三、p 型半导体

如果在纯净的半导体硅中掺入微量的三价元素铟(In)〔或铝(Al)、镓(Ga)、硼(B)〕一些硅原子就会被铟原子代替。铟原子只有三个价电子,它与周围硅原子组成共价键时缺少一个电子,附近的共价键中的电子很容易前来填补,从而形成个空穴(图 6-2 乙)铟原子获得一个电子后形成负离子。在这类半导体中,每个三价的铟原子都能提供一个空穴,因此空穴的数目显著地增多。当然,由于热运动也会产生电子－空穴对,这类半导体也有少数自由电子,但空穴的浓度比电子的浓度大得多。这类半导体的主要载流子是空穴,主要靠空穴导电,把它叫做**空穴半导体**(又叫 **p 型半导体**)。

第二节　晶体二极管及其整流

一、晶体二极管的单向导电性

取一个电阻 R 和一个晶体二极管 D,分别接成如图 6－3 甲的电路,可以看到,两个电路中的灯泡都同样发光。但是,当把电池的正负极调换连成图 6－3 乙的电路时,接有电阻 R 电路中的灯泡亮度不变,而接有晶体二极管 D 的电路中灯泡却不亮了。可见,电阻的导电性与电流方向无关,而晶体管的导电性与电流方向有关,只允许一个方向的电流通过,也就是晶体二极管具有单向导电性。

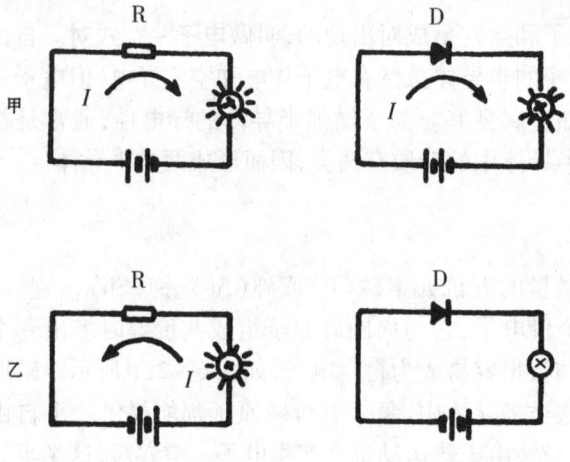

图 6－3

由于 p 型半导体中空穴浓度大,n 型半导体中自由电子浓度大,当 p 型半导体和 n 型半导体结合在一起时(图 6－4),在 p 型半导体和 n 型半导体的交界面处存在着自由电子和空穴的扩散运动,空穴从 p 区向 n 区扩散,并与 n 区的自由电子复合,自由电子从 n 区向 p 区扩散,并与 p 区的空穴复合。在扩散之前,p 型和 n 型半导体是电中性的,扩散开始后,在交界面处,n 区一边由于失去了自由电子而留下带正电的离子,p 区一边由于失去了空穴留下了带负电的离子(图 6－5)。这些不能移动的带电离子集中在交界面附近形成的

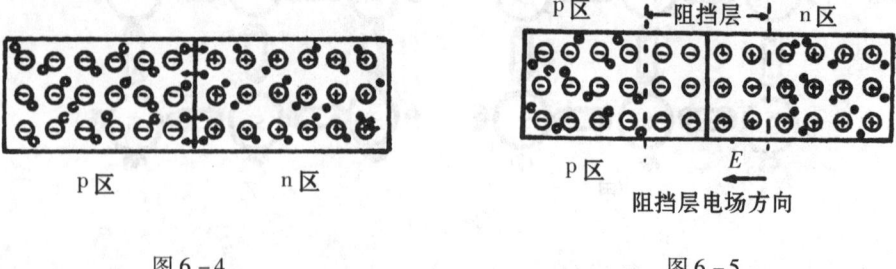

图 6－4　　　　　　　　　　　　　　图 6－5

电场,其方向从带正电的 n 区指向带负电的 p 区。这个电场将阻止自由电子向 p 区、空穴向 n 区的扩散。我们把 n 型和 p 型半导体交界面处附近的离子区叫做**阻挡层**,它形成的电场叫做**阻挡层电场**。随着扩散的进行,阻挡层电场增强,扩散运动减弱,最后达到稳定

状态,在 p 型和 n 型半导体交界处形成一个很薄的阻挡层,把它叫做 pn **结**。pn 结是组成晶体二极管、三极管及其他半导体器件的基础。

在 pn 结的 p 区、n 区各引出一个电极,再装上管壳就成为晶体二极管。与 p 区连接的是正极,与 n 区连接的是负极。图 6-6 是晶体二极管的结构图和符号。

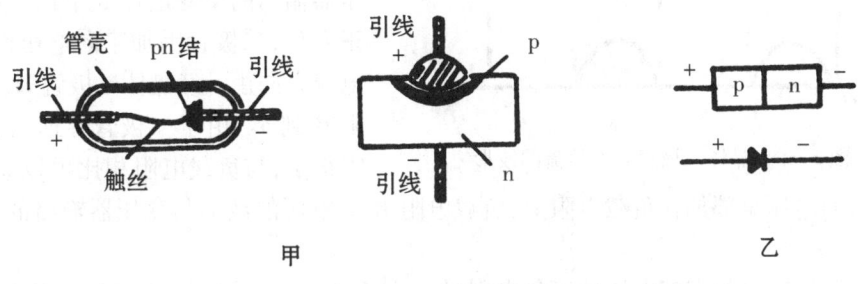

图 6-6

晶体二极管为什么具有单向导电性? 如图 6-7 甲所示 p 区接电源的正极,n 区接电源的负极,即 PN 结加正向电压,外电场方向与阻挡层电场方向相反,削弱了阻挡层电场,阻挡层变薄,这时,p 区的空穴和 n 区的自由电子顺利地通过 pn 结形成电流,pn 结导通。如果像图 6-7 乙那样,p 区接电源负极,n 区接电源正极,即 pn 结加上反向电压,外电场方向与阻挡层方向相同,加强了阻挡层电场,阻挡层变厚,这时,p 区的自由电子,n 区的空穴可以通过 pn 结,在外电场作用下形成反向电流。但是,p 区的自由电子,n 区的空穴都很少,所以反向电流很小,粗略地可认为没有电流通过,pn 结处于截止状态。这就是晶体二极管单向导电性的原因。

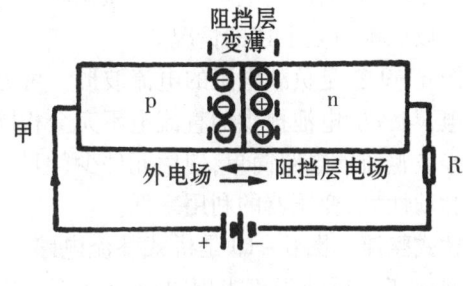

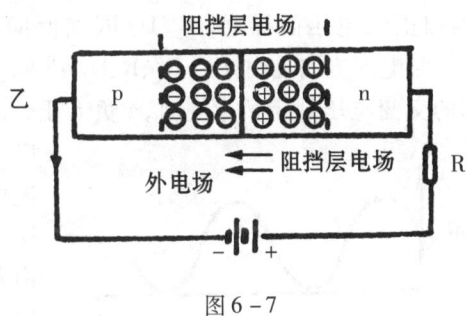

图 6-7

二、晶体二极管整流

电力网供给的是交流电,但在各种电子仪器设备及实验室中经常要用到直流电,因此,有必要把交流电变成直流电。把交流电变成直流电的过程,叫做**整流**。晶体二极管具有单向导电性,即只许电流单方向通过。因此,可以用来整流。

半波整流 图 6-8 是半波整流电路。B 是电源变压器,D 是晶体二极管,R 是用电器的电阻(以纯电阻为例),也叫做负载电阻或负载。

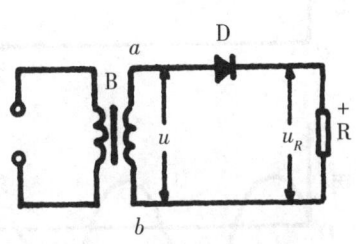

图 6-8 晶体二极管半波整流电路

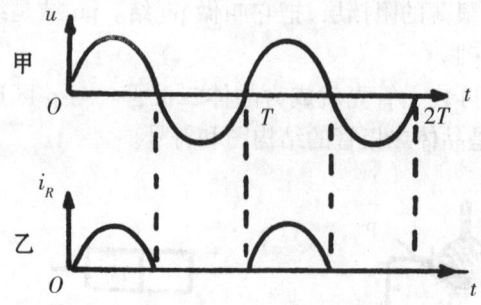

图 6-9 晶体二极管半波整流的波形

当变压器的初级线圈有交流电输入时,变压器的次级线圈就有交变电压输出,设变压器输出的交流电压为 u,它的波形如图 6-9 甲所示。当变压器输出的交变电压处于正半周时,a 正 b 负,二极管因加正向电压而导通,电流方向由 a 经晶体二极管 D、负载电阻 R 到 b。由于二极管导通时正向电阻很小,与负载电阻相比可以忽略,这时整流后的电压全部加在负载电阻上,负载电阻 R 上电压的波形与变压器输出的电压波形相同。

当变压器输出的交变电压处于负半周时,a 负 b 正,二极管因加反向电压而截止。二极管截止时,它的反向电阻可以看做无限大,电路中的电流近似为零,负载电阻上的电压为零。以后即重复上述的情况。

图 6-9 乙是负载电阻的电流波形。可见,整流后负载电阻获得的大小随时间变化的直流电,与一般电池提供的直流电不完全相同,我们把它叫做脉动直流电。

半波整流的电路简单,使用元件少,但是,仅利用了交流电的半个周期,负载获得的直流电脉动性大,变压器的利用率低。

桥式整流 图 6-10 是桥式整流电路。当变压器输出的交变电压处于正半周时,a 正 b 负,二极管 D_1、D_3 因加正向电压而导通,D_2、D_4 因加反向电压而截止。这时电流方向是由 a 经 D_1、R、D_3 到 b。当变压器输出的交变电压处于负半周时,a 负 b 正,二极管 D_1、D_3 因加反向电压而截止,

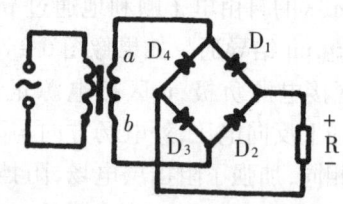

图 6-10 晶体二极管桥式整流电路

D_2、D_4 因加正向电压而导通。这时电流方向是由 b 经 D_2、R、D_4 到 a。可见,不论正半周或负半周,通过负载电阻 R 的电流方向总是相同的。

桥式整流在电子医疗技术中应用较广,如 X 光机中的整流电源等。

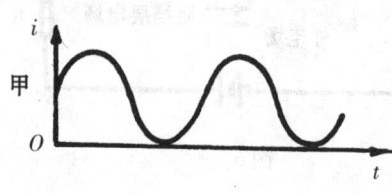

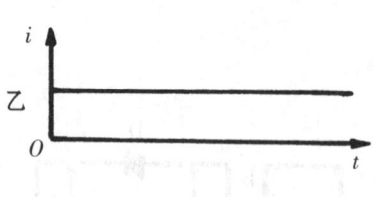

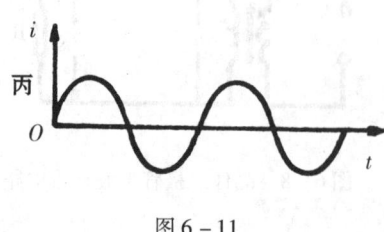

图 6-11

滤波 交流电经整流变成的脉动直流,可以看做是强度和方向不变的直流电与强度和方向都要变化的交流电叠加而成的。如图 6-11 乙所示的直流和图 6-11 丙所示的交流叠加而成图 6-11 甲所示的脉动直流电。通过电路,把脉动直流电中的交流电成分减少,直流电成分提高,使脉动直流电变得较平稳的过程叫做滤波,此电路叫做滤波电路。常用的滤波电路有电容滤波、电感滤波和 π 型滤波。

可以把电容滤波电路和电感滤波电路组合成滤波效果更好的 π 型滤波电路,如图 6－12是具有 π 型滤波的桥式整流电路。

交流电经桥式整流后的脉动直流电,其大小时刻都在改变。当变化的电流通过电感线圈时,线圈中产生自感电动势,以阻碍电流的变化;电容器 C_1、C_2 的充放电作用,使脉动直流电变得更平稳一些(如图 6－13),这就是电感、电容的滤波作用。

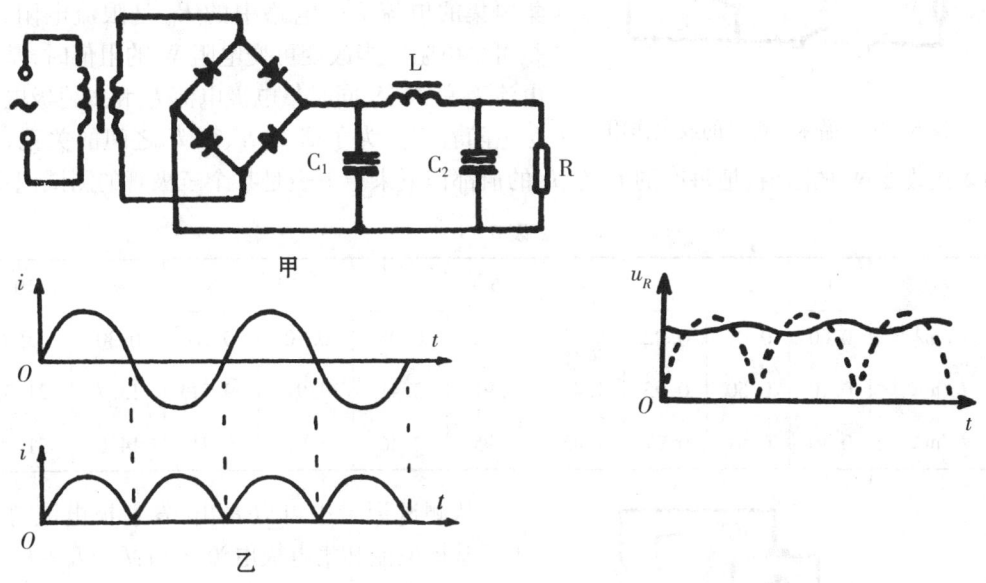

图 6－12　带 π 型滤波电路的桥式整流电路　　图 6－13　π 型滤波后的波形

第三节　晶体三极管及其放大

一、晶体三极管

晶体三极管分为 npn 型和 pnp 型两类,图 6－14 是 pnp 型的结构示意图和符号,图 6－15是 npn 型的结构示意图和符号。从图可以看出,晶体三极管内分三个区:发射区、基

图 6－14　pnp 型晶体三极管结构示意图和符号　　图 6－15　npn 型晶体三极管结构示意图和符号

区、集电区,它们各有一条电极引线,分别叫做发射极 e、基极 b 和集电极 c。符号中发射极的方向表示电流方向。集电区与基区间的 pn 结叫集电结,发射区与基区间的 pn 结叫发射结。晶体三极管并不等于两个二极管的简单组合,而有许多新的性能,最重要的是它

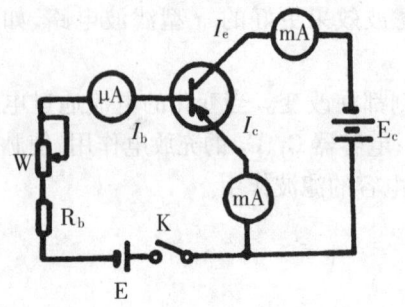

图 6-16 晶体三极管的放大作用

具有放大作用。

我们以 pnp 型为例来研究它的放大作用。把一个 pnp 型三极管按照图 6-16 那样连接在电路中,从串联在电路中的毫安表和微安表可以读出通过发射极的电流 I_e、通过基极的电流 I_b 和通过集电集的电流 I_c。电路中的 R_b 是限流电阻,W 是可变电阻。当改变可变电阻 W 的阻值时,基极电流 I_b 就改变,同时集电极电流 I_c 和发射极电流 I_e 也随着变。为了研究 I_b、I_c、I_e 之间的关系,我们多次改变 W 的阻值,把每次的 I_b、I_c、I_e 的值都记下来。下表是某个三极管的测试记录。

表 6-1

测量次数	1	2	3	4	5	6	7	8	9	10
I_b/mA	0.00	0.01	0.02	0.03	0.04	0.05	0.10	0.20	0.30	0.50
I_c/mA	0.10	0.50	0.95	1.42	1.91	2.41	4.91	9.51	13.7	21.3
I_e/mA	0.10	0.51	0.97	1.45	1.95	2.46	5.01	9.71	14.0	21.8

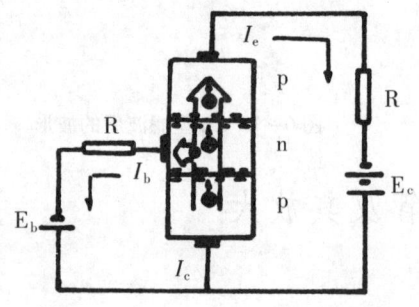

图 6-17 晶体三极管的电流分配规律

从测试记录中可以看出,发射极电流总是等于基极电流和集电极电流之和:$I_e = I_b + I_c$,而且基极电流远小于集电极电流,$I_b \ll I_e$。这说明发射极电流流进三极管后分成两部分,小部分由基极流出,大部分由集电极流出。三极管的这种电流分配关系可用图 6-17 形象地表示出来。

从测试记录还可以看出,**当基极电流稍有变化时,集电极电流就有较大的变化**。例如,当基极电流 I_b 从 0.01mA 变到 0.02mA 时,集电极电流就由 0.50mA 变到 0.95mA。基极电流的变化量 ΔI_b 只有 0.01mA,而集电极电流的变化量 ΔI_c 却有 0.45mA,集电极电流的变化量是基极变化量的 45 倍。这种作用叫做三极管的**电流放大作用**。

三极管的集电极电流的变化量 ΔI_c 与基极电流的变化量 ΔI_b 的比值,叫做晶体三极管的电流放大系数 β,即:

$$\beta = \frac{\Delta I_c}{\Delta I_b} \qquad (6-1)$$

电流放大系数 β 是体现三极管放大能力的一个物理量。通常 β 值往往看做一个常数。在粗略估算时,可以认为它近似等于 I_c 与 I_b 之比,即:

$$\beta = \frac{I_c}{I_b} \qquad (6-2)$$

二、晶体管放大器

利用晶体三极管的电流放大作用，把微弱的电信号进行放大的装置叫做晶体管放大器。图6-18是一个放大器的电路。这个电路与图6-17稍有不同。在图6-18这个电路中，电源E_c通过电阻R_b给发射结加上适当的正向电压，因而可以省去电源E_b。R_b叫做偏流电阻。在电源E_c的负极和三极管的集电极之间加了一个电阻R_c，R_c叫做**负载电阻**。C_1、C_2叫做耦合电容。在没有交流电信号输入时，晶体管放大器有一定的基极电流I_b和集电极电流I_c。当交流信号电压u_1从1、2端输入时，这个电压通过电容器C_1加到基极回路上，输出电压u_2通过电容器C_2输出。

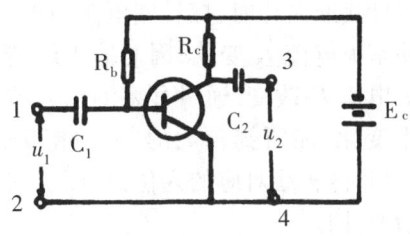

图6-18

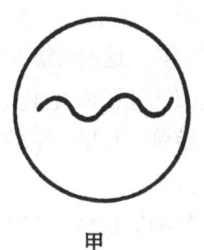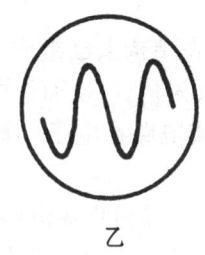

甲　　　乙

图6-19

我们在放大器的输入端输入交流电压，它的波形如图6-19甲所示，这可从接在放大器输入端的示波器屏幕上看到。然后把示波器接到放大器的输出端。如图6-19乙所示，即输出电压的波形与输入电压的波形相比被放大了。

偏流电阻R_b的大小对放大器的正常工作很重要，R_b的大小合适输出波形与输入波形相似，偏流电阻过大或过小，输出的交流电信号都要发生畸变，产生失真，放大器就不能正常工作了。

晶体三极管具有放大作用。因此，在晶体管的输入端接上不同的转换元件后，把微弱电信号放大去推动控制机构，就可做成各种简单的自动控制电路，如温度控制、液面控制等。图6-20是恒温控制电路，基极回路中串联有水银接点温度计。当温度升高，水银面上升使A、B接通时，产生基极电流I_b，经晶体三极管放大的集电极电流$I_c=\beta I_b$推动继电器J动作，切断加热元件的电源，实现恒温控制。R_1、R_2限制基极电流，R_1调节基极电流大小，R_2避免过大的基极电流。

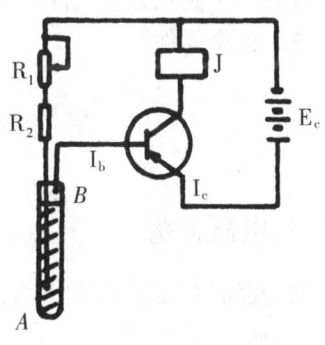

图6-20　温控电路

图6-21是光控电路。当光照射光敏电阻时，阻值变小，使基极电流I_b增大，放大的集电极电流I_c推动继电器J动作。当继电器控制的是计数器时，该装置就成为压片机自动数片的光控计数器。

图6-22是耳针探测仪电路。耳针探测仪为一

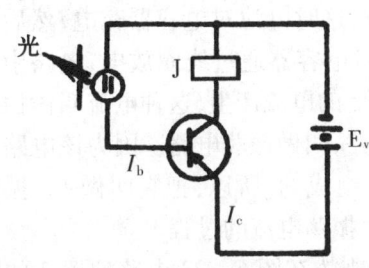

图6-21　光控电路

放大电路,将探针负极置于被检查者手上,另一探针在耳相应穴位区探测,当探针找准穴位时,探针间电阻改变,致使基极电流 I_b 变化,因而输出端集电极电流 I_c 改变,通过耳塞的信号就发生变化,能听到较大的"咔、咔"声音,可测得病灶对应的穴位,从而达到诊治的目的。

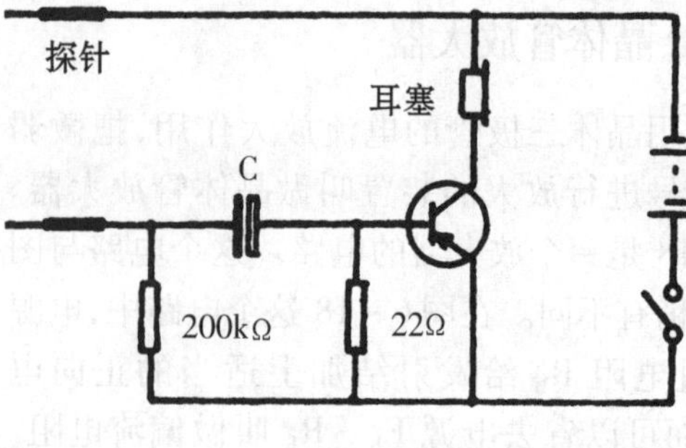

图 6-22　耳针探测仪电路图

三、集成电路简介

集成电路是一种微型电子器件或部件,即采用一定的工艺把一个电路中所需要的晶体管、电阻、电容等元件制作在一小块或几小块晶片或陶瓷片上,再用适当的方法进行互联并封装在一个管壳内,成为具有所需功能的微型结构(集成块器件)。

集成电路中的晶体管、电阻、电容等各元件在结构上已组成一个整体。这样,整个电路的体积大大缩小,且引出线和焊点的数目也大为减少,从而使电子元件向着微型化、低功耗和高可靠性方面迈进了一大步。因此,集成电路在电子计算机、导弹、卫星、各种遥测、通讯、医疗仪器等设备中应用十分广泛。

根据制造工艺的不同,目前集成电路主要有半导体集成电路、薄膜集成电路、厚膜集成电路、混合集成电路等。根据性能和用途不同,又可分为数字集成电路、线性集成电路、微波集成电路等。

集成电路自 1962 年问世以来,发展极为迅速。早期的半导体集成电路的集成度,每个晶片上只有十几个元件。从 20 世纪 70 年代开始,向大规模、超大规模集成电路发展,一般有几千个到几万个元件。现在制成的特大规模集成电路,在几平方毫米的硅片上能够集成上亿个元件。

第四节　电磁振荡和电磁波

一、电磁振荡

把电容器 C、自感线圈 L、电键 K 和电池组 E 连接成如图 6-23 所示的电路。先把电键 K 拨在电池组 E 的一方,这时电池对电容器充电,然后把电键 K 拨在线圈一方,这时电容器通过线圈放电,电路中就有方向和大小做周期性改变的电流产生,这种电流叫做**振荡电流**。产生振荡电流的电路,叫做振荡电路。因为该电路是由电容器 C 和自感线圈 L 组成的,所以,把它叫做 LC 振荡电路。现在,我们研究产生振荡电流的过程。

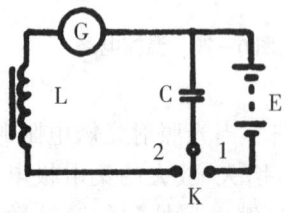

图 6-23　振荡电路

图 6-24 甲表示电键刚拨在图 6-23 电路位置 2 的时刻,这时电容器上已经带电。假定上极板带正电,下极板带负电,在两板之间形成了电场。

电容器还没有开始放电时,电容器里的电场最强,电路中的能量全部集中为电场能。之后,电容器开始放电,由于线圈的自感作用,电路中的电流只能逐渐增大,经过一段时间后才能达到最大值。随着电流的增大,线圈周围的磁场也逐渐增强,同时电容器中的电场就逐渐减弱。在电流达到最大值的瞬间,线圈周围的磁场最强,这时,电容器放电完毕,两极板间的电场消失(图 6 - 24 乙),电场能量全部转变为磁场能量。以后,磁场就逐渐减弱。由于自感作用,电流并不立即停止,而是沿原来的电流方向,使电容器重新充电。充电的结果使电容器下极板带正电,上极板带负电,电容器两板间便产生了和原来方向相反的电场,并逐渐增强起来。在磁场消失的瞬间,电路中的电流为零,而电容器中的电场则最强(图 6 - 24 丙),这时,磁场能量又全部转变为电场能量。接着电容器又放电,不过电路中的电流方向和线圈周围的磁场方向都与以前相反。放电后随即又充电,最后使电容器上极板重新带正电,下极板重新带负电,即恢复了原来的情况(图 6 - 24 戊)。上述过程不断地重复下去,电路中就形成了振荡电流。

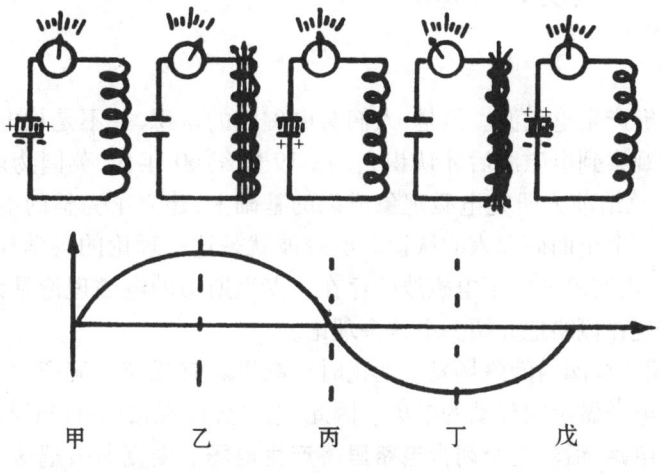

图 6 - 24

由实验可知,电路中的电流强度和电容器上的电荷都是按照正弦规律做周期性变化,如图 6 - 24 下面的曲线。研究证明,振荡电流的频率 f 和周期 T 与自感 L 和电容 C 的关系是:

$$f = \frac{1}{2\pi}\sqrt{\frac{1}{LC}} \qquad\qquad (6-3)$$

$$T = 2\pi\sqrt{LC} \qquad\qquad (6-4)$$

式中 T、f、L 和 C 的单位分别是秒(s)、赫(Hz)、亨(H)和法(F)。

上式表明:振荡频率的大小是由电路中的自感和电容决定的,这个频率叫做电路的**固有频率**。从上面的讨论可知,当电路中产生振荡电流时,电场和磁场也在做周期性变化,**这种同时存在着的电场和磁场的周期性变化叫做电磁振荡。**

在电磁振荡中如果没有能量损失,振荡应该等幅地继续下去,这种振荡叫做等幅振荡(图 6 - 25 甲)。实际上电路中的能量是有损失的。一部分能量由于电路中有电阻而转变为热;从后面的学习中可以知道,还有一部分能量要辐射到周围空间去。这样,电路中的能量很快地减少,振荡电流的幅值也很快地减小,最后振荡停止。这种振荡叫做阻尼振荡(图6-25乙)。

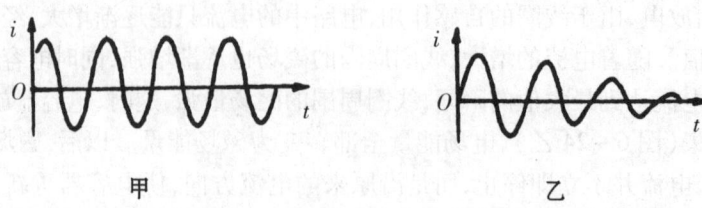

甲　　　　　　　　乙

图 6-25

〔例题〕　已知 LC 振荡电路中,自感为 $500\mu H$,电容为 $19.66pF$。求该回路的固有频率。

解　$f = \dfrac{1}{2\pi \sqrt{LC}} = \dfrac{1}{2\pi \sqrt{500 \times 10^{-6} \times 19.66 \times 10^{-12}}} = 1\,605\,(kHz)$

答:回路的固有频率为 1 605kHz。

二、电磁波

电磁振荡能够产生电磁波。但是,人们对电磁波的认识,并不是从电磁振荡开始的,也不是先从实验观察到电磁波后才认识它的。19世纪60年代,英国物理学家麦克斯韦(1831—1879)在总结前人研究电磁现象成果的基础上,建立了完整的电磁理论,使人们对电磁现象有了一个全面而深入的认识。电磁波就是这一理论的科学预见。过了20多年,赫兹才第一次用实验证实了电磁波的存在。麦克斯韦的电磁理论是无线电电子学的理论基础。我们现在概略地介绍一下这个理论。

我们知道,闭合线圈内的磁场发生变化时线圈里就有感应电流产生,那么,线圈里必然存在着使自由电子做定向移动的电场。因此,电磁感应现象也可以这样描述:**在变化的磁场中放置闭合电路,沿着这个闭合电路里将产生电场**。麦克斯韦把这一观点推广到不存在闭合电路的空间,他认为:**变化的磁场能够在它的周围空间产生电场**。这种电场和我们已知的静电场不同,它的电场线是封闭的,电场线的方向由楞次定律确定。图6-26乙就是表示这种变化的磁场 B 与所产生的电场 E 的关系。麦克斯韦的研究也指出:**变化的电场能够在周围空间里产生磁场**。

甲　　　　　　　　乙

图 6-26　交变的磁场产生电场

总括起来,可以得出这样的结论:**任何变化的磁场都要在它周围的空间里产生电场,任何变化的电场都要在它周围的空间里产生磁场**。因此,变化的磁场和变化的电场就会互相交替地产生,并且不可分割地联系在一起,形成了统一的电磁场。

如果在空间某区域中产生了变化的电场,那么在它邻近的空间就会引起变化的磁场,这变化的磁场又在较远的空间引起新的变化的电场,接着就在更远的空间引起变化的磁场所以,**变化的电场和变化的磁场是交替产生的,并且由近及远地向周围空间传播。**这种变化的电磁场携带着能量的传播叫做**电磁波**(图6-27)。

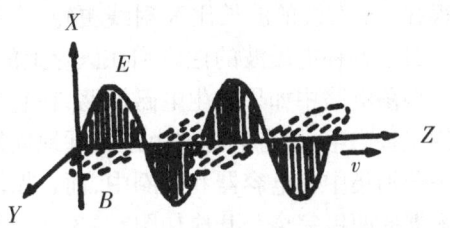

图6-27 电磁波的形成

理论和实验证明,电磁波在真空中的传播速度等于光速(3.00×10^8m/s)。

在电磁波传播的过程中,电场强度和磁感应强度彼此间永远互相垂直,并且它们都垂直于电磁波的传播方向。因此电磁波是横波。图6-28是电磁波传播的示意图。

图6-28 电磁波传播的示意图

我们在机械波中已经学过,波的传播速度 v 等于波长 λ 和频率 f 的乘积,即 $v = f\lambda$。这个关系对电磁波也是适用的,对电磁波来说:

$$c = \lambda f$$

由于电磁波的传播速度在真空中都是 c,因此频率不同的电磁波的波长不同。

〔例题〕 我国中央人民广播电台用540kHz的频率播送节目,求该台无线电波的波长。

解 $\lambda = \dfrac{c}{f} = \dfrac{3 \times 10^3}{540 \times 10^3} \approx 556(\text{m})$

答:该电台无线电波的波长是556m。

无线电技术中使用的电磁波叫做无线电波。无线电波的波长范围在几毫米到几十千米之内。

麦克斯韦的电磁理论认为:**可见光是一种具有一定波长的电磁波。**此理论被以后的实验所证实。经研究证明,无线电波、光波、红外线、紫外线、X射线和 γ 射线都是不同波长的电磁波。

电磁波的波长范围极宽,通常根据电磁波在真空中的不同波长,把电磁波排列成谱,称为**电磁波谱**,如图6-29所示。

各种电磁波的本质虽然相同,但不同波长范围的电磁波,其产生的方法和它们的作用是各不相同的。一般的无线电波,是从电磁振荡电路里产生并通过天线发射的。它的波长在几千米到几毫米之间,因而波动性也特别显著。能引起我们视觉的可见光,也是一种电磁波,其波长范围在 $0.40\mu\text{m} \sim$

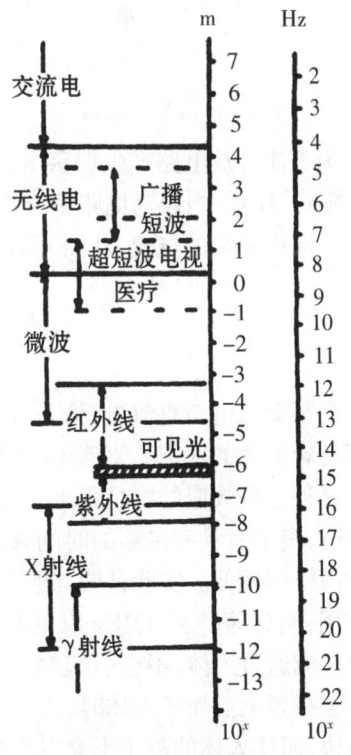

图6-29 电磁波谱

0.76μm之间。红外线虽然不能引起视觉,但热效应特别显著,它的波长范围在 0.76μm ~ 600μm 之间。波长在 50nm ~ 400nm 之间的电磁波称为紫外线,它虽然也不能引起视觉,但易使物质发生化学反应。X 射线的电磁波长在 0.001nm ~ 10nm 之间,它穿透物质的本领很强。γ 射线的波长比 X 射线更短,穿透物质的本领也更强。

关于各种电磁波的性质和在医疗上的应用,我们将在其他章节中适当予以介绍。

振荡电路中如果发生电磁振荡,在它们周围空间里会产生变化的磁场和变化的电场。它们交替产生,即有电磁波由近及远地向周围空间传播,但实际上由于电场和磁场的能量几乎分别集中在电容器和线圈中,而且振荡频率很低,辐射到空间去的能量很少。如果把电容器的两极完全分开成如图 6 – 30 丙所示的电路,此电路叫做开放电路。这时电场和磁场就分散在线路周围的空间里,同时由于电容和自感小,电路固有的频率很高,电磁场变化很快。这样电磁场就容易辐射到空间去。因此,在无线电技术中使用的振荡电流的频率都很高,至少以千赫作单位计算。

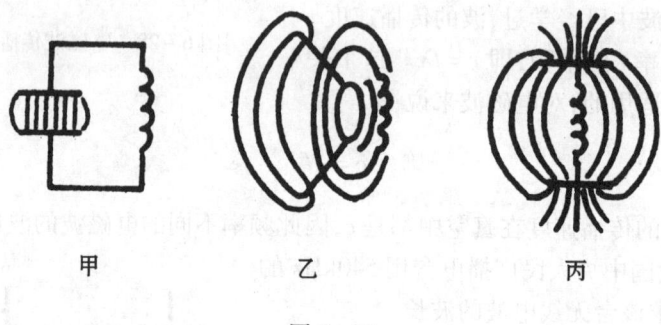

甲　　　　　　　乙　　　　　　　丙

图 6 – 30

为了使开放电路产生振荡电流,通常使开放电路的线圈 L_2 与振荡电路的线圈 L_1 接近(图 6 – 31)。当振荡电路里有振荡电流时,由于 L_1 和 L_2 的互感作用,在开放电路里就产生了同样频率的电流,从而开放电路向空间发送电磁波。

第五节　高频电疗

高频交流电与直流电、低频交流电(或脉动电流)对机体的作用有着重大的区别。直流电、低频交流电对人体有刺激作用,发生这种生理效应的物理因素主要是离子的移动。当电流变化很快时,离子就没有足够的时间移动显著的距离,因此高频电流的刺激作用较低。实验证明,频率 150kHz 的电流对人体仍有刺激作用,当频率达到 1MHz 以上时,刺激性完全消失,几安培的高频电流通过人体,不会引起刺激和破坏组织的电解。

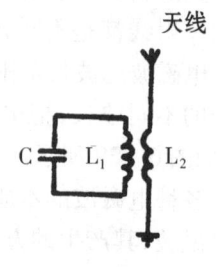

图 6 – 31

当高频电流加于人体时,由于它的振荡频率高、电流方向改变极快,而使人体的离子不会发生显著的位移,只能在平衡位置附近振动,结果因摩擦而生热,所以高频电疗总的作用是对机体内部组织加热,并不过分增加表皮的温度。

在高频电疗中,由于所用振荡电流频率的不同,可分为达松伐疗法、中波疗法、短波疗法、超短波疗法。

表6-2　几种高频电疗的频率

疗　法	达松伐	中波	短波	超短波
频率/kHz	150~1 000	1 000~3 000	3 000~30 000	30 000~300 000

达松伐疗法是由法国物理学家和生理学家达松伐创始的。它有全身和局部两种,全身达松伐电疗能调节神经血管功能,降低血压,对中枢神经系统有镇静作用,可用来治疗早期高血压及神经系统功能失调性疾患。局部达松伐治疗时,由于气体放电,产生青紫色光,并吱吱作响,所以又称"共鸣火花电疗",这种疗法有镇静作用和增强局部组织营养的作用,可以用来治疗神经痛、偏头痛、神经性耳鸣、冻伤等。

中波疗法又称透热疗法,可使人体局部或全身发热,促进血液循环,改善组织营养和机能状态,抑制细菌的生长,降低神经系统的兴奋性,并有消炎、镇痛作用。

短波、超短波疗法分别称高频、超高频疗法,作用和达松伐疗法基本相同,适用于治疗各种疼痛和急、慢性炎症。

一定电流强度的高频电流通过机体时产生的高热,在外科手术中用来作切除、电凝固。

作电切除时,两电极中,面积较大的电极直接和病人接近,另一电极做成针状或刀片状(称高频电刀)。当针状电极接触病人身体时,由于尖端电场强度很强,在针状电极与组织间便发生火花,使表面的组织开裂。电切除的好处是:由于高频电流有凝血作用,可在切除时把小血管封闭,减少流血。

如果把针状电极改成圆球状或圆板状,在组织上来回移动,可利用电流发生的热来凝固止血或干燥水分。

第七章 光 学

人类感知周围环境,大部分是通过视觉获得的。光给予了人类最大的信息量,正因为这样,人类很早就开始了对光的研究。远在 2 400 多年前,我国古代最早的科学经典著作《墨经》就对光的几何性质有了较完全的记载。随着人们对光学的逐步认识,特别是 20 世纪 60 年代,新型光源激光的出现,使光学的研究和应用又有了新的飞速发展。光学成为现代物理学和现代科学技术的重要前沿学科之一。

光学是研究光的发生、光的传播、光的本性及光和物质间的相互作用及应用的科学。光学的研究对物理学和现代科学技术的发展起着巨大的作用,光学仪器在日常生活、科学技术和医学中有着广泛的应用。

显微镜的发明,促成了现代医学的形成。随着光学与科学技术的发展,用于医学的光学仪器越来越多,越来越精密、先进。它将对医学基础理论的研究和临床医学实践提供先进的手段,以促进医学的发展。

本章主要学习光的传播和光的本性的知识。

第一节 光 度 学

一、光通量 发光强度

眼睛能够看到的物体都是直接或间接发光的光源。例如恒星、太阳和各种照明灯都是直接发光,行星、月亮和室内外被照明的普通物体则都是由于反射和散射而间接发光。如果光源是一个很小的发光光点,或一个光源的尺度远小于光线的作用距离时,光源本身的大小在所研究的问题中可以忽略,我们把这种光源叫做**点光源**。不同的光源发光的强弱不同,例如,一般来说煤油灯没有电灯亮,而电灯又没有弧光灯亮。就是同一个光源它向各个方向发光的强弱也不一定相同,像具有扁平灯芯的煤油灯,在与灯芯扁平面垂直方向上发光就比沿扁平方向发的光强一些。点光源则不同,理想的点光源在各个方向上的发光强弱都相同。具有这种在各个方向上发光强弱都相同的光源称为各向同性光源。

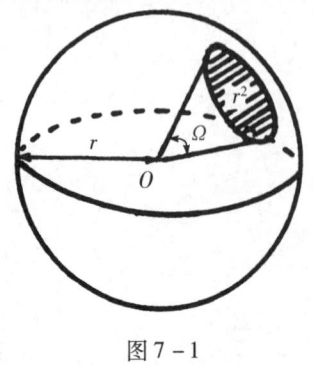

光是一种电磁波,是电磁振动在空间的传播,是电磁能量传播的一种形式。光源发光时,不断失去能量,通过能量传递过程使吸收体增加能量。我们把**单位时间内通过某一面积的光能的多少,叫做通过这一面积的光通量,**用 Φ 表示。在国际单位制中,光通量的单位是流明,简称流(符号是 lm)。

光源的光能是以光源为中心向四面八方辐射传播的,所以光源的光能总在一个立体空间内。

图 7 - 1

数学上把锥体所包围的那部分空间叫立体角,并把顶点在球心,底在球面上,底面积等于球半径平方的一个锥体所包含的立体角,叫做**单位立体角**。立体角的单位是球面度(符号是 sr),如图 7 - 1 所示。为了反映各种光源的发光强度,我们把点光源在单位时间内沿某方向上的单位立体角所辐射的可见光的能量叫做点光源在这个方向上的**发光强度**,用 I 表示,在国际单位制中发光强度的单位是坎德拉,简称坎(符号是 cd)。对于发光强度为 1cd 的点光源,在某方向上 1sr 内所发出的光通量就是 1lm。

显然,发光强度 I,立体角 Ω 和光通量 Φ 之间有如下关系:

$$I = \frac{\Phi}{\Omega} \tag{7-1}$$

因为整个球的表面积 $S = 4\pi r^2$,而 $\Omega = S/r^2$,所以,整个球体所包围的空间,共含立体角 4πsr。那么 1cd 的点光源所发出的光通量是 4πlm。而发光强度为 1cd 的点光源向周围空间所发出的总光通量则为

$$\Phi = 4\pi I \tag{7-2}$$

〔例题 1〕 25W(220V)的白炽灯(已知它的发光强度为 17.5cd),问它发射的总光通量是多少?

解:由式(7-2)得

$\Phi = 4\pi I = 4 \times 3.14 \times 17.5 = 219.8(\text{lm})$

答:总光通量是 219.8lm。

〔例题 2〕 一个 10cd 的点光源,以它为球心,问通过半径为 2m 的球面上 1lm 光通量的面积是多少?

解:已知 $I = 10$cd,$r = 2$m

10cd 点光源发出的总光通量为:

$\Phi = 4\pi I = 4 \times 3.14 \times 10 = 125.6(\text{lm})$

半径为 2m 的球面面积是:

$S = 4\pi r^2 = 4 \times 3.14 \times 2^2 = 12.56 \times 2^2(\text{m}^2)$

那么,球面上通过 1lm 光通量的面积 S' 是:

$S' = \frac{S}{\Phi} = \frac{12.56 \times 2^2}{125.6} = 0.4(\text{m}^2)$

答:面积是 0.4m^2。

二、照度 照度定律

照度 光从光源发射出来,沿着周围空间传播出去,照射到物体表面上的光通量不同,物体被照明的程度就不同。为了说明物体被照明的程度,引入一个叫做照度的物理量。

物体表面上所得到的光通量跟这个表面的面积的比,叫做这个表面的照度。用 S 表示物体被照表面的面积,用 E 表示这个表面的照度,那么:

在均匀照明下 $$E = \frac{\Phi}{S} \tag{7-3}$$

即照度在数值上等于物体单位面积上得到的光通量。显然,对于一定面积的表面,照

射到它上面的光通量越大,这个表面上的照度就越大;如果光通量的大小一定,被照射的表面的面积越大,表面上的照度就越小。

在国际单位制中,照度的单位是勒克司,简称勒(符号是 lx)。如果被照射的物体表面 $1m^2$ 面积所得到的光通量是 1lm,它的照度规定为 1lx。

在我们工作和学习的地方,保持适当的照度,对于提高工作和学习效率和保护眼睛有很大的好处。根据科学的测定,对于不同工作的标准照度要求见表 7-1。

表 7-1   不同环境的照度要求

工作名称和工作场所	照度 E/lx
医院大手术	1 000
牙科及小手术	500 以上
细小精细的工作(如制图)	100
书写、核对	75
阅读、观看各种仪器所示度数	50
楼梯、走廊	10

在照明技术里,除了要求保持适当的照度外,还要求保持照度的均匀和稳定。在照度不均匀的情况下,人眼容易感到疲倦。强光源的光线直接射入人眼里时,还会损害视觉,所以,不宜用强光源照明。

照度定律   在了解了照度意义的基础上,我们进一步学习决定照度大小的因素。

物体表面的照度大小,与照射它的光源的发光强度有关系。如果保持被照表面和光源间的距离不变,那么,光源的发光强度越大,被照表面的照度就越大。

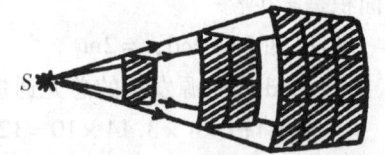

图 7-2   被照表面的照度跟表面到光源的距离的平方成反比

照度的大小,跟被照表面到光源的距离也有关系。从图 7-2 可以看出,被照表面离光源越远,表面上每单位面积上得到的光通量就越少,因而照度就越小。那么,照度与距离及发光强度之间究竟有什么数量关系呢?

假定点光源的发光强度是 I,它发射出来的总光通量是 $\Phi = 4\pi I$。我们以这个点光源为中心,以 r 为半径作一个面积为 S 的球面,那么,按照度定义这个球面的照度 E_0 就是:

$$E_0 = \frac{\Phi}{S} = \frac{4\pi I}{4\pi r^2}$$

所以:
$$E_0 = \frac{I}{r^2} \tag{7-4}$$

由此可知,用点光源照明时,与光线垂直的物体表面上的照度与光源的发光强度成正比,与被照面到光源的距离的平方成反比,这就是**照度第一定律**。

根据照度第一定律,如果将一个物体到点光源的距离变为原来的 3 倍,则照度减少为原来的 1/9。同样,如果将物体到光源的距离减小到原来的 1/3,那么,照度将增加为原来的 9 倍。

必须指出,照度第一定律只适用于点光源,实际的光源如电灯、蜡烛等都不是点光源,用这些光源照明时,根据照度第一定律所作的计算只是近似的。光源越小,被照物体离光源越远,计算的结果越精确。

〔例题〕 在某桌面正上方 1m 处悬挂一盏发光强度为 15cd 的白炽灯,再在另一张桌面正上方某一高度悬挂一盏 60cd 的电灯,若要这两张桌面上电灯正下方处的照度相同,求第二盏电灯悬挂的高度。

解:设 I_1 和 I_2、r_1 和 r_2 分别表示两盏电灯的发光强度和光源(电灯)离桌面的垂直距离,E_1 和 E_2 分别表示被照桌面上电灯正下方处的照度。

由题意:$E_1 = E_2$

因为: $E_1 = \dfrac{I_1}{r_1^2}$ $E_2 = \dfrac{I_2}{r_2^2}$

所以: $\dfrac{I_1}{r_1^2} = \dfrac{I_2}{r_2^2}$

得: $r_2^2 = \dfrac{I_2}{I_1} \times r_1^2$

$$r_2 = \sqrt{\frac{I_2}{I} \times r_1^2} = \sqrt{\frac{60}{15} \times 1^2} = 2(\text{m})$$

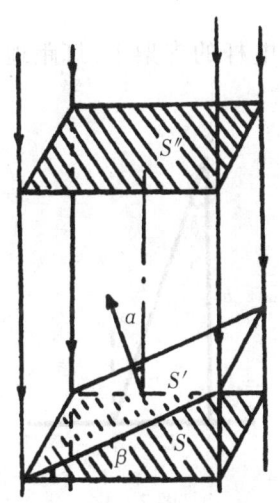

图 7-3 平行光线的照度

答:第二盏电灯应悬挂在离桌面 2m 远的正上方处。

当被照表面与光线不垂直时,又该如何计算它的照度呢?实践告诉我们,光线垂直地照射到物体表面时,照度最大;当光线斜射到物体表面时,因为同样多的光线分布在较大的表面上,所以,照度就减小,可见,**照度与光线的入射角有关**。设一束平行光线倾斜地照射于一平面 S,光线的入射角为 α,如图 7-3 所示,并设 S' 是垂直于光线的平面,这一束平行光线在 S 面上的照度用 E 表示,在 S' 面上的照度用 E_0 表示。

若 S'' 是与光线垂直的另一个平面,显然 $S' = S''$,则通过它们的光通量 $\Phi' = \Phi'' = \Phi$,所以,它们的照度相同,当作出其他垂直光线的平面时,也有相同的结果,即对于平行光,照度与被照面和光源间的距离无关,也就是说被照面可以垂直于光线平行移动,而照度不变(不考虑媒质对光的吸收)。

根据我们学过的数学知识可知:当光线的入射角是 α 时,S 面与 S' 面的夹角 β 也等于 α,且 $S' = S\cos\beta = S\cos\alpha$,显然 S' 是 S 在与光线垂直的平面上的投影。由照度定义有:

$$E = \frac{\Phi}{S}   \qquad E_0 = \frac{\Phi'}{S'}$$

得: $E_0 = \dfrac{\Phi'}{S\cos\alpha} = \dfrac{\Phi}{S} \cdot \dfrac{1}{\cos\alpha} = \dfrac{E}{\cos\alpha}$

所以：
$$E = E_0\cos\alpha \qquad\qquad (7-5)$$
式中 E 是光线斜照射面上的照度，E_0 是光线垂直照射面上的照度，α 是光线的入射角。

即：用平行光线照射物体时，物体表面上的照度与光线的入射角的余弦成正比，这就是照度第二定律。

对于点光源，如果被照表面不跟入射光线垂直，在这种情况下，被照表面上各处的照度通常是不同的。为了求出某处的照度，我们可以在那里取一块非常小的面积，这样，从点光源照射到这块小面积上的光线就可以近似的认为是平行光线，由式 $E = \dfrac{I}{r^2}$ 计算出来的照度 E，就近似地等于在该处垂直于平行光线的被照面上的照度 E_0。再由式 $E = E_0\cos\alpha$，便可计算出所求的被照面上的照度。式中的 E_0 可以用 $\dfrac{I}{r^2}$ 代替而得出：

$$E = \frac{I}{r^2}\cos\alpha \qquad\qquad (7-6)$$

这就是一个点光源在被照面上的照度通式。说明当用点光源照明时，物体表面上的照度与光源的发光强度及光线入射角的余弦成正比，并与被照射面到光源之间的距离的平方成反比。

如果物体表面受到一个以上的光源照射时，它的照度就等于各个光源的照度的代数和。

〔例题〕 有一盏路灯，它的发光强度是 2 600cd，灯装在电杆的支架上，灯距地面 10m，求地面离电杆足 1m 处的照度。

解：一般情况下，可以把电灯当作点光源看待。由题画图，设 $SO = h$，$SA = r$，$OA = L$，光线入射角为 θ。并已知 $h = 10\text{m}$，$L = 1\text{m}$，求 $E_A = ?$

由图 7－4 可知，$r^2 = L^2 + h^2$。得

$$\cos\theta = \frac{h}{L^2 + h^2}$$

所以：
$$E_A = \frac{I}{r^2}\cos\theta = \frac{Ih}{(L^2 + h^2)^{3/2}}$$
$$= \frac{2\,600 \times 10}{(10^2 + 1^2)^{3/2}} = \frac{26\,000}{101^{\frac{3}{2}}}$$
$$= \frac{26\,000}{1\,015.04} = 25.6(\text{lx})$$

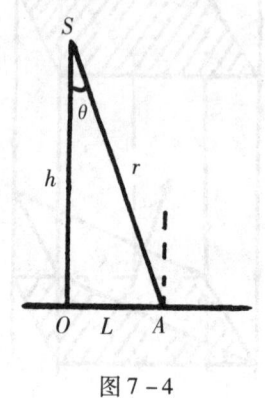

图 7－4

答：地面上离电杆足 1m 处的照度是 25.6lx。

可以用照度计来测量照度。照度计由表头和传感器（又叫光电头）组成。光电头为一光电池，当光照射到光电头上，光电池可将光能转变成电能，表头的指针发生偏转，刻度盘上的分度单位是勒克司（lx），指针所示的值即为被测处的照度数。

第二节　几何光学

一、光的折射

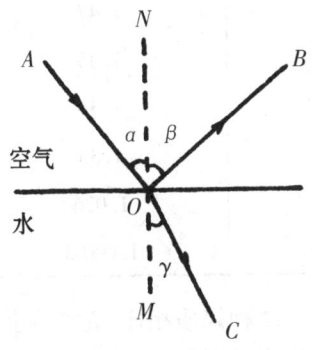

图7-5　光的反射与折射

折射定律　光线在均匀媒质中是沿直线传播的。当在光的前进方向上遇到不同媒质时,光就要分为两部分,其中一部分返回原来媒质的叫做反射光,另一部分进入另一种媒质的叫做折射光。即:光在两种媒质的界面上将同时发生反射和折射现象,如图7-5所示。

我们在初中学过光的反射遵守下面的反射定律:

(1)反射光在入射线和法线所决定的平面内,且与入射线分居法线两侧。

(2)反射角等于入射角。

在光的反射现象中,光路是可逆的。

那么,光折射时,遵循什么规律呢?我们用图7-5来研究这个问题。

使光线从空气(称为媒质1)进入水(称为媒质2)里,当光线垂直射到空气和水的界面时,入射角为零,光线传播方向不变,不发生折射。当光线斜射到界面上时,就会看到折射现象,改变入射角 α 的大小,折射角 γ 随着改变。记下每次的入射角和相应的折射角的大小,经过计算可以得出:它们的正弦之比,即 $\dfrac{\sin\alpha}{\sin\gamma}$ 是一个常数。如果改用玻璃代替水重做这个实验,结果发现 $\dfrac{\sin\alpha}{\sin\gamma}$ 仍是一个常数,但它的比值与用水的比值不同。科学家们经过长期的研究和实验,总结出了光在两种媒质的分界面上折射时所遵循的规律:

(1)折射线在入射线和法线所决定的平面内,且与入射线分居法线的两侧。

(2)入射角的正弦与折射角的正弦之比对于给定的两种媒质来说是一个常数。

$$\frac{\sin\alpha}{\sin\gamma} = 常数$$

这就是**光的折射定律**。

如果在图7-5中,垂直于折射光 BO 放一平面镜,我们将看到光线沿原路返回,此时, BO 成为入射光, OA 成为折射光,这说明在折射现象中光路也是可逆的。

折射率　光从空气射入水和射入玻璃时,虽然入射角的正弦与折射角的正弦之比都是常数,但是这两个常数的数值不同,射入玻璃时这个常数约为1.5,射入水时约为1.33,可见这个常数是跟媒质有关的一个物理量。

光从真空射入某种媒质发生折射时,入射角 α 的正弦与折射角 γ 的正弦之比,叫做这种媒质的折射率,用 n 表示。

$$n = \frac{\sin\alpha}{\sin\gamma} \tag{7-7}$$

折射率是表示光线通过两种媒质分界面时偏折程度的物理量, n 越大, γ 比 α 越小,光从真空(或空气)进入该媒质时偏离原方向的程度越大; n 越接近于1,光的偏折程度越小。下表列出了一些常见媒质的折射率。

表 7 - 2

物 质	n	物 质	n
金刚石	2.20	酒 精	1.36
水 晶	1.54	甘 油	1.47
玻 璃	1.5~2.0	乙 醚	1.35
角 膜	1.376	冰	1.31
水状液	1.336	水	1.33
水晶体	1.424	水蒸气	1.026
玻璃体	1.336	空 气	1.000 3

　　实践告诉我们,光在各种媒质中传播的速度是不相同的。两种媒质相比,光线在其中传播较慢的媒质称**光密媒质**,光线在其中传播较快的媒质称为**光疏媒质**,光疏媒质的折射率较小,光密媒质的折射率较大,且光密媒质和光疏媒质是相对的。

　　实验和理论都可以证明:光的折射现象与光在媒质中的传播速度有关。

　　光从真空进入某种媒质时的折射率就是真空中光速跟媒质中的光速之比,即:

$$n = \frac{c}{v} \tag{7-8}$$

　　由式(7-7)和式(7-8)可以得出:当光线从媒质 1 进入媒质 2 时,入射角的正弦与折射角的正弦之比等于光在媒质 1 的光速与光在媒质 2 的光速之比,即:

$$\frac{\sin\alpha}{\sin\gamma} = \frac{v_1}{v_2} \tag{7-9}$$

　　将式(7-9)的右边分子分母同乘 c,得:

$$\frac{\sin\alpha}{\sin\gamma} = \frac{v_1}{c} \cdot \frac{c}{v_2}$$

　　由式(7-8)可得:

$$\frac{\sin\alpha}{\sin\gamma} = \frac{n_2}{n_1}$$

　　或:

$$n_1\sin\alpha = n_2\sin\gamma \tag{7-10}$$

　　上式表明入射角的正弦与第一种媒质折射率的乘积总是等于折射角的正弦与第二种媒质折射率的乘积。

　　从此式很容易看出:当光线从光疏媒质进入光密媒质时,$n_2 > n_1$,$\sin\gamma < \sin\alpha$,$\gamma < \alpha$,这表明折射线偏向法线;当光线从光密媒质进入光疏媒质时,$n_2 < n_1$,$\sin\gamma > \sin\alpha$,$\gamma > \alpha$,这表明折射线远离法线。

　　〔例题1〕　光线从空气进入玻璃;设玻璃的折射率为 $n = 1.52$,当入射角是 30°时,问折射角是多大?

　　解:已知 $n_1 = 1$,$n_2 = 1.52$

　　　　由式(7-10)　　　　$n_1\sin\alpha = n_2\sin\gamma$

所以：$\sin\gamma = \dfrac{n_1}{n_2}\sin\alpha = \dfrac{1}{1.52}\sin30° = 0.3289$

$$\gamma \approx 20°$$

答：折射角是20°。

〔例题2〕 已知光在水中的速度是 $v_水 = \dfrac{3}{4}c$，光在金刚石中的速度是 $v_金 = \dfrac{1}{2.4}c$。问水和金刚石的折射率各为多少？水和金刚石相比，哪个是光密媒质？

解：由式（7-8）

得：$n_水 = \dfrac{c}{v_水} = \dfrac{c}{\dfrac{3c}{4}} = 1.33$

$n_金 = \dfrac{c}{v_金} = \dfrac{c}{\dfrac{c}{2.4}} = \dfrac{2.4}{1} = 2.4$

$n_金 > n_水$

答：水的折射率为1.33，金刚石的折射率为2.4。水和金刚石相比，金刚石为光密媒质。

〔例题3〕 光线从空气中以入射角 α 射入一块两面平行的玻璃砖，求光线从玻璃砖射出后的传播方向（玻璃砖的折射率为 n，空气的折射率为1）。

解：如图7-6所示

由 $n_1\sin\alpha = n_2\sin\gamma$ 可知光线在上表面折射时，有

$\sin\alpha = n\sin\gamma$ （1）

可知光线在下表面折射时，有

$n\sin\alpha' = \sin\gamma'$ （2）

由于上下表面平行，所以 $\gamma = \alpha'$

$\sin\alpha = \sin\gamma'$

由（1）、（2）式可得：

$\sin\alpha = \sin\gamma'$

所以：$\alpha = \gamma'$

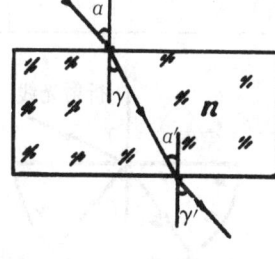

图7-6

可见，光线通过两面平行的玻璃板后，传播方向不变，只是发生了一个侧位移。

通过棱镜的光线 光学仪器中常用的棱镜是横截面为三角形的三棱镜，通常简称为棱镜（图7-7甲）。让一束单色光从空气射向玻璃棱镜的一个侧面，可以看到，光线通过棱镜，从另一个侧面射出来时，方向发生了明显的变化，光线向棱镜的底面偏折，如图7-7乙所示。这是因为光线在棱镜的两个侧面上发生折射时，两次向底面偏折所造成的。**入射线 DE 的延长线和折射线 FG 的延长线所夹的角 δ 叫做偏向角。**偏向角 δ 与棱镜材料的折射率有关，折射率越大，偏折角度越大。

让一束白光射向玻璃棱镜，可以看到，白光通过棱镜后，发生色散，在光屏上形成一条彩色的光带如图7-8所示。红光在最上端，紫光在最下端，中间是橙、黄、绿、蓝等色。这表明各种色光通过棱镜后的偏折角度不同。红光的偏折角度最小，紫光的偏折角度最大。

不同色光通过棱镜后的偏折角度不同，表明棱镜材料对不同色光的折射率不同。表

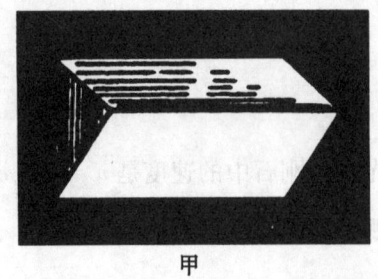
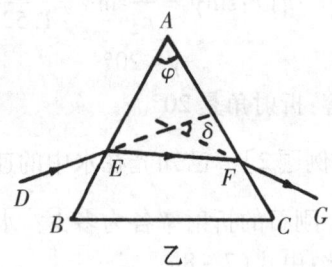

图7-7 光线通过三棱镜的折射

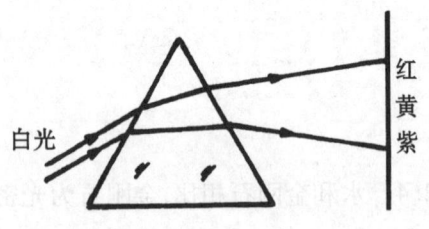

图7-8 棱镜使白光发生色散

7-3 是实验测得的某种玻璃对各种色光的折射率。

我们知道,媒质的折射率等于光在真空中的速度跟在这种媒质中的速度之比,各种色光在真空中的速度是一样的,都等于 c。它们在同一媒质(例如玻璃)中的折射率不同,表明它们在同一媒质中的速度不同。红光的折射率比其他色光小,表明红光在媒质中的速度比其他色光大。

表7-3

色光	紫	蓝	绿	黄	橙	红
折射率	1.532	1.528	1.519	1.517	1.514	1.513

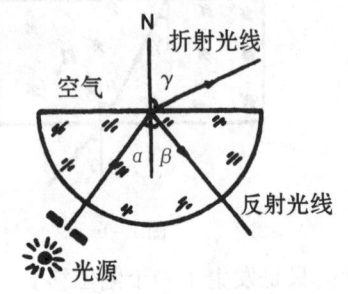

图7-9 光从玻璃砖射到空气的反射与折射

二、全反射

全反射现象 一般情况下反射和折射是同时发生的,而且反射光和折射光的强弱是互相联系的。当光线从光密媒质射向光疏媒质时,由折射定律可知,折射角大于入射角,逐渐增大入射角,可以看到折射角逐渐增大,折射光线逐渐变弱,反射光线逐渐增强。当入射角增大到某一数值时,折射角等于90°,这个入射角称为**临界角**。即当折射角为90°时,对应的入射角为临界角。当入射角继续增大,即入射角大于临界角时,折射光线消失,入射光线就全部反射了,这种现象叫做**全反射**。即入射光线在界面上出现全部反射的现象,叫做光的全反射。

上述现象可用图7-9所示的半圆形玻璃砖来观察,当入射光线增大到某一角度时,就会发生光线全部反射回玻璃的现象,即全反射现象。

如果让光线从光疏媒质射入光密媒质,例如由空气射入玻璃中,逐步增大入射角,却总有折射光线,不会发生全反射现象。可见,发生全反射的条件是:**光线必须从光密媒质射入光疏媒质;入射角必须大于临界角。**

对于不同的媒质,临界角是不同的,我们可根据折射定律,求得临界角,临界角用 A 表示。

如果光以临界角 A 从水射到空气的界面上,如图 7-10 所示,水的折射率为 n,空气折射率为 1 时,由光的折射定律得到:

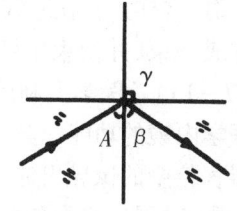

图 7-10　光的全反射和临界角

$$\frac{\sin A}{\sin 90°} = \frac{n_空}{n_水}$$

因为:$\dfrac{n_空}{n_水} = \dfrac{1}{n}$

所以得:

$$\sin A = \frac{1}{n} \tag{7-11}$$

如果光线从任意光密媒质射入光疏媒质时,其临界角的计算可写为:

$$\frac{\sin A}{\sin 90°} = \frac{n_疏}{n_密}$$

$$\sin A = \frac{n_疏}{n_密} \tag{7-12}$$

由上式可以计算出临界角 A。

全反射现象在自然界中是常见的。例如,在水里或玻璃里的气泡,由于光在水或玻璃跟空气的界面上发生全反射现象,因此,气泡显得较为明亮。

表 7-4 列出几种物质跟空气接触时的临界角。

表 7-4

物　质	临界角/(°)	物　质	临界角/(°)
水	48.70	金刚石	24.5
各种玻璃	30~42	甘　油	42.9

水和玻璃的临界角应熟记。

〔例题〕 求水的临界角。

解:查表 7-2 得水的折射率 $n_水 = 1.33$,空气的折射率 $n_空 \approx 1$,所以

$$\sin A = \frac{1}{n_水} = \frac{1}{1.33} = 0.752$$

查表得 $\alpha = 48.7°$

答:水的临界角等于 48.7°。

光导纤维内镜 光的全反射现象有许多用途,它的一个重要应用就是用光导纤维(简称光纤)来传光、导像。光纤为光学窥视、光通讯、信息高速公路、多媒体技术等的实现奠定了基础,从而在科学研究、光学仪器、通讯、国防科技、医学等方面有着重要的应用,是近代光学技术领域中的一个重要分支。

现代科学技术中用的光导纤维,简称光纤,是一种比头发还细的玻璃丝。这种玻璃丝分内外两层(芯线和包层),芯线的折射率比包层的折射率大,光从芯线射向包层时能发

生全反射,这样光就在芯线内从光纤的一端传输到另一端,如图 7-11 所示。如果把许多光纤并成一束,并使束中各条光纤的相对位置保持不变,就可以用来传递图像(如图 7-12、图 7-13)。医学上利用这个原理,用光纤制成观察人体内脏的内镜。

医学内镜的功能 其一是导光,即把外部光源发出的光束导入器官内;其二是导像,即把器官腔壁的像导出体外,通过清晰的图像观察细小的病变。利用外部的强冷光源,还能进行彩色摄影,或彩色电视摄像,对病位作动态记录。如果配有大功率激光传输的光学纤维,还可进行腔内激光治疗。采用光纤系统后,使医用内镜在技术上获得了一次重大的突破,成为医疗器械中一种重要工具。

目前,已利用光纤制成各种用途的纤镜,如支气管镜、食道镜、胃镜、膀胱镜、腹腔镜和子宫镜等。随着光纤的进一步发展,用于结肠、十二指肠以及血管、肾脏和胆道等的纤镜相继问世。可以断言,其发展前景是不可限量的,它将为医学事业的发展开辟新的途径。

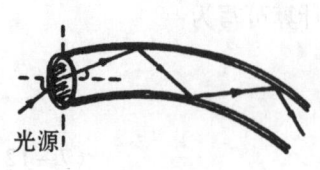

图 7-11 光学纤维导光原理

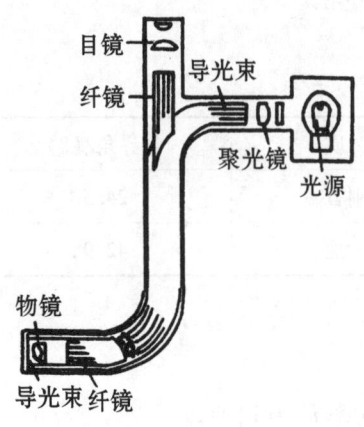

图 7-13 纤维导光导像

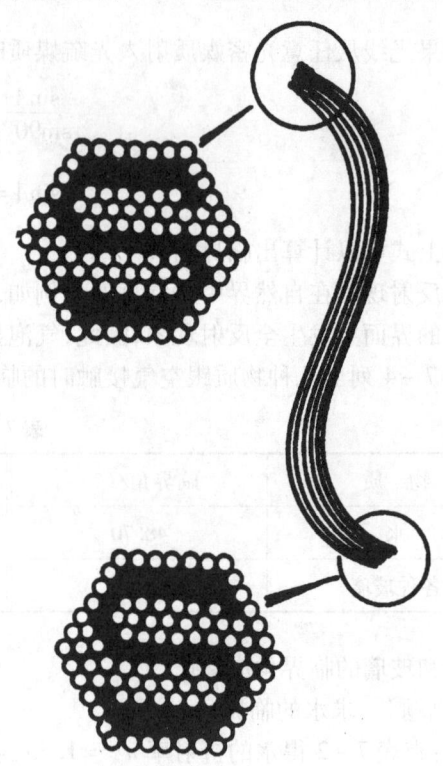

图 7-12 光学纤维导像示意图

三、透镜成像

透镜是光学仪器中用得最广泛的光学元件。折射面是两个球面,或一个球面一个平面的透明体,叫做**透镜**。一般用玻璃制成。

图 7-14 表示各种透镜的截面。其中甲、乙、丙三种透镜,都是中央比边缘厚,叫做**凸透镜**。凸透镜对光线起会聚作用,又叫做会聚透镜。丁、戊、己三种透镜,都是边缘比中央厚,叫做**凹透镜**。凹透镜对光线起发散作用,又叫做发散透镜。

凸透镜的会聚作用和凹透镜的发散作用,可以用图 7-15 说明。我们可以把凸、凹透

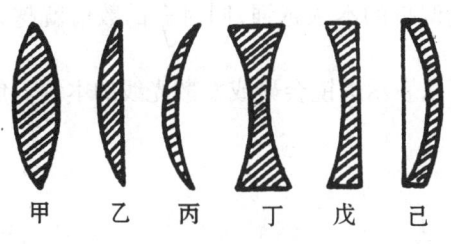

图 7 - 14　各种透镜

镜看作是由许多小棱镜组合而成的总体。凸透镜是棱镜厚的部分在中央，凹透镜是棱镜厚的部分在边缘。如前所述，因为棱镜是使光线向厚边偏折，所以中央厚的透镜会使光线偏向中央，也就是使光线会聚；而边缘厚的透镜则使光线偏向边缘，也就是使光线发散。透镜中央部分的作用和两面平行的薄透明板的作用相似，即无论凸透镜或凹透镜的中央部分，都不使光线改变传播方向。

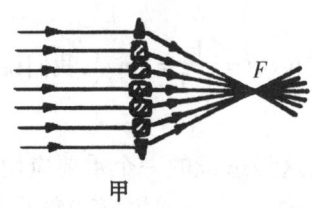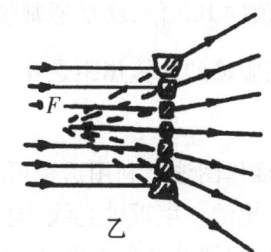

图 7 - 15

透镜的主轴、光心和焦点　透镜的两个球面都有自己的球心，通过透镜两球心的直线叫做透镜的**主光轴**，简称主轴。通常把厚度比球面的半径小得多的透镜，叫做薄透镜。对于薄透镜来说，主轴跟透镜两面的交点可以看做是重合在一点，这一点叫做透镜的**光心**，用 O 表示，通过光心的光线传播方向都不改变，这些光线称为**光轴**。

平行于主轴的光线，通过凸透镜后会聚于主光轴的一点 F'（图 7 - 16 甲），这个点叫做凸透镜的**焦点**。平行于主光轴的光线通过凹透镜后变得发散（图 7 - 16 乙），这些发散光线看起来好像是从它们的反向延长线和主轴的交点 F 发出来的，这个点叫做凹透镜的焦点。凸透镜的焦点是实焦点，凹透镜的焦点是虚焦点。

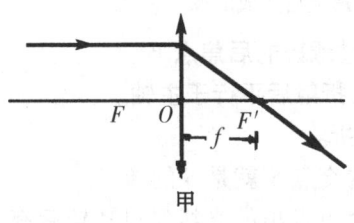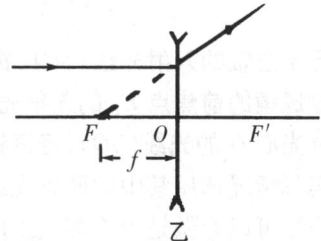

图 7 - 16

从透镜的焦点到光心的距离，叫做透镜的焦距，用 f 表示，我们常把凸透镜的焦距 f 规定为正值；凹透镜的焦距 f 规定为负值。

由上可知,透镜的焦距越短,透镜使光线偏折的本领越强,同时 $\frac{1}{f}$ 的数值就越大。因此,可用 $\frac{1}{f}$ 表示透镜使光线偏折的本领,即可以表示透镜会聚或发散光线的本领。焦距的倒数 $\frac{1}{f}$ 叫做透镜**焦度**,通常用 Φ 来表示,即

$$\Phi = \frac{1}{f} \tag{7-13}$$

焦度的单位是米$^{-1}$(符号是 m^{-1}),读作每米。通常说的屈光度(符号是 D,$1D = 1m^{-1}$)是非法定单位,但通常仍在使用。透镜的焦距为 1m 时,它的焦度就是 $1m^{-1}$。凸透镜的焦距 f 是正值,它的焦度 Φ 也是正值;凹透镜的焦距 f 是负值,它的焦度 Φ 也是负值。

焦度数值的 100 倍,就是通常说的眼镜的度数。

例如,当眼镜的透镜焦距是 0.5m 时,透镜的焦度 $\Phi = \frac{1}{0.5} = 2m^{-1}$,我们说眼镜的度数是 200 度。

透镜成像作图法 利用透镜可以使物体成像,这是透镜的一个重要应用。从实验可知,发光点发出的一束近轴光线,通过凸透镜折射后能会聚于一点,该点就是发光点的像。利用光的折射定律和几何作图法,可以求得发光点的像。

因为所有近轴光线被透镜折射后,都会聚在一点,而确定一个点的位置只需两条光线相交即可,所以要求出发光点的像,可以在近轴光线中找到任意两条光线经折射后的交点就行了,图 7-17 所示的三条光线具有典型意义。这三条光线是:

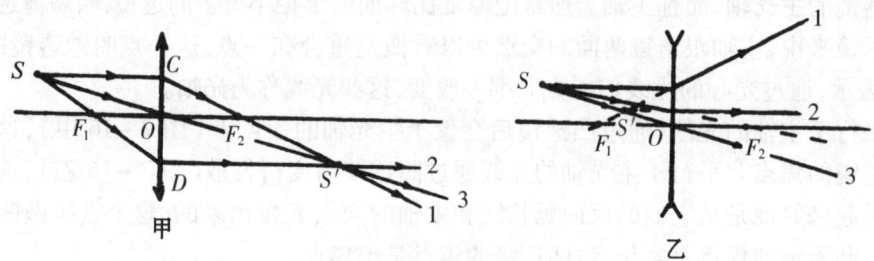

图 7-17　发光点通过透镜后所成的像

1. 平行于主轴的入射光线(SC),折射后通过透镜的后焦点 F_2。

2. 通过透镜的前焦点 F_1 的入射光线(SD),折射后平行于主轴。

3. 通过光心 O 的光线(SO),经透镜后不偏折。

按照实际情况选用其中的两条光线,求出的交点 S' 就是 S 的像。

一个物体可以看做是由许多点组成的,每个点发出的光线经过透镜后都形成一个像点,所有像点合在一起就是整个物体的像。实际作图时,只要求作出物体上下两个端点的像,就可以求出物体的像了,因为物体其他各点的像都在这两个像点之间。

图 7-18 是物体 AB 位于凸透镜两倍焦距以外时,用作图法求出的像。图 7-19 是物体 AB 位于凸透镜焦点以内时所成的虚像。

图 7-20 是物体 AB 位于凹透镜的焦点以外所成的虚像。

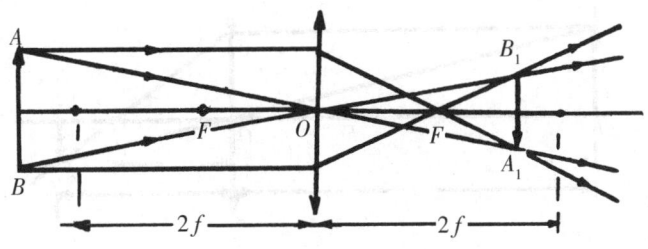

图 7 - 18　凸透镜成像作图法

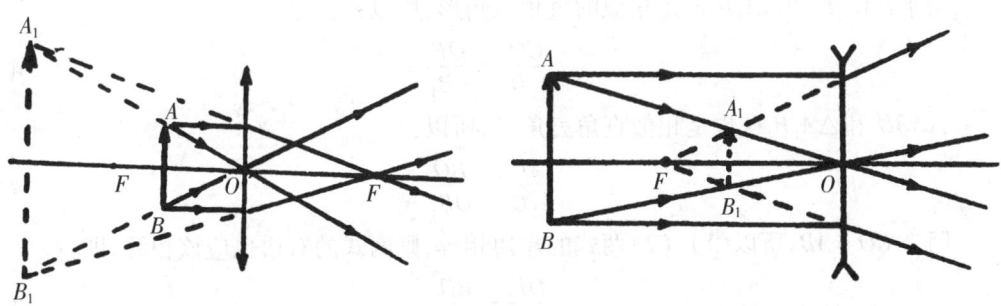

图 7 - 19　物体在凸透镜焦点内的像的作图法　　图 7 - 20　凹透镜成像作图法

　　由上可知,物体位于凸透镜的焦点以外时,生成倒立的实像,实像总跟物体分居在透镜的两侧;物体位于凸透镜的焦点以内时,生成正立的虚像,虚像总跟物体在透镜的同侧。

　　凹透镜成像,无论物体的位置在焦点以内,还是在焦点以外,成的像都是缩小、正立的虚像,并与物体在透镜的同侧。

　　从透镜成像作图法,可以看出透镜成像的规律,如果所画的光线通过透镜后相交,得到的就是实像;如果所画的光线通过透镜后是反向延长线相交,得到的就是虚像。利用作图法可以确定像的虚实、正倒、大小和位置。我们用实验也可以验证这些规律。表 7 - 5 列出了透镜成像的几种情况。表中 p 表示从物体到光心的距离叫做物距,p' 表示从像到光心的距离叫做像距。

表 7 - 5

	物的位置	像的位置		像的性质	像的大小	应　用
凸 透 镜	$p = \infty$ $\infty > p > 2f$ $p = 2f$ $2f > p > f$ $p = f$ $f > p$	$p' = f$ $f < p' < 2f$ $p' = 2f$ $2f < p' < \infty$ $p' = \infty$ $p' < 0$	物像 异像 物像 同侧	实像点 倒立实像 同　上 同　上 无　像 正立虚像	缩小 同上 不变 放大 同上 同上	测定焦距 眼睛、照相机 倒立图像 幻灯机、显微镜 探照灯 放大镜
凹 透 镜	在透镜前 任意处	$p' < 0$	物像 同侧	正立虚像	缩小	近视眼镜

　　透镜成像公式　透镜成像用作图法形象直观,但是,作图法不够精确,当要求精确定量时,使用透镜成像公式法较为方便。

　　透镜成像公式,可用几何方法导出,如图 7 - 21 所示。图中 AB 是物体,A_1、B_1 是它的

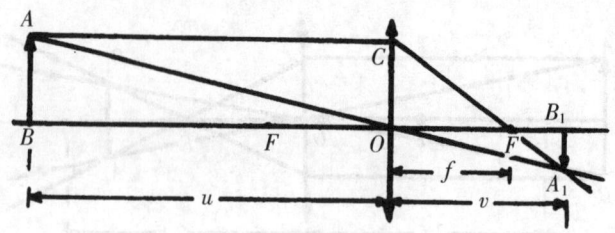

图 7 – 21　透镜成像公式

像,p 是物距,p'是像距。

由于 $\triangle COF$ 和 $\triangle A_1B_1F$ 是相似的直角三角形,所以:

$$\frac{CO}{A_1B_1} = \frac{OF}{FB_1}\tag{1}$$

$\triangle ABO$ 和 $\triangle A_1B_1O$ 也是相似直角三角形,所以:

$$\frac{AB}{A_1B_1} = \frac{BO}{OB_1}\tag{2}$$

因为 $CO = AB$,所以(1)、(2)两式的左边相等,则两式的右边也应该相等,即:

$$\frac{OF}{FB_1} = \frac{BO}{OB_1}\tag{3}$$

式中 $OF = f, FB_1 = p' - f, BO = p, OB_1 = p'$,把这些值代入(3),得到:

$$\frac{f}{p'-f} = \frac{p}{p'}$$

化简后得:$fp' + fp = pp'$

用 $pp'f$ 除上式两边,得到透镜成像公式:

$$\frac{1}{p} + \frac{1}{p'} = \frac{1}{f}\tag{7-14}$$

在运用透镜成像的公式(7 – 14)时,需要注意:凸透镜的焦距 f 取正值,凹透镜的焦距取负值;物体到透镜的距离 p 总取正值;实像的像距 p' 取正值,虚像的像距 p' 取负值。像的长度跟物体的长度的比值叫做**像放大率**,常用 K 表示,即:

$$K = \frac{\text{像长}}{\text{物长}} = \frac{A_1B_1}{AB}$$

由图 7 – 21,$\triangle ABO \backsim \triangle A_1B_1O$ 得到:

$$\frac{A_1B_1}{AB} = \frac{p'}{p}$$

这样,像放大率公式又可以写为:

$$K = \frac{p'}{p}\tag{7-15}$$

由于像的放大率是像和物的长度之比,因此,K 中的 p 和 p' 只取正值。

知道了像和物到透镜的距离,就可以根据上式求出像的放大率。

〔例题 1〕　有一个凸透镜,焦距是 4cm,如果要得到放大 2 倍的实像,问物体应放在离透镜多远的地方?如果要得到放大 2 倍的虚像,物体又应放在什么地方?

解:根据题意,已知 $f = 4\text{cm}, K = 2$

成实像时 p' 为正,虚像时 p' 为负

又知 $K = \dfrac{p'}{p} = 2$ 所以

成实像时 $p' = 2p$,成虚像时 $p' = -2p$

问题是求 p,由透镜公式(7 − 14):

$$\frac{1}{p} + \frac{1}{p'} = \frac{1}{f}$$

成实像时得

$$\frac{1}{4} = \frac{1}{p} + \frac{1}{2p}$$

所以　　　$p = 6\mathrm{cm}$

成虚像时得到:

$$\frac{1}{4} = \frac{1}{p} + \frac{1}{-2p}$$

所以　　$p = 2\mathrm{cm}$

答:得到 2 倍大的实像时,物体应在离透镜 6cm 处;得到 2 倍大的虚像时,物体应放在离透镜 2cm 处。

〔例题 2〕 凹透镜的焦距是 1m,现将一物体放在离该透镜 2m 处,试计算像距和像的放大率。

解:已知 $f = -1\mathrm{m}$　　$p = 2\mathrm{m}$,求 p' 和 K。

由透镜公式:

$$\frac{1}{p} + \frac{1}{p'} = \frac{1}{f}$$

$$得:\frac{1}{p'} = \frac{1}{f} - \frac{1}{p} = \frac{1}{-1} - \frac{1}{2} = -\frac{3}{2}\mathrm{m}^{-1}$$

所以: $p' = -\dfrac{2}{3}\mathrm{m} = -0.67\mathrm{m}$

像的放大率: $K = \dfrac{p'}{p} = \dfrac{\frac{2}{3}}{2} = \dfrac{1}{3} \approx 0.33$

答:像距是 0.67m,像的放大率约为 0.33。

〔例题 3〕 2cm 的烛焰,放在像屏前 80cm 的地方,在两者间插入一个焦距为 15cm 的凸透镜。当移动透镜时,可在像屏上分别显出两个不同的像来。求两次透镜的位置和像长。

解:已知　 $AB = 2\mathrm{cm}$　$f = 15\mathrm{cm}$　$p + p' = 80\mathrm{cm}$,求: p_1、p_2 和像长 A_1B_1

由透镜公式得到:

$$\frac{1}{f} = \frac{1}{p} + \frac{1}{p'}$$

且　 $p' = 80 - p$

得　 $\dfrac{1}{15} = \dfrac{1}{p} + \dfrac{1}{80 - p}$

去分母　　$(80-p)p=15(80-p)+15p$

整理得　　$p^2-80p+1\,200=0$

解此方程得　$p_1=60p'$　$p'_1=20\text{cm}$　$p_2=20\text{cm}$　$p'_2=60\text{cm}$

由　$\dfrac{A_1B_1}{AB}=\dfrac{p'}{p}$

当　$p_1=60\text{cm}$　$p'_1=20\text{cm}$ 时

$$\frac{A_1B_1}{2}=\frac{20}{60}$$

$A_1B_1=2/3(\text{cm})$　　　缩小的像

当　$p_1=20\text{cm}$　　　$p'_1=60\text{cm}$ 时

$$\frac{A_1B_1}{2}=\frac{60}{20}$$

$A_1B_1=6(\text{cm})$　　　放大的像

答:透镜放在距烛焰 60cm 或 20cm 时分别得到 2/3cm 缩小的像和 6cm 放大的像。

四、眼睛

眼睛的光学结构　　眼睛是一个复杂的光学系统,它近似球状。眼睛的主要构造如图 7-22 所示,最外层的无色透明的膜叫做**角膜**。光线就是从这里进入眼内的。角膜后面是虹膜,虹膜中央有一圆孔叫瞳孔。虹膜的收缩可以改变瞳孔的大小以控制进入眼睛的光通量。虹膜

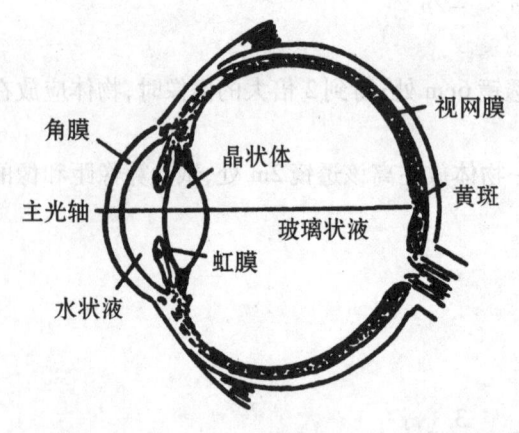

图 7-22　眼球剖面

后面是一个像双凸透镜的透明体,叫做**晶状体**。它的表面弯曲程度靠睫状肌的收缩来调节,从而改变晶状体的焦距。角膜和晶状体之间充满了一种无色液体,叫做**水状液**。正对角膜的眼球内层叫做**视网膜**,上面布满了视觉神经,是光线成像的地方。视网膜上正对瞳孔的一小块对光很敏感的地方叫做**黄斑**,其上有一凹陷部分叫做中央凹,对光最敏感,眼睛在亮光下观察物体,像成在中央凹处最清晰。

晶状体和视网膜之间充满着另一种无色液体叫做**玻璃体**。角膜、水状液、晶状体和玻璃体都对光线产生折射,它们的共同作用相当于一个凸透镜,这个凸透镜的焦度是可以调节的,一般是在 58～70 屈光度之间变化。

眼睛的光学系统实际上可简化为一个可调节焦度的凸透镜和代表视网膜的一个屏幕,生理学上常把眼睛简化为一个单球面折射系统,叫做简约眼。

眼睛的调节作用　　眼睛要看清物体,必须使物体成像在视网膜上:当人看远近不同的物体时,可以靠睫状肌的收缩来改变晶状体的弯曲程度进行调节。当看近物时,眼通过睫状肌收缩使晶状体的弯曲程度变大,即晶状体变凸,眼睛的焦距变小,使近物成像在视网膜上;当观看远物时晶状体则变得平坦些,眼睛的焦距变大,使远物也成像在视网膜上;因

此,无论远近的物体都能在视网膜上成清晰的像。眼睛的这种能改变晶状体焦距的本领,叫做**眼的调节**。

眼睛的调节能力是有限度的。眼睛不作任何调节时,晶状体的弯曲程度最小,这时眼睛能够看清的最远距离称为眼的**远点**。平行光线或无穷远物体发出的光射入正常的眼睛内,它们的像恰好能成在视网膜上,所以正常眼的远点在无穷的远处。经过调节能看清楚的最近距离,称为眼的**近点**。青年人正常眼睛的近点约为 10cm。老年人因眼睛的调节本领降低,近点约在 30cm 以上。一般 70 多岁的人,眼调节的本领差不多等于零,所以老年人的眼睛往往远视。眼睛看近距离的物体时,因为需要高度的调节,看久了就会感到吃力。正常眼睛习惯看距眼睛 25cm 左右的物体,而且时间长也不易感到疲劳。我们把这个距离叫做**明视距离**。所以,当人们在阅读或工作时,书刊或工作物跟眼睛的距离,应该经常保持在明视距离处。

眼睛的缺陷及其矫正　眼睛在睫状肌完全放松时,能使很远的物体成像在视网膜上,即平行光线射入眼内经折射后恰好会聚于视网膜上,这种眼睛叫做正常眼或屈光正常。否则,称为异常眼或屈光不正。常见的异常眼是近视眼、远视眼和散光眼。

1. 近视眼　近视眼的晶状体的折光本领比正常眼大些,或者说角膜到视网膜的距离比正常眼长些。近视眼不经调节时,平行射入眼睛的光线会聚于视网膜前,如图 7 - 23 甲所示。所以近视眼看物体总是要把物体放近些才能看得清。为了矫正近视眼,使它能像正常眼那样把无限远的平行光线会聚有视网膜上,应该给患者佩戴一副凹透镜做的眼镜,使入射来的平行光线先经过凹透镜发散,然后由眼睛会聚在视网膜上(如图 7 - 23 乙所示)。

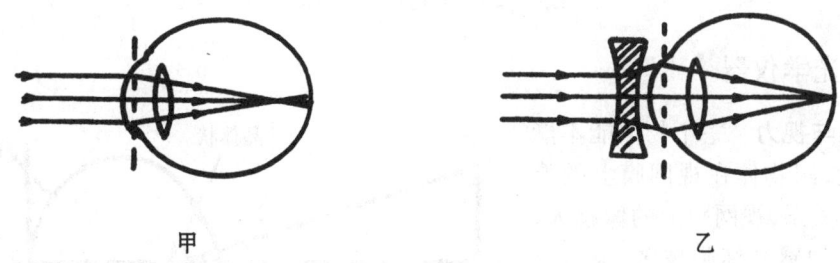

甲　　　　　　　　　　　　乙

图 7 - 23　近视眼及其矫正

高度近视与遗传有关。多数近视眼,是由不注意用眼卫生所致,如较长时间连续近距离用眼,光照亮度过强或过弱、姿势不正等。

2. 远视眼　远视眼的晶状体的折光本领比正常眼小些或者说角膜到视网膜的距离比正常眼短些。平行射入眼睛的光线将会聚于视网膜后。如图 7 - 24 甲所示,远视眼要将近物移远一些才能看得清楚。

矫正远视眼的方法是给患者佩戴一副凸透镜做的眼镜,让射入眼睛的平行光线先通过凸透镜会聚,然后由眼睛会聚在视网膜上(如图 7 - 24 乙所示)。

3. 散光眼　正常眼的角膜和晶状体各面都应是有规则的球面,各个方位的曲率半径都相同。有的眼有这样的缺陷:不同方位的曲率半径不相同,使进入眼睛不同方位的光线,不能同时聚焦在视网膜上,造成物像模糊不清(图 7 - 25 甲)。

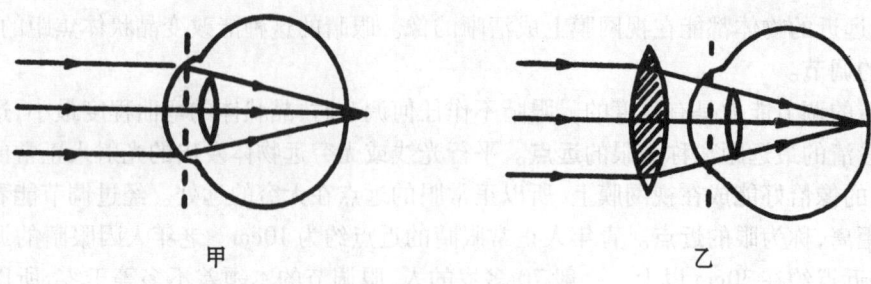

图7-24 远视眼及其矫正

矫正的方法是佩戴柱形透镜的眼镜,以增大折射面曲率较小方位的焦度,或减小折射面曲率较大方位的焦度。

配散光镜时找"光轴"就是要确定眼的曲率在哪一个方位过大或过小。一般患散光的眼睛,常伴随有近视或远视,所以有近视散光和远视散光的区别,其矫正则需佩戴球面兼有柱形的眼镜(如图7-25乙所示)。

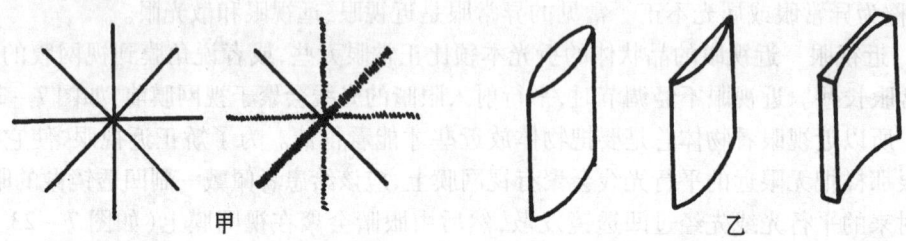

图7-25 散光眼及其矫正

五、光学仪器

视角与视力 一个物体能不能被看清楚,跟物体在视网膜上的像的大小有关系,视网膜上的像越大,受到刺激的感光细胞越多,眼对物体的细微部分分辨得就越清楚。视网膜上像的大小决定于物体对眼的光心所张的角度,即从物体两端向眼的光心 O 所引的两条直线所夹的

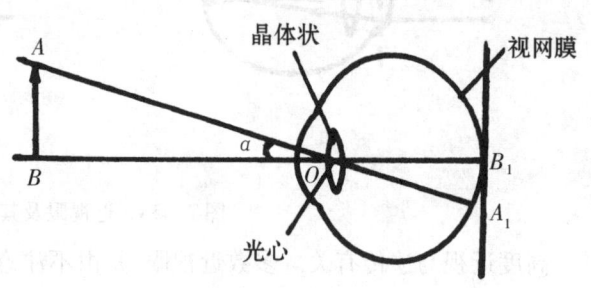

图7-26 视角

角叫做**视角**。在图7-26中 AO 和 BO 两条直线间的夹角 α(或 β)就是视角。

观察物体时,视角越大,物体看起来越清晰,易于辨别物体的细微部分。如果视角小于1,眼睛就分辨不清物体上的两点而误认为是一点了。1.5mm 长的线段,置于眼前5m处的视角是1′。增加视角最简单的方法,是把物体移近,视角越大,眼睛看得越清楚。

眼睛能分辨的最小视角叫做**眼的分辨本领**。能分辨的最小视角越小,眼的视力越好。视力是表征眼的分辨本领的物理量。我们常用人眼能分辨的最小视角的倒数来表示眼睛的分辨能力,叫做**视力**。

即：
$$视力 = \frac{1}{能分辨的最小视角}$$

以往检查视力用的是国际标准视力表，采用小数记录法。

从 1990 年 5 月开始，我国推行国家标准的对数视力表，创制 5 分记录法，用 L 表示，它以 $1'$ 视角作为正常视力，记为 $L=5.0$。以 5m 为标准检查距离，以"E"字作为标准视标（见图 7-27）。对数视力表的 5 分记录法 L 与视角 α 的关系式是

$$L = 5 - \lg\alpha \tag{7-16}$$

式（7-16）中 α 为能分辨的最小视角。两种视力数值对照如下表：

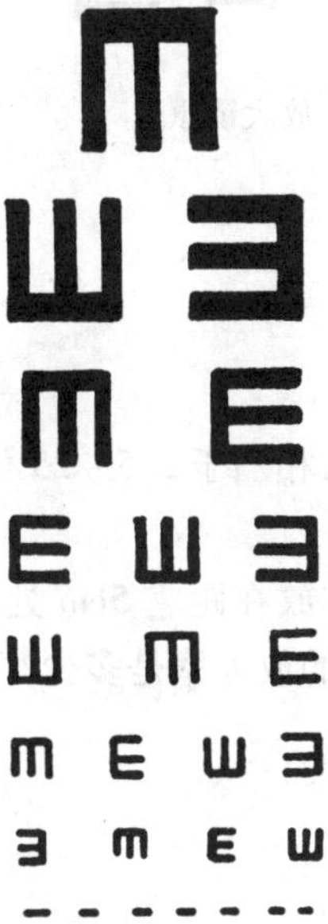

图 7-27 视力表

表 7-6

最小视力/$(')$	标准对数视力	国际标准视力
10	4.0	0.1
5.012	4.3	0.2
3.162	4.5	0.3
2.512	4.6	0.4
1.995	4.7	0.5
1.585	4.8	0.6
1.259	4.9	0.8
1.0	5.0	1.0
0.794	5.1	1.2
0.631	5.2	1.5
0.501	5.3	2.0

光学仪器的放大率 当我们用眼睛去观察细小物体时，必须增大视角才能把物体看清楚。通常的方法是将物体移近，但我们不能使物体过分移近眼睛，因为眼睛的调节是有限的，这时必须借助于光学仪器来观察物体。光线通过仪器后对眼张的视角 β，跟物体直接放在眼的明视距离处对眼张的视角 α 的比值叫做光学仪器的放大率，由于光学仪器放大的是视角，所以又叫做**角放大率**，用 M 表示，写成公式为：

$$M = \frac{\beta}{\alpha} \tag{7-17}$$

显然，β 比 α 越大，角放大率越大。实际上，β、α 值都较小，可用正切值代替弧度值，写成下式为

$$M = \frac{\text{tg}\,\beta}{\text{tg}\,\alpha} \tag{7-18}$$

放大镜 为了增大视角，可以在眼睛前放一块凸透镜。这样使用的凸透镜，叫做**放大镜**。

利用放大镜观察物体时，通常是把物体放在它的焦点以内，靠近焦点处，使通过放大镜的光线成平行光束进入眼内，这样就可以不必加以调节，便在视网膜上得到清晰像。

放大镜是怎样增大视角的呢？当我们直接用眼睛去观察一个物体时，如果把这个物体放在眼睛前明视距离处，物体对眼所张的视角为 α，若把物体放在放大镜的焦点以内，靠近焦点处，使物体对眼所张的视角 β 比 α 大得多，我们就能够看到一个清晰的、被放大了的像（如图 7 - 28 所示），这就是放大镜增大视角的原理。

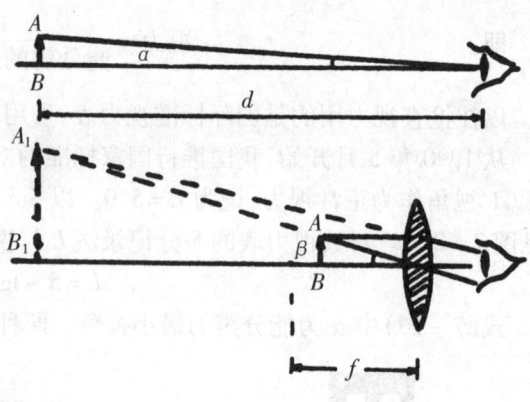

图 7 - 28　放大镜原理

放大镜的角放大率 $M_{放}$ 为

$$M = \frac{\operatorname{tg}\beta}{\operatorname{tg}\alpha} = \frac{\frac{AB}{f}}{\frac{AB}{d}} = \frac{d}{f}$$

$$即\quad M = \frac{25}{f} \qquad\qquad (7-19)$$

式中 d 为明视距离。通常用的放大镜，焦距从 10cm ~ 1cm，相当于 2.5 ~ 25 倍的放大率。

〔例题〕　有一个凸透镜，焦距是 1.25cm，现在把一个物体放在距它 5cm 处，求像的性质和像的放大率？如果把这个凸透镜作为放大镜使用，问它的放大率是多少？

解：1. 已知 $f = 1.25\text{cm}, p = 5\text{cm}$. 求 p' 和 K。

由公式：$\dfrac{1}{f} = \dfrac{1}{p} + \dfrac{1}{p'}$

得：$\dfrac{1}{p'} = \dfrac{1}{f} - \dfrac{1}{p}$

$$= \frac{1}{1.25} - \frac{1}{5} = \frac{3}{5}$$

所以：$p' = \dfrac{5}{3} = 1.67(\text{cm})$

像的放大率：$K = \dfrac{p'}{p} = \dfrac{5/3}{5}$

$$= \frac{1}{3} = 0.33$$

2. 放大镜的放大率 $M_{放}$

由公式：　$M_{放} = \dfrac{d}{f}$

得：$\dfrac{25}{1.25} = 20$

答：像的性质是倒立、缩小的实像，和物体分居在透镜的异侧，像的放大率是 0.33，放大镜的放大率是 20 倍。

从上例可见，同样一个透镜，作为放大镜用时的放大率和透镜成像时像的放大率是完全不同的,不能混淆。

显微镜 显微镜是用来观察非常细微的近物体或近物体的精细结构的光学仪器。它的放大率比放大镜大得多,是医务工作者常用的一种光学仪器。

显微镜由两组透镜组合而成,靠近物体的一组透镜叫做物镜,靠近观察者眼睛的另一组透镜叫做目镜。如图 7 - 29 所示,物体(如标本)第一次经过物镜成的像是放大的实像,这一实像落在目镜的焦距以内,于是又进一步被目镜放大成虚像,从目镜中看到的物体的虚像,是经过两次放大的像,所以视角增大的倍数比放大镜大得多。

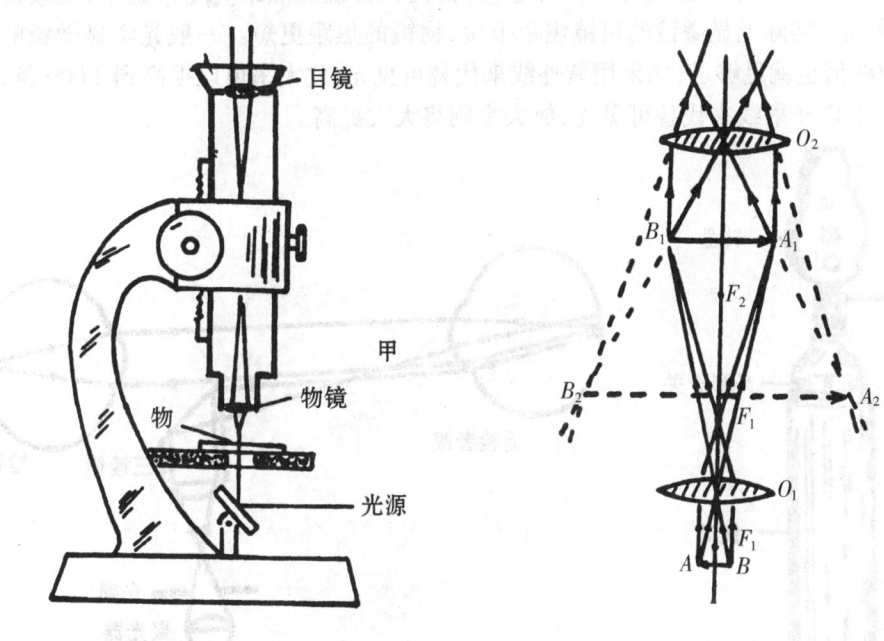

图 7 - 29 显微镜

最简单的显微镜,是由一个物镜 O_1 和一个目镜 O_2 组成的,见图 7 - 29,并且两者主轴重合。把物体 AB 放在物镜前的焦点 F_1 之外,靠近焦点 F_1 处,就可以在目镜焦点 F_2 内得到一个放大的倒立实像 A_1B_1。对于像 A_1B_1 来说,目镜是一个放大镜。从目镜 O_2 可以看到在明视距离处有一个放大的虚像 A_2B_2,A_2B_2 就是通过显微镜放大后的像。

设物镜 O_1 与目镜 O_2 间的距离(即显微镜的筒长)为 L,物镜和目镜的焦距分别为 $f_目$ 和 $f_物(f_物 > f_目)$,明视距离为 d。由于物体与物镜的距离近似地等于 f_1,A_1B_1 与物镜的距离近似地等于 L(实际上 A_1B_1 跟 O_2 很近),所以,显微镜的放大率 $M_显$ 为:

$$M_显 = \frac{\text{tg }\beta}{\text{tg }\alpha} = \frac{\dfrac{A_1B_1}{f_目}}{\dfrac{AB}{d}}$$

$$= \frac{A_1B_1}{AB} \times \frac{25}{f_目}$$

$$= K_物 M_目 \tag{7-20}$$

由式(7-20)可知,**显微镜的放大率,等于物镜的像放大率和目镜的角放大率的乘积**

因为:

$$\frac{A_1B_1}{AB} = \frac{L-f_目}{f_物}$$

所以:

$$M_显 = \frac{25(L-f_目)}{f_物 f_目}$$

$$\approx \frac{25L}{f_物 f_目} \tag{7-21}$$

由式(7-21)可知,显微镜的镜筒愈长,物镜和目镜的焦距$f_物$、$f_目$愈小,显微镜的放大率就愈大。实际上显微镜的目镜焦距很短,物镜的焦距更短。一般光学显微镜的放大率有1 000倍也就足够了,如果用紫外线来代替可见光,放大率可以提高到2 000倍,利用波长更短的电子射线来代替可见光,放大率则将大大提高。

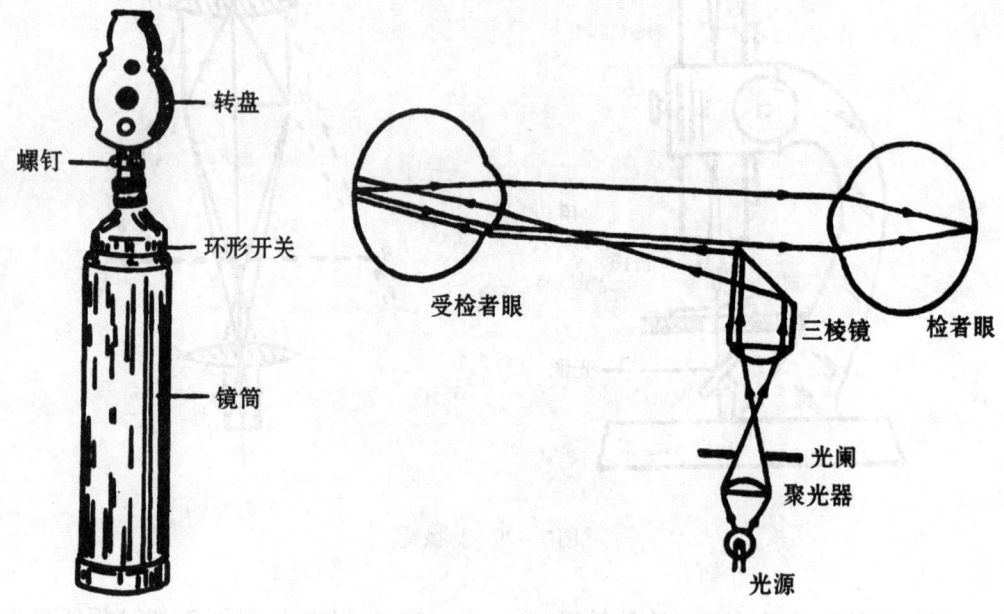

图7-30　检眼镜外形　　　　　　　　　　　图7-31

〔例题〕　已知显微镜的筒长约为16cm,目镜焦距是2cm,显微镜的放大率是400倍,问显微镜物镜的焦距是多少?

解:已知$L=16cm$,$f_2=2cm$,$M_显=400$,$d=25cm$,求物镜的焦距f_1。

由公式(7-21)　$M_显 = \frac{dL}{f_1 f_2}$

得:　$f_1 = \frac{dL}{M f_2}$

将各已知量代入得到:　$f_1 = \frac{25 \times 16}{400 \times 2} = 0.5 (cm)$

答:物镜的焦距是0.5cm。

检眼镜　检眼镜是临床上用来检查眼底部位病变的一种光学仪器,外形如图7-30所示,原理如图7-31所示。它主要由电光源和镜头所组成。

镜头的转盘上,装有焦度不同的凸、凹小透镜,从镜头下方的小孔,可以读出焦度的数值。转动转盘可以选用不同焦度的透镜,用以矫正受检者眼的屈光不正。

第三节 物理光学

我们熟悉的光,其本性究竟是什么?人们经过长期的研究和探索,才认识到光具有波动性和微粒性,即波粒二象性。下面我们先讨论光的波动性,然后再学习光的微粒性。

一、光的干涉和衍射

光在很多现象中表示出具有波动的性质,即光的波动性。证实光具有波动性最明显的两种现象是光的干涉和光的衍射。

光的干涉 在振动和波中已经学过,两个振动情况完全相同的两个波源,它们发出的波在媒质里相遇时就会发生振动加强和振动减弱相间的**波的干涉现象**。那么对于光来说,是否有干涉现象呢?1802 年,英国物理学家托马斯·杨,成功地观察到了光的干涉现象。

杨氏实验是在一个不透明的屏上开一狭缝 S,再在第二个不透明的屏上开两个相距很近的狭缝 S_1 和 S_2,并且 S 和 S_1、S_2 互为平行。当平行光(如太阳光)通过狭缝 S 后,便被 S_1 和 S_2 分成两束,这两个狭缝成了两个振动情况完全相同的波源,它们发生的波在屏上叠加,就会出现明暗相间的干涉条纹,即产生了干涉现象,如图 7 – 32 所示。

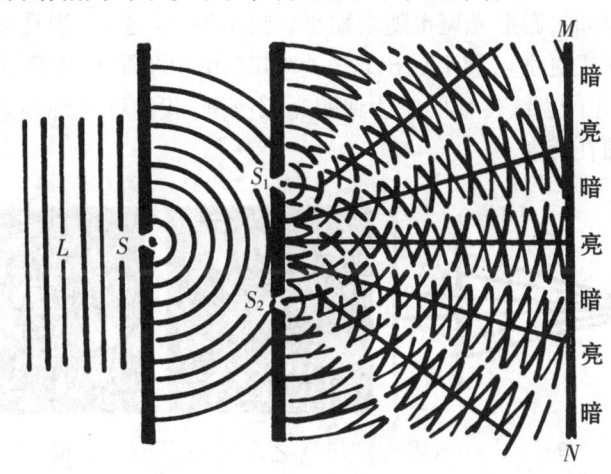

图 7 – 32 杨氏双缝干涉示意图

光的干涉现象在日常生活中也可以看到。例如,在酒精灯火焰里,洒一些氯化钠(NaCl)微粒,使酒精灯火焰发黄光,当酒精灯火焰的光照射到附着在金属丝圈上的肥皂液薄膜上时,可以在薄膜上看到火焰的反射像,而且像上还呈现明暗相同的条纹(如图7 – 33 甲所示)。这种光的干涉现象称为**薄膜干涉**。

竖立的肥皂液薄膜,由于重力作用成了上薄下厚的楔形,酒精灯火焰的光照射到薄膜上时,这列波从膜的前表面和后表面分别反射回来,形成两列波,这两列波的频率相同,所以能产生干涉。在薄膜的某些地方,两列波反射回来时恰是波峰和波峰叠加、波谷和波谷叠加,使光波的振动加强,形成黄色的亮条纹;在另外一些地方,两列波的波峰和波谷叠加,使光波的振动互相抵消,形成暗条纹,如图7-33乙所示。

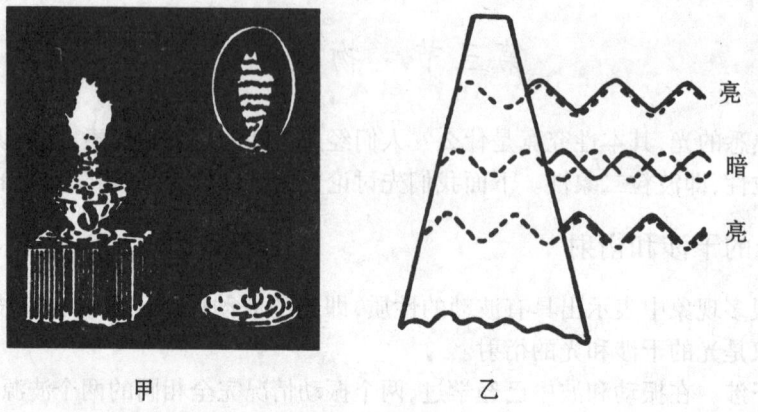

图7-33 肥皂薄膜上光的干涉图示

光的衍射 任何形式的波(如水波、电磁波等),在它们的传播方向上遇到一个与该波波长可以相比拟的障碍物或小孔时,它将绕过障碍物或小孔而传播,这种现象叫做**波的衍射**。

我们取一个不透光的屏,在屏的中间开一个较大的圆孔,用点光源照射,在像屏上会出现一个明亮的光斑(如图7-34甲),其大小跟按照光的直线传播得到的大小是相同的。把孔径逐渐缩小时,圆形光斑也随之缩小(如图7-34乙)。当孔径小到某一程度时(直径约为0.01mm或更小),屏上就出现一些明暗相间的圆环,而且这些圆环所在的范围远远超过了根据光的直线传播所应达到的光照范围,我们称这种现象为光的衍射。上述三种衍射,称为**圆孔衍射**。

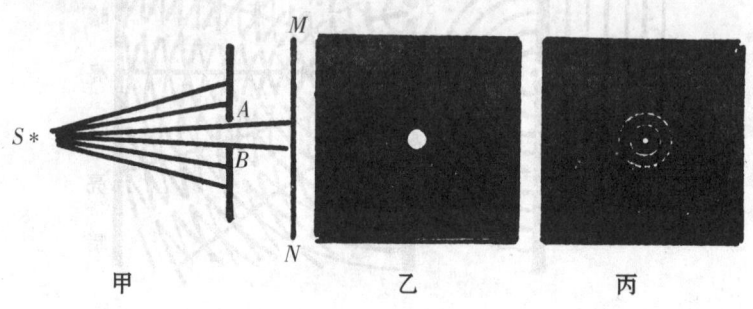

图7-34 光的衍射

实验还可以这样做,在遮光板上开一条狭缝,当缝的宽度比较大时,在光屏上得到一亮条纹,缩小缝的宽度达到一定程度时,光屏上可得到明暗相间的条纹,其范围也远远超过了按光的直线传播所能照射到的区域。这种衍射称为**单缝衍射**。

简单地说,光的衍射现象指的是**光束绕过障碍物而能射到光沿直线传播所形成的阴影区域内的现象**。

光的衍射现象,再一次证实了光具有**波动性**。

光的衍射现象有重要的用途。通常在玻璃片上用金刚石刻许多等宽而不等距的平行刻痕,被刻过的地方成为不透明,未刻过的地方成了透光的狭缝,这种多缝光学器件叫做衍射光栅。精细的光栅在1cm内可以刻出几千到1万条以上的狭缝。现代光栅的制作是用单色激光代替刀刻画而得到衍射光栅,又称全息光栅,用这种方法每厘米可刻出6万条以上的狭缝。不同波长的光通过光栅后,所产生的衍射条纹的位置不同,所以,可以用它来研究光源的光谱、测定光波的波长等。衍射光栅已广泛用于观测离子、原子和分子的各种光谱,由于能研究它们的结构和内部运动规律,因而它在医学研究中发挥了重要作用。

学习了光的波动性后,便能理解光学系统的分辨本领了。

由显微镜的放大率公式可知,显微镜所用的透镜焦距越短,放大率就越大,似乎只要把透镜的焦距缩短,就可以使任何微小的物体都放大到可以看得清楚的程度,但实际上这是不可能的。因为使用显微镜的目的是为了观察标本细节,如果只提高放大率而不能使观察到的细节更加清楚,那就没有达到目的。在显微镜中,从目镜中看到的细节是由物镜所成的像来的,我们可以把标本看成是由许多点光源组成的,每个点光源都在物镜的像平面上产生自己的亮斑,物镜成的像就是由这些亮斑组成的。如果两点之间的距离很短,亮斑重叠成为一个大亮斑,我们便分辨不出它是两点的像了。用仪器观察物体时,两个可以分辨的点之间的最短距离,叫做此仪器的**分辨本领**。阿贝指出,物镜所能分辨的两点之间的最短距离为

$$Z = \frac{\lambda}{2n\sin\alpha} \qquad\qquad (7-22)$$

式(7-22)中 λ 是所用光波的波长,n 是标本与物镜间媒质的折射率,α 是标本上某点射到物镜边缘光线锥角的一半,$\sin\alpha$ 叫做物镜的孔径数,符号 NA。光波的波长愈短,孔径数愈大,分辨距离愈短,显微镜的分辨本领就愈高。

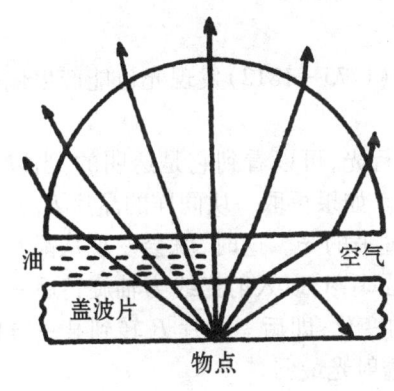

图 7-35　油镜

要提高物镜的分辨本领,一种方法是增大物镜的孔径数 NA,即使用油浸物镜(增加 n 和 α 的值)。油浸物镜是在物镜和物体或盖玻片之间加几滴香柏油($n = 1.52$)或一溴茶($n = 1.66$),如图7-35所示。当物镜与盖玻片之间的媒质是空气时,有的光线可进入物镜,而有的光线由于全反射的缘故不能进入物镜。油浸物镜则不同,由于油的折射率与盖玻片、物镜的折射率相同或稍大些,光线不会发生反射,光线均可进入物镜。这样,光锥角、折射率都增大了,提高了物镜的孔径数;进入物镜的光通量也增加了,产生的像也亮些。

另外一种提高显微镜分辨本领的方法是利用波长短的光线。如果用紫外线($\lambda = 0.275\mu m$)代替可见光($\lambda = 0.55\mu m$),分辨距离可缩小一半左右,角放大率可提高1倍左右。

电子显微镜是用电子射线来代替可见光。由于电子射线的波长比可见光波长短得多,放大率可大大增加,能达100万倍左右,因而使人们能深入到更细微的物体,了解和认识它们。医学上用电子显微镜可观察到细胞的超微结构、病毒、遗传密码核酸分子,这将

使人类在认识人体结构与功能、病因以及疾病的诊断上发生重大的变革和突破。电子显微镜是人类探索微观世界奥秘的重要工具。

二、光的偏振

光的偏振 光的干涉、衍射现象清楚地表明了光具有波动性。那么,光究竟是横波还是纵波呢? 光的偏振现象说明:**光是横波**。

我们先用机械波来说明横波和纵波的主要区别,如图 7-36 甲所示,沿着绳传播的横波,如果在它的传播方向上放上带有狭缝的木板,只要狭缝的方向跟绳的振动方向相同,绳上的横波就可以毫无障碍地传过去;如果把狭缝的方向旋转 90°绳上的横波就不能通过了,这种现象叫做横波的偏振。如果把绳子换成一根弹簧丝,使它产生一列纵波,由于纵波的振动方向和波的传播方向是一致的,因此,无论这两个木板的细缝如何取向,纵波波形都能顺利通过细缝。可见,由于纵波是沿着波的传播方向振动的,所以不会发生偏振现象(如图 7-36 乙所示)。用这种简单的方法可以区别波是纵波还是横波。

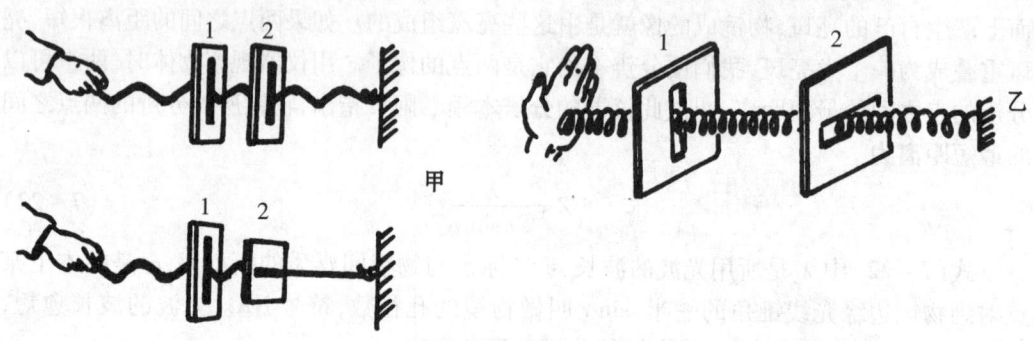

图 7-36 波的偏振

光是否产生偏振现象呢,19 世纪法国科学家马吕(1775—1812)发现光也能产生偏振现象,我们可以用下面的方法来观察光的偏振。

取一块电气石晶体薄片 A,通过它去观察一束平行光,可以看到它是透明的,当以入射光线为轴旋转晶片 A 时,透射光的强度未发生变化。如果再取一块同样的晶片 B,并把它放在晶片 A 的后方,通过它去观察从晶片 A 透射过来的光。这时,就会发现从晶片 B 透射出来的光的强度跟两晶片的相对方向有关:固定晶片 A,以入射光线为轴旋转后一晶片 B 时,从晶片 B 透射出来的光的强度发生周期性的变化,即后一晶片 B 转到某一方向时,透射光最强;再旋转 90°转到跟前一方向垂直时,透射光最弱。

把上述光现象跟机械波的偏振现象比较,表明光通过晶片时产生偏振现象,即光是横波。

为什么会出现这种现象呢? 原来,普通光源发生的光,包含着在垂直于传播方向的平面上沿一切方向振动的光,并且沿着各个方向振动的光波强度都相同,这种光叫做自然光。自然光通过某晶片后只剩下沿着某一方向振动的光,这种光叫做**偏振光,**如图 7-37 所示。这里的电气石晶片起着类似上述的细缝的作用。我们把偏振光的振动方向与传播方向组成的平面叫做振动面。上述电气石晶片只容许某一振动方向的光波通过,我们把它叫做偏振片,现在已有许多人工材料的偏振片。因为自然光通过 A 偏振片后,成了偏振光,所以,通常把 A 片叫做**起偏器**;B 偏振片可以检验一束光是否是偏振光,通常叫做**检偏器**。

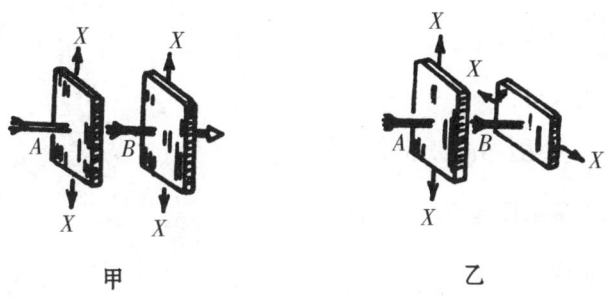

图 7 - 37　自然光通过电气石晶片的示意

光的偏振现象并不罕见,我们通常看到的绝大多数光,除了从光源直接射来的,基本上都是偏振光,只是我们的眼睛不能鉴别罢了。如果通过偏振片去观察从水面或玻璃反射的光,旋转偏振片,就会发现透射光的强度也发生周期性变化,从而知道反射光是偏振光。

旋光现象　当两个偏振片"狭缝"的方向互相垂直时,通过第一偏振片的偏振光不能通过第二偏振片,这时就没有光线通过。如果将葡萄糖溶液注入两晶片间,实验发现,在第二晶片后面可以得到一部分光线;若把第二晶片旋转某一角度后,它后面的光线又变为零。这说明葡萄糖溶液能把偏振光的振动方向旋转一个角度。这种现象叫做**旋光现象**。**能够使偏振光的振动方向旋转的物质,叫做旋光物质。**许多有机化合物和它们的溶液如石英、松节油、各种糖和酒石酸溶液等,都是旋光性较强的物质。面对光线入射方向观察,使振动面顺时针方向旋转的物质,叫做右旋物质,反之叫做左旋物质。例如,天然的糖(蔗糖 $L_{12}H_{22}O_{11}$)都是右旋的,组成蛋白质的氨基酸(除甘氨酸),它们都是左旋的,还有的物质像酒石酸铷,在溶液中是右旋的,但在结晶时变成左旋的。右旋葡萄糖是人体新陈代谢中最重要的碳氢化合物。

旋光物质使偏振光的振动方向旋转的角度,叫做旋光度。在药物分析和鉴定方面,常要测定药物的旋光度。旋光度与哪些因素有关呢? 实验表明,当光源为某一种波长的单色光时,旋光度与通过旋光物质的厚度 L 成正比,对于溶液,还与旋光物质的物质浓度 C 成正比,若用 Φ 表示旋光度,则:

$$\Phi = [\alpha]_\lambda^t CL \tag{7-23}$$

式中 L 的单位为米(m),C 的单位为千克/米^3(kg/m^3),比例常数$[\alpha]_\lambda^t$叫做该溶液的**旋光率**,并且规定右旋为正,左旋为负。旋光率和温度 t 及光源的波长 λ 有关,它可从《中华人民共和国药典》中查得,其单位用度·米^2/千克[(°)·m^2/kg]。对于已知旋光率的物质,用旋光计测得旋转角度,即可由上式得出旋光溶液的质量浓度。常用来测定旋光性溶液质量浓度的仪器叫做**糖量计**,它在生化和药物检验中经常用到。

〔例题〕　某蔗糖溶液,以 20℃时,对钠光的旋光率查表得 0.664[(°)·m^2/kg],现将其装满在长为 0.2m 的玻璃管中,用旋光计测得旋光度为 8.3°,求溶液的质量浓度是多少?

解:已知 $\Phi = 8.3°$，$[\alpha]_\lambda^t = 0.64 \, \mathrm{m^2/kg}$，$L = 0.2 \, \mathrm{m}$。

由公式：$\Phi = [\alpha]_\lambda^t CL$

得：$C = \dfrac{\Phi}{[\alpha]_\lambda^t} \cdot L$

将已知条件代入得：

$$C = \frac{8.3}{0.664 \times 0.2} = 62.5 \, (\mathrm{kg/m^3})$$

答：蔗糖溶液的质量浓度是 $62.5 \, \mathrm{kg/m^3}$。

三、光的电磁学说

19 世纪 70 年代，麦克斯韦发展了电磁学的理论，导致了电磁波的发现。根据他的理论计算出来的电磁波的传播速度，正好与实测得到的光速相同，于是提出了光就是电磁波的理论。这就是光的电磁学说，发光体的原子或分子可以看成是微小的电磁波发射器，里面的电子振动向外发射电磁波，这就是光源在发光。

20 多年以后，赫兹用实验证实了电磁波的存在，测得电磁波的传播速度确实等于光速，而且电磁波也能产生反射、折射、干涉、衍射、偏振等现象，其规律都跟光波的相同。这就从实验上证实了光是一种电磁波。

电磁波与机械波不同，电磁波可以在真空中传播，不需要依靠别的媒质，这就解决了光波在传播媒质上所遇到的困难。

麦克斯韦提出的光的电磁说，在物理学的发展中有很重要的意义，它把光现象和电磁现象统一起来，指出了它们的一致性，再一次证明了自然现象之间是相互联系的。光的电磁学说使人们对光的本性的认识前进了一大步。

光波与其他电磁波的区别仅在于波长不同。能引起我们视觉的可见光波长范围为 $400 \sim 760 \, \mathrm{nm}(1 \, \mathrm{nm} = 10^{-9} \, \mathrm{m})$。其中红光波长最长，紫光波长最短，比红光波长更长，比紫光波长更短的光波称为红外线和紫外线。光波和其他的电磁波一起，构成了范围非常广阔的电磁波谱，见表 7-6。

表 7-6

光的颜色	波长/μm	频率/10^{14}Hz	光的颜色	波长/μm	频率/10^{14}Hz
红	0.77 ~ 0.62	3.9 ~ 4.8	绿	0.58 ~ 0.49	5.2 ~ 6.1
橙	0.62 ~ 0.60	4.8 ~ 5.0	蓝—靛	0.49 ~ 0.45	6.1 ~ 6.7
黄	0.60 ~ 0.58	5.0 ~ 5.2	紫	0.45 ~ 0.40	6.7 ~ 7.5

四、红外线和紫外线

红外线　红外线是英国物理学家赫谢耳在 1800 年发现的，他用灵敏温度计研究光谱里各种色光的热作用时，把温度计移到光谱的红光区域外侧，它的温度上升得更高，说明那里有看不见的射线照射到温度计上，这种射线后来就叫做红外线。红外线是波长大于 760nm 的光波，是一种不可见的光线。

任何温度(绝对零度以上)的物体，都能辐射红外线，例如舰艇、车辆、人体等都能辐射红外线。

红外线最显著的作用是热作用。常利用红外线的热作用来加热烘干食品、谷物、油漆等。

红外线还能透过浓雾或较厚的气层，因而，在夜间或浓雾的天气，可利用它进行远距离或空中摄影。还可以利用灵敏的红外线遥控探测器接收物体的红外线，通过电子仪器对接收信号的处理，便能察知被探测物体的特征，这种技术叫做红外线遥感。卫星上的遥感装置，可以勘测资源，进行气象预报等。

在医疗上常利用红外线的热效应作局部加热，使局部温度升高，引起血管舒张，血流加速，促进组织的代谢。它对各种神经炎、关节炎、循环障碍等疾病有一定疗效。另外，利用特制的对红外线敏感的换能器对体表进行扫描，测出体表各点温度，再用电子计算机作出热像图（利用对红外线敏感的底片拍摄体表的像，不同温度的地方感光程度不一样，所得的图像叫做热像图）。国内外热像图在医学诊断上的应用范围日趋增多，如用热像图进行乳腺癌的普查等。

紫外线 紫外线是德国物理学家里特在 1801 年发现的。如果在光谱的紫外区域放一张照相底片，或者放一个光敏电阻，都能够察知紫外线的存在。一切高温的物体，如太阳、弧光灯发出的光都含有紫外线。紫外线是波长小于 400nm 的光波，它也是一种不可见的光线。

紫外线的能量较大，被物体吸收后常能引起分子或原子的电离，产生化学反应。例如，它容易使照相底片感光，并能使荧光物质发光（某些物质在它的照射下，会发出可见光，叫做荧光）。在医疗上紫外线的生物效应，主要是光化作用。细菌受紫外线照射会引起死亡，其主要原因就在于蛋白分子的结构受到光化作用后遭到了破坏。所以，医院里常用紫外线来消毒病房和手术室。另外，紫外线还有抗佝偻病的作用，因为它可以促进骨骼的钙化。目前，医疗上用得较多的紫外线光源是水银蒸气灯。水银蒸气灯有低压和高压两种，低压主要用于杀菌，如手术消毒，所以又称为灭菌灯。高压灯主要用于治疗。

此外，在光学仪器中，有一种增加显微镜分辨本领的办法，是利用波长短的光线。用紫外线来代替可见光，可以提高显微镜的分辨本领。

红外线和紫外线对眼睛都有损害作用。红外线能使水晶体发生浑浊，引起白内障；紫外线可以引起电光性眼炎。因此，经常接触这些射线的人应注意防护。

五、光的吸收

任何强度的光通过媒质后都要减弱，这是因为媒质对光的吸收所致。没有一种物质对光是完全透明（不吸收）的。所有对光透明的物质都是对某些范围内的光透明，而对另一些范围内的光不透明。例如，石英对所有的可见光几乎都是透明的，即石英对可见光的吸收很少，而且在一定波段内几乎是不变的，这种吸收叫做一般吸收；而对波长从 3.5μm ～ 5.0μm 的红外线不透明，即石英对红外线有强烈的吸收作用，而且随波长不同吸收有急剧的改变，这种吸收叫做选择性吸收。

光被物质吸收的程度，除与入射光的强度有关外，还与媒质的种类、厚度有关。理论和实验指出：单色平行光线通过吸收物质后，透出光的强度 I 为：

$$I = I_o e^{-\alpha L}$$

(7－24)

式(7-24)适用于气体、液体和固体。式中 I 为入射光的强度,e 为自然对数底($e \approx$ 2.718),α 为物质的吸收系数,其值由媒质的特性决定,l 为光通过的吸收层厚度。对所有的物质来说,物质的吸收系数与入射光的波长有关,对于一定的波长,其值可以认为不变。

比尔发现在稀溶液中,溶液的吸收系数与溶液的浓度成正比,即 $\alpha = \beta C$,故上式可写成:

$$I = I_o e^{-\beta C L} \tag{7-25}$$

式中 C 为溶液的浓度,系数 β 是由溶质性质和光波的波长所决定的一个比例常数。此式叫做**朗伯-比尔定律**。

利用朗伯-比尔定律可以进行比色分析,为应用方便,将式(7-25)改写成下式:

$$\frac{I}{I_o} = e^{-\beta C L}$$

对两边取对数得 $\ln \dfrac{I}{I_o} = -\beta C L$

$$令 \left(-\ln \frac{I}{I_o} \right) = D \qquad 得 D = \beta C L \tag{7-26}$$

D 叫做光的密度,用以表示溶液吸收的程度。由式(7-26)可知光密度 D 与溶液的浓度 C、通过的厚度 L 成正比。当 L 一定时,如果测得标准溶液(浓度 C_s 为已知)的光密度 D_s 和待测溶液的光密度 D,则式(7-26)可得出关系式:

$$\frac{D}{Ds} = \frac{C}{Cs}$$

待测溶液的浓度 C 为:

$$C = \frac{D}{Ds} Cs \tag{7-27}$$

这样便可用比较光密度式(7-27)来测定待测溶液的浓度,这种方法叫做**比色法**。常用的仪器叫做比色计。光电比色计和分光光度计在医学临床检验中和科学研究中都有着广泛的应用。

六、光电效应

光的电磁说使光的波动理论发展到了相当完美的地步。然而,这个学说并不能解释所有的光现象。就在德国物理学家赫兹用实验证实光的电磁说的同时,1857 年他又发现了光的另一个新现象。这就是用光的波动学理论无法解释的光电效应现象。正是为了这个难题,光学的研究和发展开拓了一个新的领域,即光的**量子学说**。

把一块擦得很亮的锌板,连接到灵敏验电器上,用弧光灯照射锌板,验电器的指针就张开一个角度,表示带了电。检查得知带的是正电,说明锌板的电子在紫外线照射下从表面飞出去了,锌板中由于缺少了电子,所以带正电。这种在光(包括不可见光)的照射下,从物体中发射出来的电子叫做**光电子**,这种现象叫做**光电效应**。

为了研究光电效应的规律,可使用如图 7-38 所示的装置。S 为一个抽成真空的玻璃容器,容器里装有阴极 K 和阳极 A,C 是石英窗口,光线能够通过它照射到金属板 K 上。当 K 极和电源负极相连,A 板和电源的正极相连。电路接好后,电流表指示没有电流,因为,极板 K 和 A 之间是断开的。当金属板 K 受到一定波长的强光(如弧光)照射时,便看到电流表的指针发生偏转,说明有电流通过。如果把K极和电源的正极相连,A级和电源的负极相连,电流计中便没有电流通过。可见,被照射的金属板放出的是电子。

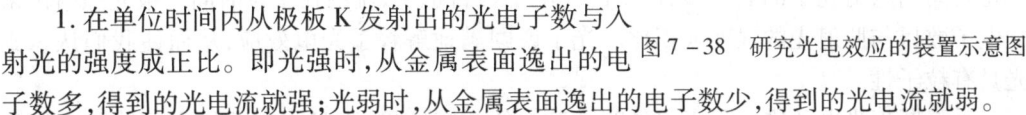

这些光电子在电场的作用下,不断地由K极向A极定向移动,形成了电流,这种电流叫做**光电流**。

光电现象有哪些规律呢? 通过大量实验得出如下规律:

图7-38 研究光电效应的装置示意图

1. 在单位时间内从极板K发射出的光电子数与入射光的强度成正比。即光强时,从金属表面逸出的电子数多,得到的光电流就强;光弱时,从金属表面逸出的电子数少,得到的光电流就弱。

2. 光电子的最大初动能与入射光的强度无关,只随入射光频率的增大而增大。如果用频率较高的光来照射时,从金属逸出的光电子具有较大的初动能,反之,具有较小的初动能。

3. 对于任何一种金属,入射光的频率必须大于某一极限频率,才能产生光电子;低于这个极限频率的光,无论光多么强,照射时间多么久,也不能产生光电效应。例如,用红光或者绿光、紫光照射锌板时,无论光有多么强,也不能逸出一个光电子来。但是,只要用小于372nm波长的光,如紫外线照射便能逸出光电子来。

以上关于光电效应的规律,光的波动说是无法解释的。因为按照光的波动理论,光的能量是由光的强度决定的,而光的强度又是由光波的振幅决定的,跟光波的频率无关。所以,无论光的频率大小如何,只要光的强度足够大,或者照射时间足够长,都应该有足够的能量产生光电效应。实验结果适得其反。

对光电效应的解释是1905年爱因斯坦在普朗克的量子论的基础上作出的。1900年德国物理学家普朗克在研究电磁波时发现电磁波的发射和吸收不是连续的,而是一份一份的,每一份能量E与频率的关系是:

$$E = hv \tag{7-28}$$

这一份的能量称为**能量子**或**量子**,式中h是普朗克常数,实验测出$h = 6.63 \times 10^{-34}$ J·s,这就是普朗克的量子说。

1905年,爱因斯坦在普朗克的量子说基础上提出:在空间传播的光也不是连续的,而是一份一份的,每一份光叫做**光子**,光子的能量跟它的频率成正比,即光子的能量$E = hv$,式中的h就是上面的普朗克常数。这个学说后来叫做**光子说**。

光子说很好地解释了光电效应。当光子照射到金属上时,它的能量可以被金属中的某个电子全部吸收,电子吸收光子的能量后动能就增加了,如果电子的动能足够大,能够克服内部原子核对它的引力,就可以离开金属表面逃逸出来成为光电子,这就是光电效应。光电子克服金属内部束缚力所做的功叫做**逸出功**。金属中的一个电子,当接受一个光子的能量时,如果所获得的能量大于该金属的电子逸出功,它就可以以一定的速度v从金属中跑出来成为光电子。根据能量守恒定律,光电子的动能与入射光子的能量hv和逸出功W之间有如下关系:

$$hv = W + \frac{1}{2}mv^2 \qquad\qquad (7-29)$$

这个方程叫做**爱因斯坦光电效应方程式**。

由上式知,只有当照射光的光子能量 hv 至少与金属中的电子逸出功 W 相等时,才能产生光电效应,也就是说,产生光电效应的最低频率(或极限频率)v_0 为:

$$v_0 = \frac{W}{h} \qquad\qquad (7-30)$$

不同的金属,逸出功是不同的,所以它们的极限频率也不同。如果入射光比较强,即单位时间内入射光子的数目多,产生的光电子数目也多,说明在单位时间内被光照射出来的电子数目与照射光的强度成正比。光子说圆满地解释了光电效应,从而使我们认识到光具有粒子性。

爱因斯坦光电效应方程不仅说明了已知的观察结果,而且由于他推广了普朗克假说而建立了光子说,从而推动了后来在 20 世纪 20 年代所发生的对经典物理彻底的重新解释,所以,它具有划时代的意义。

〔例题〕 已知钨的极限频率是 1.1×10^{15} Hz,求:①钨的电子逸出功;②当以 $\lambda = 400$ nm 的光照射时,能不能产生光电效应?

解:①由题知钨的极限频率是 1.1×10^{15} Hz,所以逸出功:

$$W = hv_0 = 6.63 \times 10 \times 10^{-34} \times 1.1 \times 10^{15} = 7.29 \times 10^{-19} (\text{J})$$

②已知入射光的波长 $\lambda = 400$ nm

而入射光的 $hv = h\frac{C}{\lambda} = 6.62 \times 10^{-34} \times \frac{3 \times 10^8}{400 \times 10^{-9}} = \frac{6.63 \times 3}{4} \times 10^{-19} = 4.97 \times 10^{-19} (\text{J})$

答:①钨电子的逸出功是 7.29×10^{-19} J;②当以 $\lambda = 400$ nm 的光照射时,因为 $hv < W$,所以不能产生光电效应。

光电效应把光信号转变为电信号,动作非常迅速灵敏,因此在科技中得到了广泛的应用。

图 7-39 甲是一种真空光电管,玻璃管里的空气已经抽出,有的管里充有少量的惰性气体(如氩、氖、氦等),管的内半壁涂有碱金属(如钠、锂、铯等)作为阴级 K。管内另有一阳极 A,使用时像图 7-39 乙那样把它连在电路里,当光照射到光电管的阴极 K 时,电路中有电流产生,光电管产生的电流弱,可用放大器把它放大。

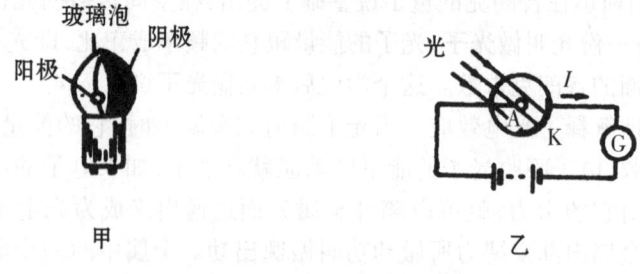

图 7-39 光电管

光电管在各种自动化装置、光纤通讯中是不可缺少的。不过这种真空光电管体积大,用起来不方便。在光纤通讯中用的是半导体光电管,它是利用半导体的光电效应制成的器件,其原理也是一样地将光信号转变成电信号。

七、光的波粒二象性

光是什么呢？长期以来人们不断地进行探索。早在 17 世纪,科学家已提出了两种截然不同的学说,一是英国物理学家牛顿提出的微粒说,认为光是从光源发射出来的一种微粒,在均匀媒质中以一定的速度传播;另一是荷兰物理学家惠更斯提出的波动说,认为光是发光体在它周围空间里引起的弹性振动,并以波动的形式向周围传播。两种学说都能解释一些光现象。

19 世纪初,英国物理学家托马斯·杨,通过双缝干涉实验,成功地观察到了光的干涉现象,这一发现有力地支持和补充了光的波动说,致使到了 19 世纪中叶,波动说便完全代替了微粒说而居于统治地位。

1876 年,英国物理学家麦克斯韦提出了光的电磁学说,并为法国物理学家赫兹所证实:光是一种频率很高的电磁波,电磁波的速度就是光速。电磁波不需要什么弹性媒质作为媒介,因而光的电磁学说解决了弹性波动说所不能解决的问题,使人们对光的本性的认识大大地前进了一步。因此,当时有许多人误认为人类对光的本性的认识已达到了完美无缺的地步。事实并非如此,人类对客观世界的认识总是不断地深入和没有止境的。

20 世纪初叶,人们又发现了光电效应。1905 年,德国物理学家爱因斯坦提出了光子说,认为光是由具有一定质量和一定能量的微粒——光子所组成,这一学说成功地解释了波动说所不能解释的许多有关光和物质相互作用的现象,如光电效应等。至此,我们认为光既具有波动性,又具有微粒性,不过这种微粒(光子)与牛顿的微粒在本质上是不一样的,这就是通常所说的**光的波粒二象性**。

波粒二象性是否只有光才具有呢？法国物理学家德布罗意于 1924 年提出,光子和实物粒子之间有着惊人的相似处:一切微观粒子包括电子、质子和中子等实物粒子都具有波动性,这个假说不久就被实验所证实。近年来,我们已经能够用电子束产生各种各样的干涉和衍射图样,还可以算出电子衍射时的波长(只有 $1/10^8$ cm),也观察到了原子、分子等的衍射图样。这就证明了一切运动的微观粒子都具有波粒二象性,人们把实物粒子的这种波叫做德布罗意波或物质波,并在此基础上,科学家们建立了反映微观粒子运动规律的量子力学。至于对宏观物体而言,由于它的物质波波长非常短,波动性不会显示出来,所以,我们平常把波动性和粒子性当成矛盾的两个方面。

通过对光本性的认识,使人类对物质世界的认识得到了一个飞跃,也将物理学推进到量子物理的新阶段。关于光的本性的学说,仍然在发展之中,更为完善、能够解释一切光现象的统一学说,还有待于进一步的研究和建立。

第八章　原子和原子核

物质由分子、原子组成,物质的特性与分子、原子息息相关,物理学上的一切宏观现象所表现的规律性,都是和原子内部的规律性分不开的。原子结构的理论是认识物质世界的基本理论,是人类认识水平由宏观世界进入微观世界的里程碑。医学上已应用这些理论阐明了许多生命现象。分子、原子的各种光谱、激光、X 射线等也已直接应用于医学中。

在对物质结构深入研究的过程中,每当基础理论有重大突破时,都促使了生产和技术的飞跃变革。原子核结构、特性及其相互转变的理论,在基础医学的研究、诊断和治疗的各个方面,获得了广泛的应用:可以从分子水平动态地观察生命现象的本质与生命活动的物质基础,又为临床诊断与治疗不断地开辟了新的途径,成为医学现代化的重要标志之一。

本章主要学习原子结构、能级、光谱、激光、X 射线、放射现象、原子核组成和放射性核素等。

第一节　原子能级

一、原子的核式结构

自从 1808 年道尔顿创立了原子论以后,人们一直认为一切物质都是由原子组成,而原子是不可再分割的。直到 1897 年汤姆生发现了电子,后来发现 X 射线使气体电离以及光电效应等现象,都从物质的原子中击出了电子,这表明电子是原子的组成部分,从而否定了原子的不可分割性。

带正电的物质和带负电的电子是怎样构成原子的呢? 人们曾经提出过各种不同的假说。1911 年英国物理学家卢瑟福和他的同事们通过实验,提出了原子的核式结构学说。他认为:在原子的中心有一个很小的核,叫做原子核。原子的全部正电荷和几乎全部质量都集中在原子核里,带负电的电子在核外空间里绕着核旋转。原子核带的单位正电荷数等于核外的电子数,所以整个原子是中性的。电子绕核旋转所需的向心力,就是核对它的静电力。

这样,我们便很容易知道,既然原子是中性的,而原子核所带的正电荷量等于原子序数乘基本电荷。那么,任何元素的原子的核外电子数目就一定等于这种元素的原子序数。例如,氢原子是由带 1 个单位正电荷的原子核和 1 个绕核转动着的电子组成的。氧原子是由带 8 个单位正电荷的原子核和 8 个绕核转动着的电子组成的等等。

二、玻尔的原子模型、原子能级

卢瑟福的原子结构学说,虽然初步建立了原子结构的正确图景,但是,他并没有说明核外电子的分布情况及其运动规律,也不能解释氢光谱的规律性。1913 年,玻尔在卢瑟福学说的基础上,把普朗克的量子理论运用到原子结构上,成功地解释了氢原子光谱的规律,在原子物理的研究上迈出了重要的一步。玻尔假说的主要内容叙述如下:

1.原子只能处于一系列不连续的能量状态中,在这些状态中原子是稳定的,电子虽然绕核运动,但并不向外辐射能量,这些状态叫做定态。

2.原子从一种定态(设能量为 E_2)跃迁到另一种定态(设能量为 E_1)时,它辐射(或吸收)一定频率的光子,光子的能量由这两种定态的能量差决定,即

$$E_2 - E_1 = hv \qquad (8-1)$$

3.原子的不同能量状态跟电子沿不同的圆形轨道绕核运动相对应。原子的定态是不连续的,因此,电子的可能轨道的分布也是不连续的。

玻尔在上述假说的基础上,利用经典电磁理论和牛顿力学,计算出了氢的电子的各条可能轨道的半径和电子在各条轨道上的能量。图8-1中,$E_1 = -13.6\,eV$,$E_2 = -3.4\,eV$,$E_3 = -1.51\,eV$…分别表示电子在第一、第二、

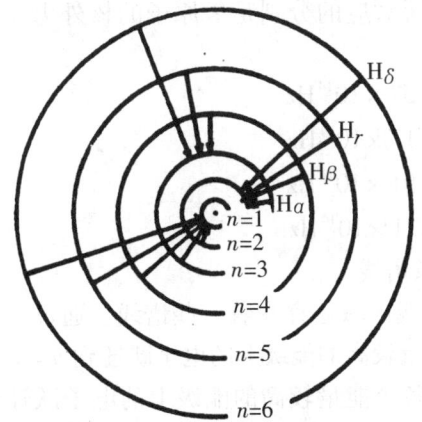

图8-1 氢光谱解释的示意图

第三…轨道上运动时的能量(包括动能和电势能),画成图8-2所示的能级图,图中带箭头的竖线,表示从高能级向低能级的可能跃迁。

在正常状态下,原子处于最低能级,这时电子在离核最近的轨道上运动,这种定态叫做**基态**。如果受到外界的作用(如给物体加热或有光照射物体时),原子会吸收一定的能量从基态跃迁到高能级,这时电子在离核较远的轨道上运动,这些定态叫做**激发态**。原子从基态向激发态跃迁的过程,是吸收能量的过程,原子从较高的激发态向较低的激发态或基态跃迁的过程,是辐射能量的过程。原子一般容易自发地从较高能量的激发态向较低能量的激发态或基态跃迁,这时,能量是以光子的形式辐射出

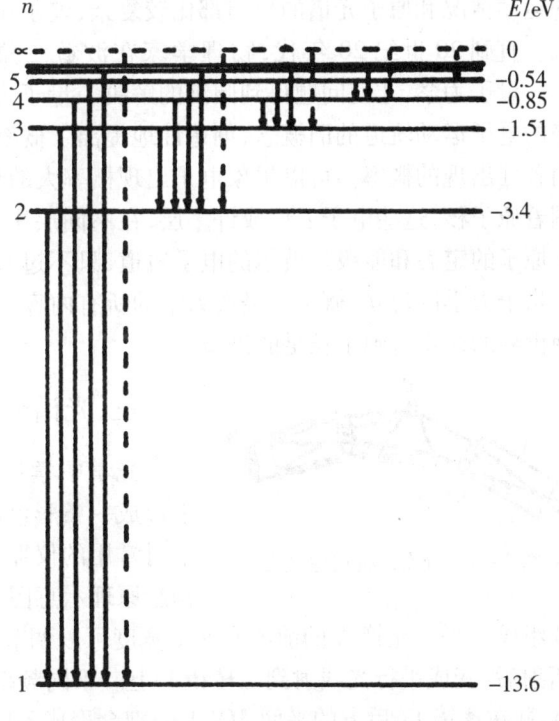

图8-2 氢原子能级

去,这就是原子发光的现象。原子无论吸收能量或辐射能量,其能量数值都不是任意的,而是等于原子发生跃迁时两个能级间的能量差。下面用玻尔假说解释氢原子的发光现象。

例如,电子从 $n=3$ 的轨道跃迁到 $n=2$ 的轨道上时,能量变化由式(8-1)得

$$E_3 - E_2 = h\nu$$

$$\nu = \frac{E_3 - E_2}{h} = \frac{[-1.51 - (-3.4)] \times 1.6 \times 10^{-19}}{6.63 \times 10^{-34}} = 4.57 \times 10^{14} (\text{Hz})$$

式中 ν 的数值恰好等于实验结果中的 H_α 的频率,见图8-1、图8-2。用同样的方法,可以分别计算出 H_β、H_γ、H_δ 等的频率值,它们所对应的分别是氢原子的核外电子从 $n=4,5,6$ 跃迁到 $n=2$ 时放出的光子的频率。

H_α	656.3nm	4.57×10^{14}Hz
H_β	486.1nm	6.17×10^{14}Hz
H_γ	434.0nm	6.91×10^{14}Hz
H_δ	410.1nm	7.31×10^{14}Hz

这四条谱线恰好是氢光谱在可见光部分的四条谱线。

在氢光谱中除可见光外,在红外线区域和紫外线区域还存在着一些谱线。通过类似的计算可以说明,紫外线区域的谱线都是在各个能量较高的能级上的电子跃迁到 $n=1$ 时放出的光子所产生的。红外线区域的谱线都是在各个能量较高的能级上的电子跃迁到 $n=3$ 时放出的光子所产生的。

玻尔假说圆满地解释了氢原子光谱的规律,但是,对于其他复杂的原子,由于核外电子的运动情况和原子光谱的分布都比较复杂,玻尔在解释这些现象时,遇到了难以克服的困难。直到20世纪20年代,物理学家在波粒二象性基础上,又建立了一门崭新的科学——量子力学,才使问题得到圆满的解决。量子力学从根本上摒弃了从经典力学沿袭下来的电子运动轨道的旧概念,创造性地提出了概率波这一新概念,用它来确定电子在原子内各处出现的概率。可以想象电子出现概率大的地方,在那里就如同有一团"电子云"包围着原子核,这些电子云形成许多层,在不同层中运动的电子具有不同的能量,从而形成了原子的定态和能级。玻尔的电子轨道,只不过是电子云中电子出现几率大的地方而已。量子力学的建立,概括了经典力学的所有内容,而且富有新意,是质的飞跃,使人们对微观世界的认识得到了长足的进步。

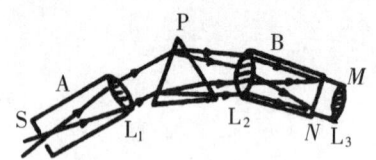

图8-3　分光镜构造原理图

三、光谱分析

光学中学过,一束白光通过三棱镜折射后,在屏上形成一条彩色的光带(图7-8)叫做**光谱**。观察光谱时常用的仪器是分光镜,图8-3所示是分光镜的构造原理示意图。它由平行光管 A、三棱镜 P、望远镜筒 B 组成。平行光管 A 的前方有一个宽度可以调节的狭缝 S,从狭缝射入的光线经透镜 L_1 折射后,变成平行光线射到三棱镜 P 上。不同频率的光经过三棱镜沿不同的折射方向射出,并在透镜 L_2 后方的平面 MN 上分别会聚成不同颜色的像(谱线)。通过望远镜筒 B 的目镜 L_3,就可看到放大的光谱像。如果在 MN 那里放上照相底片,就可以摄下光谱的像,具有这种装置的光谱仪器叫做摄谱仪。

发射光谱　光源能够产生光谱,不同的光源所产生的光谱形式不同。由发光体发出的光直接得到的光谱,叫做**发射光谱**。发射光谱分为两类:连续光谱和明线光谱。

连续光谱是指从红到紫各色光依次连续排列的光谱。产生连续光谱的光源,是在高温下的固体、液体,或高温高压下的气体。例如,白炽电灯(温度可达 2 000℃)、2 000℃左右的铁水或高压汞弧灯等,都能产生连续光谱。

明线光谱是在黑暗的背影上分布一些不相连续的明线的光谱。发生明线光谱的光源,是炽热的气体或蒸气。例如,把食盐洒在酒精灯的火焰中,观察火焰的光谱,可以看到光谱是两条黄色的明线,这就是钠蒸气的明线光谱。因为明线光谱是处于游离状态的原子产生的,所以又叫做**原子光谱**。

各种元素在炽热的蒸气状态时,各有它特有的明线光谱。也就是每一种元素的炽热蒸气,都各在一定位置上出现不同颜色的明线,这些明线叫做**光谱线**。看到了这些特定的谱线,可以推知光源中的元素成分。因此,某种元素的光谱线又叫做这种元素的**标志谱线**(见图8-5)。

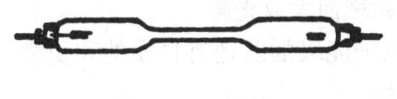

图8-4 光谱管

观察气体的原子光谱,可以使用光谱管(见图8-4)。它是中间比较细的封闭的玻璃管,里面装有低压气体,管的两端有两个电极,把两个电极接到高压电源上,管里稀薄气体放电,就产生一定颜色的光。这光不是单色光,用分光镜可以看到它的光谱。观察固、液态物质的原子光谱时,可以把它们放到煤气灯的火焰或电弧中去烧,使它们汽化后发光,就可以从分光镜中看到明线光谱。

吸收光谱 温度很高的光源发出的白光,通过温度较低的蒸气或气体后,再经棱镜发生色散,就会在连续光谱的背景上形成许多暗线的光谱,这种光谱叫做**吸收光谱**。例如,让高温光源发出的白光,通过温度较低的钠(Na)的蒸气,再经过棱镜后得到钠的吸收光谱。这个光谱背景是明亮的连续光谱,而在钠气的黄色谱线(钠的标志谱线)的位置上,出现了暗线,见图8-5。

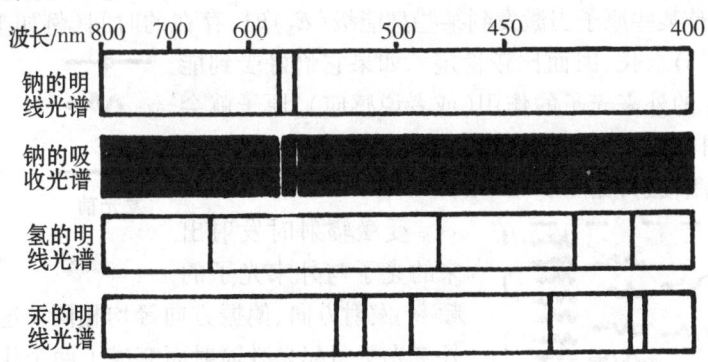

图8-5 明线光谱与吸收光谱

每一种原子的吸收光谱中的每一条暗线,总跟该种原子发射光谱中的一条明线相对应,即每种原子所发射的光的频率与它所吸收的光的频率相同。

医学上利用吸收光谱,可以确定生物样品中的金属成分。例如,检查工人有无铅中毒时,可以用受检者的血或尿作为吸收体,利用吸收光谱来确定是否有铅。

光谱分析 由于每种原子都有自己的特征谱线,因此,可以根据光谱来鉴别物质和确定其化学组成,这种方法叫做**光谱分析**。

光谱分析迅速、灵敏,它能测出 10^{-13} kg 的物质。天文学家利用它获得了太阳的化学组成,还获得了关于行星大气的化学成分和远距离恒星外围的化学成分。在药物和生物样品微量元素的分析中,光谱分析有着重要作用。

第二节 激 光

一、激光的产生和性质

激光是 20 世纪 60 年代出现的重大科技成果之一,它的出现标志着人类对光的掌握和利用进入了一个新阶段。激光的特点——亮度高、方向性好、单色性好、相干性好,是其他光源发射的光所不能相比的。所以,它一出现,发展很快,应用很广,已渗透到国防、工业、农业、医学和科学研究等部门,正为开拓新技术、新领域而大放光彩。

前面已知原子的发光与原子能级的跃迁有关,而原子能级的跃迁有自发的和受激的两种情况,因此,原子发光也有自发辐射和受激辐射两种。

原子处于高能级时,它是不稳定的,一般存在的时间很短(例如 10^{-8} s),总力图向低能级跃迁。像这种原子在没有外界作用的影响下,处于高能级的电子会自发地向低能级跃迁,同时辐射出一个光子的过程叫做**自发辐射**,它所发出的光子频率由发生跃迁的两个能级间的能量差决定,即:

$$hv = E_2 - E_1$$
$$v = \frac{E_2 - E_1}{h}$$

式中 E_2、E_1 是电子跃迁前、后所处能级的能量,h 是普朗克常数。普通光源如白炽灯、日光灯等发出的自然光,其发光过程都是自发辐射。

受激辐射是某些原子当激发到某些高能级(E_2)时,存在的时间(例如 10^{-3} s)比在一般高能级(10^{-8} s)上长,因而比较稳定。如果它恰好受到能量 $hv = E_2 - E_1$ 的外来光子的作用(或者说感应),原子就会发射出一个同样的光子而跃迁到低能级(E_1)上去,这种发光过程叫做**受激辐射**,如图 8 - 6 所示。

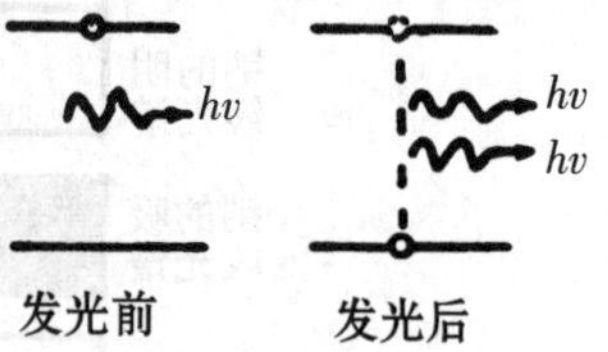

受激辐射时发射出来的光子与外来光子的频率、发射方向、偏振方向等均相同。这样,由于一个外来光子引起受激辐射而变成了两个相同的光子,如果这两个光子在媒质中传播时,再引起其他原子发生受激辐射,像滚雪球似的,会产生越来越多的相同光子,使光得到加强,或者说光被放大了,如图 8 - 7,我

图 8 - 6　受激辐射

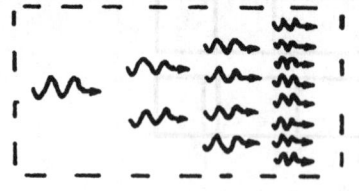

图 8 - 7　受激辐射的光放大示意图

们把**由于受激辐射而得到加强(放大)的光叫做激光**。采取适当的方法和装置,便能使受激辐射持续下去形成稳定的激光。产生激光的装置叫做激光器,医用激光器有氦氖激光器、二氧化碳激光器等。激光与一般光源发出的光相比较,有如下突出的特点:

激光的**方向性好**。激光是非常好的平行光源。普通光源的一束光照射出去,扩散很

厉害,如用探照灯的光照射到月球上去,光束的直径要扩散到几千千米。而一束平行激光照射出去,只有极轻微的扩散,它能从地球发射到月球上(38万多千米)后再反射回来被探测到。激光还能会聚成小于$1\mu m$的光斑,可用于细胞内部手术的研究工作。

激光的**单色性好**。激光的波长范围很小,即频率宽度很窄。以前单色性最好的是氪灯,谱线宽度约$5 \times 10^{-4} nm$。而氦氖激光器产生的激光,谱线宽度小于$10^{-9} nm$,即单色性比氪灯的光高10万倍,为精密仪器的测量和科学实验提供了有效的工具。

激光的**亮度高**。一台数毫瓦氦氖激光器发出的激光,它的亮度比太阳光的亮度高数百倍。如果会聚强大的激光束照射物体,可以使被照部分在$1/1000 s$内产生几千万度的高温。即使最难熔化的物质,在这一瞬间也要发生气化。

二、激光在医学上的应用

自从1960年第一台激光器制造成功后,首先应用于眼科,也是目前激光在医学上较成熟的应用。

眼球对于可见光是透明体,因此,激光可以到达眼底而不会损坏前部眼球组织,激光束很细不会破坏周围组织,脉冲时间短便于定位。激光已比较成熟的应用于封闭视网膜裂孔、焊接视网膜脱离、治疗眼底血管瘤以及虹膜切除和打孔等。

激光视网膜凝结机是眼科手术中受欢迎的医疗器械。以往治疗视网膜脱离需要开刀,封闭网膜破孔进行的电凝固或光凝固治疗手术麻烦,病人痛苦。改用激光视网膜凝结机治疗,只需小能量的激光照射病人眼内患处,不用开刀,手术简便,病人无痛苦。

激光在外科方面应用亦广,这里仅介绍激光刀的一些情况。

大功率的二氧化碳(CO_2)激光用于外科手术,叫做激光刀。它在切除血管丰富的像肝、肾那样实质性的脏器时,借助于热凝固能封住中小血管,减少出血。在切除肿瘤时,因能封住中小血管和淋巴管,可防止肿瘤细胞转移。激光刀还能将定量的坏死组织准确地除掉,切口锐利,可少损害切口外的组织,尤其在血管丰富的部位施行微小外科手术时,激光刀的优点异常突出。

其他方面:激光在皮肤科的应用也较普遍,利用低功率氦氖激光对机体有止痒、镇痛、吸收渗液、消除水肿、刺激创伤上皮再生而加速愈合。对除去皮肤科肿瘤也有效,如皮肤癌、黑色素瘤和血管瘤等。

内科、神经科的一些病能采用激光针灸(激光穴位照射)治疗。激光针使用简便,无痛,无菌,治疗时间短,定位易,剂量可控,疗效良好。

在药剂学上激光还可用于灯检。

激光在医学的其他方面还有许多应用。随着激光器的日益完善,激光在医学上的应用将不断发展。

三、激光的危害和防护

激光对人是有危害的,主要是眼伤害,所以应采取防护措施:一方面要戴防护眼镜,另一方面应提高室内照明度,使医务人员瞳孔缩小,减少激光的进光量。同时,为了减少激光的反射,室内不能有金属物品,包括手表。

第三节　X 射线

1895 年，德国物理学家伦琴在实验中发现了一种射线，它不但可以穿透纸板、木板、衣服和厚书，还可以穿透手掌，而将骨骼的影像显示在荧光板上。当时伦琴无法解释这种现象产生的原因，也不知道这种射线的本质是什么？便称为 X 射线，俗名 X 光。后来人们为了纪念伦琴，称它为伦琴射线。

发现 X 射线至今已 100 多年了，X 射线发现后首先用于医学。医生看不到、摸不着的内脏器官，经 X 射线透视、照片和特殊造影后便可观察到各器官的形态、运动功能等，从而可知其正常或异常，为早期发现、早期诊断疾病提供了一种崭新的、有效的工具，使人们在新的认识基础上，重新建立了解剖学、生理学和病理学的新概念。近 30 年来，X 射线诊断疾病的技术发展迅速，先后问世了 X 线 CT 扫描、数字化放射摄影等，以及与之配套的设备等新技术、新设施，并在此基础上发展成为现代医学影像学。人的一生中，可能免不了总要接受医学影像学的检查（保健或疾病），可见它对人类的重要性。

X 射线的发现，是自然科学史上一个重要的里程碑。

经过人们反复研究，已经证实：X 射线是波长很短的电磁波，波长范围在 0.001nm ~ 10nm 之间。它具有光的一切特性，如反射、衍射、偏振等。但是，由于它的波长很短，能量很大，除具备电磁波的共性外，还具有本身的特性。

一、X 射线的产生

通常用高速电子流轰击某些物质时产生 X 射线，因此，X 射线的产生，必须具备两个条件：一是高速度运动的电子流；二是用适当的障碍物来阻止电子的运动。

X 射线的产生装置，叫做 X 线机。主要由 X 射线管和高压电源组成，如图 8 - 8 所示。

X 射线管有两个电极：阴极（灯丝）和阳极。阴极由钨制成，通电炽热后能释放电子。灯丝的电流越大，温度越高，单位时间内放出的电子数就越多；阳极是用重金属钨（W）或铂（Pt）制成的，它是高速电子轰击的靶子，叫做阳靶。阴极和阳极同时都封闭在高度真空的玻璃管内。

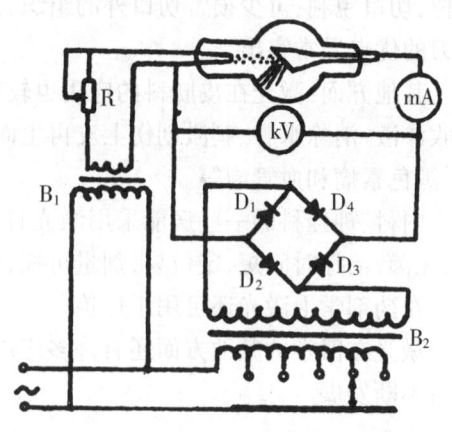

图 8 - 8　X 射线发生装置示意图

在阴极和阳极之间加上几万到几十万伏直流高压，这个电压叫做**管电压**，以千伏（kV）作单位。通过 X 射线管的电流叫做**管电流**，它是由热电子从阴极奔向阳靶而形成的，用毫安（mA）作单位。

X 射线是怎样产生的呢？当阴极灯丝炽热后（在阴极和阳极之间加上直流高压），这时从灯丝所发出来的电子就在强大电场力的作用下，高速飞向阳极（轰击在阳靶上），它突然受到阻碍而急剧地减速，其动能将有一部分转化为光子向外辐射，辐射出来的光子流就是 X 射线。

　　其实高速电子轰击阳靶时,只有 0.2% 左右的电子动能转变为 X 光子的能量,其余的能量转变为热能,使阳靶的温度升高,因此,阳靶必须用耐高温材料(钨)制成,可是钨的导热能力比较差,所以把它镶在铜圆柱体上,以便于散热;功率较大的 X 射线管将阳极制成旋转式,这样可以避免高速电子流只轰击一个固定点;为了防止阳极在高温下持续工作而损坏,X 线机不能连续使用太久,工作一段时间必须暂停,等它冷却后再继续使用。

二、X 射线的性质

　　X 射线的基本性质,可以归纳如下:

　　1. 它是用肉眼看不见的一种射线,但可以使某些化合物如硫化锌、铂氰化钡等产生荧光或使照相底片感光。它所激发的荧光或使照相底片感光的程度与 X 射线的强弱有关,利用这些性质可用荧光屏来观察或用照相底片来记录 X 射线。

　　2. 它在电场或磁场中不发生偏转,它与普通光线一样,也能发生反射、折射、干涉、衍射等。

　　3. 它具有穿透物质的本领。对不同物质它的穿透本领不同,由原子序数低的元素所组成的物体,如空气、木材、纸张、肌肉组织等,对 X 射线的吸收较弱,因此,X 射线对它的贯穿本领较强。而由原子序数较高的元素所组成物体,如铁、铜、铅、骨骼等,对 X 射线的吸收很强,因此,X 射线对它的穿透本领较弱。此外,不同的 X 射线对同一物体的穿透本领也不一样。波长愈短,穿透本领愈强。

　　4. 它能使分子或原子电离。因此,在 X 射线照射下,气体能够导电。我们常常利用 X 射线所产生的电离作用来测量它的存在和强弱,并用以治疗某些疾病。

　　5. 它有破坏细胞的作用,生物细胞经过一定量的 X 射线照射后,会受到损害、抑制甚至坏死。但是人体不同的组织对于 X 射线的敏感性不同,受到损害的程度也不一样。对那些敏感性较高的细胞,如正在分裂的癌细胞,受损程度就比较强,因而对于癌病变进行一定量的 X 线照射,早期有明显的疗效。

三、X 射线的量与质

　　在医疗过程中,了解 X 射线的量和质是很重要的,无论是在治疗或诊断上都应选用适当的量和质,过分或不足都同样达不到目的。在实际工作中,常用管电流和照射时间的乘积来近似反映 X 射线的量。管电流越大,表示单位时间轰击阳靶的电子多,产生的 X 射线量大。照射时间是指 X 射线管加上高电压后,产生 X 射线放射时间,X 射线的量与照射时间成正比,所以,管电流与照射时间的乘积能反映 X 射线的能量。单位是毫安·秒(mA·s)。

　　X 射线的质表示 X 射线的硬度,X 射线硬度越大,穿透力越强。它主要与管电压以及过滤厚度有关,故 X 射线的质可用管电压及过滤情况来间接表示。管电压越高,电子轰击阳靶的速度越大,产生的 X 射线的光子能量越大;过滤越厚。实验表明,软线(波长长的部分)成分被吸收得越多,线质变得越硬,穿透力越强。通常把 X 射线按线质分成四类,见表 8 - 1。

表 8 - 1

名　称	管电压/kV	最短波长/10^{-10}m	用　途
极软 X 射线	5 ~ 20	2.5 ~ 0.62	软组织摄影、表皮治疗
软 X 射线	20 ~ 100	0.62 ~ 0.12	透视和摄影
硬 X 射线	100 ~ 250	0.12 ~ 0.05	较深组织治疗
极硬 X 射线	250 以上	0.05 以下	深部组织治疗

四、X 射线的医疗应用

X 射线已经成为现代医院中不可缺少的医疗设备。它在医疗上的应用分为诊断和治疗两方面。

诊断

1. 透视和照相　人体内各种不同的组织或物质对 X 射线的吸收本领不同。同强度的 X 射线,透过身体不同部位或不同物质后的强度也不一样。例如,骨组织吸收 X 射线就比肌肉组织要多,换言之,前者比后者透出的 X 射线强度就弱,如果**将这些强弱不同的 X 射线投射到荧光屏上,就可以出现明暗不同的荧光像**,这叫做 X 射线透视。利用透视就可以清楚地看到骨折的情况。肺结核灶由于组织上的病理变化,引起吸收本领的改变,因此,可以通过透视检查出来。此外,还可以断定误入体内的异物及伤员体内弹片的准确位置等。

如果透过身体的 X 射线投射到照相底片上留下各部位明暗不同的像,这叫做 **X 射线照相**。

对于一定波长的 X 射线,元素对 X 射线的吸收与其原子序数的 4 次方成正比(如果是分子,则为各原子序数的 4 次方之和),例如,骨的主要成分是 $Ca_3(PO_4)_2$,它对 X 射线的吸收与 $3 \times 20^4 + 2 \times 15^4 + 8 \times 8^4 = 614\ 018$ 成正比。肌肉的主要成分与水差不多,可以水代之,它的吸收与 $2 \times 1^4 + 8^4 = 4\ 098$ 成正比。两者的吸收比值为:

$$\frac{骨}{肌肉} = \frac{614\ 018}{4\ 098} = 149.8 \approx 150(倍)$$

所以,X 射线穿过人体时,由于骨的吸收远大于肌肉的吸收,便可以从荧光屏上或照相底片上清楚地看到骨骼的阴影。

2. 人工造影　由于人体内某些脏器与周围组织对 X 射线的吸收本领相差很小或吸收很弱,X 射线透过这些部位后,强度相差不多,这样的荧光屏或照相底片上阴影的明暗对比度就不明显,达不到看清楚脏器的目的。为了观察某些脏器的形态或病变,就要采用人工造影的方法使该器官显示出来。例如,检查胃肠时,让病员吞服吸收 X 射线比较强的物质,如硫酸钡,然后用 X 射线去照射,在荧光屏或照相底片上就能把胃肠部分清楚地显示出来。

3. 软 X 射线摄影　为了区别密度很小的软组织的显像,除了用上述的人工造影以外,近些年来采用了软 X 射线摄影,即利用低的管电压,大的毫安秒(mA·s)对软组织进行摄影。如果用一般的硬 X 射线照射时,软组织对它的吸收很少,软组织之间的这种微小差别在底板上显示不出来。实验证明,**物质对于 X 射线的吸收与其波长的三次方成正**

比。所以,用波长较长的 X 射线来照射,软组织对它的吸收量就随波长的增加而显著增加,这样它们之间的差别在底片上也就比较容易显示出来。

软组织 X 射线摄影,最适宜的波长为 0.06nm ~ 0.09nm,但是一般 X 射线管多用钨做阳靶,在管电压为 60kV 时,它发出的 X 射线波长约为 0.02nm,所以用它来做软组织摄影是不合适的。近年来把 X 射线管中的钨阳极靶改用为钼(Mo),它所发出的 X 射线波长约为 0.07nm,用它来作软组织特别是乳腺摄影用,对比度和清晰度都较好,这为乳腺癌的早期诊断及普查,提供了良好的条件。

4. CT 检查　从用 X 射线作诊断的 60 多年来,所用的方法不外是利用物体对它的吸收程度不同所造成阴影的投影。这种传统的 X 射线诊断有下列缺陷:一是影像重叠。常用的放射照相,是把一个非均匀的三维物体,照成二维的平面像,许多平面重叠成为一个平面,这些重叠的平面相混淆,使得正常的和病变的精细结构不易分辨,检查起来非常困难。脂肪、肌肉及其他软组织分布的细节,都重重叠叠,不能分辨。二是几何形状的影响。由于底片所显示的是把立体像转变成平面像,所以,观察者常常会把一般 X 射线底片的有关形状和不同结构的相对位置搞混淆。三是减弱效应。物质对 X 射线的吸收,既与 X 线的硬度(波长)有关,也与物质的原子序数和厚度有关。例如,当 X 射线穿过不同厚度的两种物质时,既可能吸收有差别,也可能吸收差别很小,分辨不出来。

CT 是用标直的窄 X 射线束,可围绕身体某一部位作断层扫描,它的优点是:①诊断准确,图像层次分明。②诊断水平高。CT 检查可存贮、可转录。不仅能观察形态变化,还可提供质变的数据。灵敏度也高,比通常的 X 射线检查高 100 倍以上。③简便、安全。④剂量低。CT 技术发展很快,能诊断许多过去不能诊断或难以确诊的疾病,所以,是医学诊断上的一个飞跃。

治疗

X 射线用于治疗,主要是应用了 X 射线的生物效应。当人体内的组织细胞被 X 射线照射后,都会受到或多或少的破坏作用。各种细胞对 X 射线的敏感性是不一样的,对未成熟的细胞或正在分裂的细胞,X 射线对它的破坏力特别强,适当利用这些特点,就可以达到治疗的目的,X 射线对某些皮肤病和某些类型的癌变有独特的疗效,有些病可以完全治好,另一些病则可以使病状减轻。治疗时所用的 X 射线,其硬度和强度是根据病变部位的深浅及其他因素决定的。患处愈深,所需要的硬度就愈硬。近代所谓深度 X 射线治疗,所用的管压有高达 1 000kV 以上的。

第四节　原子核

一、天然放射现象

人类认识原子核的复杂结构和它的变化规律,是从发现天然放射现象开始的。1896年,法国科学家贝可勒尔在进行 X 射线实验时,发现了一种含铀的矿物能不断地自发地放射出某种看不见,穿透力很强的辐射线来。这种物质在没有外界能量供给时,能自发地辐射出射线的现象,叫做**天然放射现象**。物质具有的这种性质叫做**天然放射性**。以后进一步研究发现,一切铀的化合物及钍、钋、镭等元素都具有天然放射性,经过科学家们继续研究,发现原子序数在83以上的所有重元素,都具有天然放射性,具有这种性质的元素叫做放射性元素。

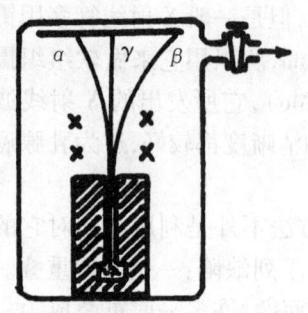

图 8-9 放射性元素的三种射线

放射线　放射性元素所发出的射线本质是什么?1899 年卢瑟福把少量的镭(Ra)放在一个铅(Pb)槽中的孔道底部,由于射线不能穿透很厚的铅块,所以射线就形成一束,从槽孔射出。在孔道上空和它的两侧加上一个电场,发现放射出的射线是由三种不同的射线——α 射线、β 射线、γ 射线所组成的。在实验中,发现 α 射线在电场中偏转的方向和带正电荷的运动粒子的偏转方向相同;β 射线的偏转方向和带负电荷的运动粒子的偏转方向相同;而 γ 射线却不发生偏转,如图 8-9 所示。后来经过进一步研究知道,α 射线是从物质中射出来的一种粒子流,粒子的质量是氢原子质量的 4 倍,所带的正电荷两倍于电子的电量,它是氦原子核。α 射线的速度约为光速的十分之一,它具有很大的能量,能使空气分子电离。β 射线是高速飞行的电子流,它的能量比 α 射线小得多,也能使空气分子电离,不过它的电离作用比 α 射线的小。γ 射线是波长比 X 射线还要短的电磁波,即光子流。

二、原子核的组成

在中子发现以前,有一个时期,人们曾认为原子核是由质子和电子组成的。这个假说很容易解释 β 射线现象,因为 β 射线中的电子是从核里放出来的。但这个假说跟理论上的计算和许多实验事实有矛盾,这种情况曾使物理学家苦恼了好多年。1932 年发现中子后,人们发现,如果认为原子核是由质子和中子组成的,这些矛盾就解决了。于是,原子核是由质子和中子组成的,这一看法,很快就得到了公认。

质子和中子统称**核子**。质子就是氢原子核,它所带的正电荷在数值上和电子所带的负电荷相等,它的质量为 $1.672\,4 \times 10^{-24}$ g,中子是不带电的粒子,它的质量比质子略大一些,等于 $1.674\,8 \times 10^{-24}$ g。用克来量度中子、质子等微观粒子时,这个单位太大了,国际上规定用原子质量单位来量度,它是以碳(C)原子质量的 $\frac{1}{12}$ 作为一个质量单位的,记为 u,见表 8-2。

表 8-2

名　称	质　量		质量数
	g	u	
电　子	9.108×10^{-28}	0.000 549	0
质　子	1.6724×10^{-24}	1.007 276	1
中　子	$1.674\,8 \times 10^{-24}$	1.008 665	1
氢原子	$1.673\,6 \times 10^{-24}$	1.007 825	1
氦原子	$6.646\,6 \times 10^{-24}$	4.002 603	4
碳原子	$1.992\,7 \times 10^{-23}$	12.000 000	12
氧原子	$2.656\,1 \times 10^{-23}$	15.994 915	16

可见,用原子质量单位 u 表示质子、中子及其他原子的质量都很接近于整数。我们把这个最接近的整数叫做原子核的质量数(见表 8-2)。质量数实际上就是核内质子数和中子数的总和。

核的电荷数 Z(即核内质子数)等于原子序数,核的质量数 A 等于核内的中子数 N 和质子数 Z 之和,即 $A = N + Z$。质子数相同而中子数不同的原子叫做同位素。例如,氕核中有一个质子($Z = 1$),一个中子;氘核中有一个质子、两个中子,它们和氢互为同位素。

在原子物理学中,把含有一定数量的质子和中子的原子核叫做核素。通常用 $_Z^A X$ 表示核素,其中 X 是化学元素符号,A 表示核的质量数(核子总数),Z 表示质子数(正电荷数或原子序数)。例如,用 $_{92}^{238} U$ 代表铀原子核,$_2^4 Hz$ 代表氦原子核,$_1^1 H$ 代表质子,$_0^1 n$ 代表中子,$_{-1}^0 e$ 代表电子等。还可简记,如将 $_{92}^{238} U$ 记为 $^{238} U$,读作铀238,$_{53}^{131} I$ 记为 $^{131} I$ 等。

一种元素可以包含多种核素,同位素就是同一种元素的各种核素。例如,氘($_1^2 H$)、氚($_1^3 H$)是氢($_1^1 H$)的不同核素。又如,在铀的同位素中,铀的三种不同核素:$_{92}^{234} U$ 中含有 92 个质子,142 个中子,$_{92}^{235} U$ 中含有 92 个质子,143 个中子;$_{92}^{238} U$ 中含有 92 个质子,146 个中子。现在已经知道的核素超过 1 600 种,其中约有 300 种是稳定的,其余的都不稳定,称为放射性核素。

三、放射性衰变

我们已经知道,放射性核素能够放射 α 射线、γ 射线和 β 射线。**原子核自发地放射出某种射线而转变成其他核素的现象,叫做放射性衰变。**

例如铀核放出一个 α 粒子后,变成了新的原子核。如果用 $_{92}^{238} U$ 代表铀的原子核,则 $^{238} U$(铀)核放出 α 粒子后变成 $^{234} Th$(钍)。核的变化可以用下面的方程来表示:

$$_{92}^{238} U \longrightarrow _{90}^{234} Th + _2^4 He + Q$$

这里 Q 称为衰变能。从上面方程可以看出,方程两边的质量数和电荷数都是相等的。这种放出 α 粒子的衰变,叫做 α 衰变。α 衰变的规律是:**新核的质量数比原来核的质量数减少 4,新核的电荷数比原来核的电荷数减少 2。因此,新核在元素周期表中的位置要向前移两位,这叫做 α 衰变的位移定则**,可用下面方程式表示:

$$_Z^A X \longrightarrow _{Z-2}^{A-4} Y + _2^4 He + Q$$

$_{92}^{238} U$ 发生 α 衰变产生的 $_{90}^{243} Th$ 也具有放射性,它能放出一个 β 粒子而变成 $^{234} Pa$(镤)。由于 β 粒子就是电子,电子的质量比核的质量小得多,一个原子核放出一个粒子后,它的质量数不变,可以认为电子的质量数是零,电荷数是 -1,于是可用 $_{-1}^1 e$ 来表示电子(即 β 粒子)。衰变过程可用下面方程表示:

$$_{91}^{234} Th \longrightarrow _{91}^{234} Pa + _{-1}^0 e + Q + v$$

v 称为中微子(是一种比电子质量小很多的中性粒子),Q 称为衰变能。这个方程两边的质量数和电荷数也是相等的。这种放出 β 粒子的衰变,叫做 β 衰变。β 衰变的规律是:**新核的质量数不变,电荷数增加 1,新核在元素周期表中的位置要向后移一位,这叫做 β 衰变的位移定则**,可用下面方程表示:

$$_Z^A X \longrightarrow _{Z+1}^A Y + _{-1}^0 e + Q + v$$

放射性核素在发生 α 衰变或 β 衰变时,产生的新核往往具有过多的能量,它会辐射

出 γ 粒子(光子)而恢复到正常状态,因此,γ 射线是伴随 α 射线或 β 射线产生的。

放射性核素的衰变有一定的快慢。例如,^{222}Rn(氡)经过 α 衰变变为^{218}Po(钋),如果隔一定时间测定一次剩余的氡的数量,就会发现,大约每 3.8d,就有一半的氡发生了衰变。也就是说,经过第一个 3.8d 以后,剩下原来一半的氡。再经过第二个 3.8d 以后,剩下原来的 1/4 的氡。以此类推。因此,为了说明衰变的快慢,引入半衰期这个物理量。**放射性核素的原子核有半数发生衰变需要的时间,叫做半衰期。**通常用 T 表示。每一种放射性核素都有一定的半衰期,不同的放射性核素,它们的半衰期是不同的。例如,^{222}Rn(氡)变为^{218}Po(钋)的半衰期是 3.8d,而^{226}Ra(镭)变为^{222}Rn(氡)的半衰期是 1 620 年,^{238}U(铀)变为^{234}Th(钍)半衰期长达 4.5×10^9 年。表 8-3 列出临床常用核素的半衰期。

表 8-3

放射性核素	半衰期	放射性核素	半衰期
$^{68}_{31}$Ga(镓)	68.3min	$^{203}_{80}$Hg(汞)	48.9d
$^{99}_{43}$Tc(锝)	6.1h	$^{125}_{53}$I(碘)	60d
$^{198}_{79}$Au(金)	2.7d	$^{60}_{27}$Co(钴)	5.27a
$^{131}_{53}$I(碘)	8.04d	$^{90}_{38}$Sr(锶)	28a
$^{33}_{15}$P(磷)	14.3d	$^{137}_{55}$Cs(铯)	30a

医学上用^{131}I(碘)、^{32}P(磷)、^{60}Co(钴)用得较多,它们的半衰期同学们应该记住。

〔例题〕 $^{210}_{83}$Bi 的半衰期是 5d,问 10g 的^{210}Bi(铋)经过 20d 后剩下多少?

解:设剩下的^{210}Bi(铋)为 x。因为^{210}Bi(铋)的半衰期是 5d,所以 5d 后剩下的是 $\frac{10}{2}$g,第二个半衰期(即 10d)后剩下的是 $\frac{10}{2} \times \frac{1}{2} = \frac{10}{2^2}$g,照此类推。20d 后剩下的 $x = \frac{10}{2^4}$g $= 0.625$g。

答:剩下 0.625g。

放射性核素的半衰期由核内部本身的因素决定,与外界的因素(如是以单质或是以化合物存在,施加压力或增温等)无关。

医学上选用放射性核素时,既要考虑化学的、物理的一些因素,又要考虑生理方面的一些因素。例如,甲状腺吸收碘,检查和治疗甲状腺癌时就选用放射性^{131}I(碘)。同时要求放射性核素放出的射线便于探测,半衰期也要适当,半衰期太短了不能通过代谢过程,不宜远途供应;半衰期太长了又对人体有伤害。可见,医学上选用放射性核素是十分严格的,所以,放射性核素虽然有千种以上,可供医学上选用的并不多。

四、原子核的人工转变

原子核不仅可以通过放射现象发生转变,而且可以通过人工的方法即用高速粒子轰击原子核使其发生核结构的变化,这叫做**原子核的人工转变**。1919 年,卢瑟福做了用 α 粒子轰击氮原子核的实验。实验装置如图 8-10 所示。容器 C 里放有放射性物质 A,从 A 射出 α 粒子射到铝箔 F 上,适当选取铝箔的厚度,使 α 粒子恰好被它完全吸收,而不能透过。在 F 的后面放一荧光屏 S,用显微镜 M 来观察荧光屏上是否出现闪光。通过阀门 T 往容器 C 里通入氮气后,卢瑟福从荧光屏 S 上观察到了闪光。把氮气换成氧气或二氧化碳,便观察不到闪光,这个实验表明,闪光是由于 α 粒子击中氮核后产生的新粒子透过铝箔引起的。

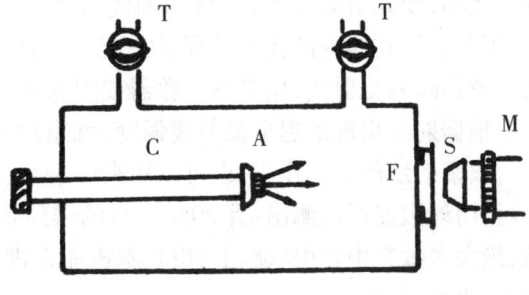

图 8 – 10　原子核的人工转变实验示意图

后来,把这种粒子引进电场和磁场中,根据它在电场、磁场中的偏转,测出了它的质量和电量,确定它就是氢原子核,是质子 $_1^1H$。

卢瑟福是历史上第一次用人工方法使核转变的。用人工方法引起核变化,即使一种原子核被 α 粒子、质子、中子或其他粒子轰击而转变成另一种原子核,这样的变化过程叫做核反应。

卢瑟福的实验发现当 α 粒子轰击氮原子核时,被氮核所俘获,形成不稳定的新核氟,它会立即放出一个质子而变成氧,核反应方程表示为:

$$_7^{14}N + _2^4He \longrightarrow (_9^{18}F) \longrightarrow _8^{17}O + _1^1H$$

科学家们发现原子序数在 21 以下的轻元素的原子核,在 α 粒子的轰击下几乎都能产生类似的核反应,例如:

$$_9^{19}F + _2^4He \longrightarrow (_{10}^{23}Na) \longrightarrow _1^1H + _{10}^{22}Ne$$

这种变化与一般化学变化不同,化学变化只与原子外层电子的变化有关,并不牵涉到原子核。

实验表明,用 α 粒子轰击许多轻元素特别是铍(Be)的核后,能发生一种中性粒子即中子 $_0^1n$。铍(Be)核俘获 α 粒子后放出一个中子,变成碳核,它的核反应方程是:

$$_9^{19}F + _2^4He \longrightarrow (_6^{13}C) \longrightarrow _6^{12}C + _0^1n$$

既然原子核在 α 粒子的轰击下能放出中子,表明中子也是原子核的组成成分之一。

利用高能质子轰击锂核时,成功地把它劈成了两半,形成两个 α 粒子:

$$_3^7Li + _1^1H \longrightarrow _2^4He + _2^4He$$

实验证实:核反应过程遵守电荷守恒定律和质量守恒定律。因此,核反应前后的电荷数和质量数保持不变。

五、放射性核素的医学应用

能放出射线的核素叫做**放射性核素**;没有射线放出的核素叫做稳定性核素。各种天然的和人工的放射性核素放出的射线(主要是 β 和 γ 射线),在生物学研究及医疗中有许多应用,而且应用技术也正在不断发展。放射性核素在医学上的应用,基本上可以分为示踪原子和治疗两方面。

1. 示踪原子　放射性核素由于放出容易被测到的射线,无形中带上一种特殊的标记,使得它的踪迹容易被放射性探测仪器探测出来。因此,当放射性核素和它的稳定核素混合在一起时,可借以测出稳定核素在各种变化过程中的变动情况,此作用叫做示踪原子作用。例如,要知道磷(P)在人体内的代谢过程,可以把含有放射性磷的食物或制剂引入体内,因为它们在体内的代谢过程是完全一样的。某些器官或组织在吸收了放射性磷以后,由于磷不断发出射线,用盖革计数器或闪烁计数很容易进行追踪。

根据射线出现的迟早及射线强度,就能知道各种组织或器官吸收的情况如何。

核素射线的示踪作用,也可以用来诊断某些疾病。例如,正常人在吞服放射性的碘制剂后,用计数器可以测出:有20%左右的碘停留在机体内,其余由小便排出,留在体内的碘,绝大多数集中在甲状腺上,甲状腺机能亢进的患者,能够在甲状腺处集中进入人体内30% ~80%的碘。

用放射性钠^{24}Na制成生理盐水,由臂部静脉注射,利用放在脚跟的计数器探头,就可以测出血液由臂部流到脚跟所需的时间。正常人所需的时间是45s~55s,而动脉硬化的患者则需要较多的时间,最多可达到80s。

由于磷比较容易集中在增殖迅速的组织中,因而可以利用它的放射性核素来寻找某些肿瘤的位置。在有肿瘤的部位,放射线强度比在附近正常组织处要高些。

2. 利用放射性核素进行治疗 放射性核素所发出的贯穿射线,可用来进行治疗。天然放射性核素中的镭,在几十年前,就已开始用于治疗某些癌症。因为镭的衰变产物发出与硬X射线本领相同的γ射线,镭的半衰期(1 600年)长,可以长久使用。现在一些人工放射性核素,特别是^{60}Co已经在治疗中代替了昂贵的镭。把^{60}Co封在空心铅管内,再插入患者体腔或肿瘤组织中,使之受到γ射线的照射。一些放射性β射线的核素,如^{32}P,^{90}Sr等,则可制成敷贴剂治疗某些皮肤病。^{32}P还可以制成胶体,注射到患处。另外,近几年来,^{60}Co治疗机的应用不断推广,它可以代替高压X射线机从体外进行照射。^{60}Co能发出很强的γ射线,用于治疗比X射线还优越。

有些放射性核素可以被某种肿瘤组织优先吸收,利用这一特点能使这种瘤从内部受到射线的照射。例如,患毒性甲状腺肿的病人,服用一定量放射性碘(^{131}I),可以收到很好的疗效。内服放射性磷(^{32}P),对某些慢性白血病也有一定的疗效。

六、射线剂量与防护

射线的剂量 各种射线与物质相互作用的过程,实质上是能量传递的过程。射线通过物质时,直接或间接地产生电离作用叫做电离辐射。各种电离辐射作用于生物体时,当生物体吸收其能量后都要引起物理的、化学的、生物的变化,这叫做辐射效应。射线给人类带来了许多好处,但也伴有一些对人体健康的危害。为了清楚地知道射线对人体的作用机理,以便对射线进行防护以及为人体辐射损伤的医学诊断和治疗提供可靠的科学依据,必须对射线的辐射进行剂量控制。

当光子(X射线、γ射线等)和空气中的原子发生相互作用时,要产生次级电子,这些次级电子会使空气电离。如果在质量为m的空气中,次级电子使空气电离时所产生的任一种离子(正或负)的电量为Q,则该处的**照射量**X为:

$$X = \frac{Q}{m}$$

(8-2)

照射量X的单位由电量Q和质量m的单位决定,在国际单位制中,照射量的单位是库/千克(符号是C/kg)。人们习惯用伦琴(R)和毫伦琴(mR)作单位,它们之间的换算关系为：

$$1R = 2.58 \times 10^{-4} C/kg$$

人体如果被射线照射，其照射量不能过大。我国规定从事放射工作的人员，日照射量不应超过 $50mR(50mR = 50 \times 10^{-3} \times 2.58 \times 10^{-4} C/kg = 1.29 \times 10^{-5} C/kg)$，过大会引起放射病。

任何电离辐射（如 α、β、γ、X 等射线）照射物体时，都会将全部或部分能量传递给被照射物体，物体吸收射线能量后，在物体内引起变化（如物理的、化学的、生物的等），特别是生物体会引起生物效应。生物效应的强弱与吸收其能量的多少有密切关系，所以，射线照射物体后，物体吸收射线的程度如何是很重要的。用吸收剂量来表示单位质量的物体所吸收电离辐射能量的大小。若用 m 表示吸收射线物体的质量，E 表示射线的能量，D 表示吸收剂量，则：

$$D = \frac{E}{m} \qquad\qquad (8-3)$$

吸收剂量 D 的单位，由 E 和 m 的单位决定。在国际单位制中，吸收剂量的单位名称叫戈瑞，简称戈（符号是 Gy）。戈这个单位太大，也可用毫戈（mGy）作单位。也可用焦/千克（J/kg）表示。

吸收剂量（D）与照射量（X）虽然不同，但它们存在一定的关系。例如，空气中某处的 X 射线照射量为 1R（即 $2.58 \times 10^{-4} C/kg$）时，经实验测定和计算，该处的吸收剂量为 $8.7 \times 10^{-3} Gy$，对于 X 射线，空气中测得的照射量为 X，则空气的吸收剂量 $D = 8.7mGy$。

生物体吸收射线后，射线对细胞的破坏能力，不但与它吸收的能量多少和射线产生的离子有关，还与射线的种类、照射条件等有关。例如，即使接受相同的吸收剂量，快中子比 X 射线、γ 射线和电子射线的破坏力（生物效应）大 10 倍左右。因此，为了定量地表明机体受辐射的损伤程度。通常用剂量当量表示，剂量当量是适当地对吸收剂量进行了合理的修正，使修正后的吸收剂量能更好地和辐射所引起的有害效应联系起来，这种修正后的吸收剂量就叫做**剂量当量**。剂量当量的单位是希沃特，简称希（符号是 Sv）。希的单位太大，可用毫希（mSv）表示。

射线的防护　射线对人体可产生一系列的不良效应：如皮肤红斑、毛发脱落、溃疡、肺纤维变性、白细胞减少、白内障以及引起癌肿，它还可以诱发生殖细胞突变，引起遗传变异。所有这些生物效应都与射线的剂量当量有关，年纪越小越易受伤害，因此，必须注意防护。放射线工作者应运用时间、距离和屏蔽防护的原理，采取有效的防护措施。例如，在暗室透视时，要避免不必要的长时间照射，应尽量缩短曝光时间。透视时应尽量利用铅椅、铅帘等屏蔽防护，穿戴防护衣具。在进行胃肠透视、支气管造影、心导管检查等时，尽可能远离病人，以减少散射线的影响。必须与患者接触时，操作者不要忘记了穿戴防护衣具。

只要注意防护，放射医务人员的这个职业是安全的。将电离辐射可能造成的各种危害全部计算在内，从事放射工作的年剂量摩尔限值约为 50mSv，而一般放射工作人员实际接收的平均年剂量当量一般在 5mSv 上下，即相当于限值的 1/10，这说明放射工作属于比较安全的职业。目前，我国医用诊断 X 射线的医务工作人员实际接收的平均年剂量当量下降到 3.8mSv。个别人员由于不注重防护，也有超过限值的，应引起重视。

第九章　阅读资料

第一节　心电图

人们发现，地球上的生物体，无论是动物还是植物，一切生命活动都离不开电现象，这种存在于生物体的电现象叫做生物电。人体内如果没有了生物电，生命现象就终止。人体活组织每一活动都伴随着电现象的产生，肌肉兴奋时有电势产生；心脏跳动时有心电产生；脑活动时有脑电波产生；神经传导中也有电现象。

心脏处于能导电的体液之中，心脏活动时的电势变化可借助体液传到四肢，通过连接左右两臂的电表指针的偏转，便可得到一幅心脏电势变化的曲线图，就是**心电图**。心脏工作正常时的心电图不同于心脏有病变时的心电图，利用心电图进行诊断的基础在于此。

一、心电图波形的形成

心脏是由几块心肌组成的，一块心肌则是由心肌纤维（大量的心肌细胞）互相衔接而成。每个心肌细胞都被一层细胞膜包围着，膜内有导电的细胞内液，膜外有导电的细胞间液。在静息状态下，由于细胞膜内、外各种离子的浓度不同，加之细胞对不同的离子具有不同的通透能力，使膜内、外分别带上均匀的等量正、负电荷（离子），如图 9－1 甲所示。正、负电荷的"重心"重合，对整个心肌细胞来说是电中性的，对外不显示电场。当心肌细胞受到某种刺激，例如兴奋时，膜内外正、负电荷将失去原来的对称性，正、负电荷"重心"不重合，形成了电偶（物理学上把两个相距很近的等量异号电荷所组成的带电系统叫做电偶极子，简称电偶。其中一个电荷的 q 与负电荷到正电荷的矢径 l 的乘积 ql 叫做电偶

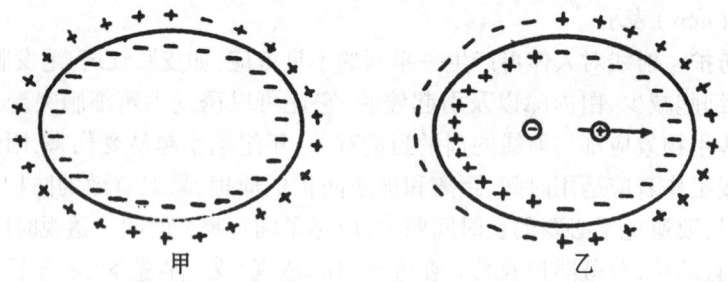

图 9－1　心肌细胞的极化向量

极矩 $p = ql$），电偶的方向如图 9－1 乙所示，对外显示电场。这一过程结束，整个细胞的电荷分布恢复均匀，对外又不显示电场。可见，在心肌细胞受到刺激和以后恢复原状的过程中，它周围空间产生了电场，并引起空间电势的变化。当兴奋沿着心脏的兴奋传导系统传播过程中，每一瞬间各个心肌细胞形成的电偶极子大小、方向各不相同，因而，产生了大小和方向都随时间变化的心电向量，这些瞬间形成的电偶极子矢量和（又叫瞬间综合心电

向量),便随时间作周期性改变,如图9-2所示。心脏是一个立体脏器,我们可以用一个箭头表示每一瞬间的综合心电向量,箭尾表示电偶的中心,箭头指向表示向量方向,箭的长短表示向量的大小,连接所有瞬间心电向量的箭头,形成的轨迹构成心电向量环(它在平面上的投影为平面向量环),如图9-3所示。

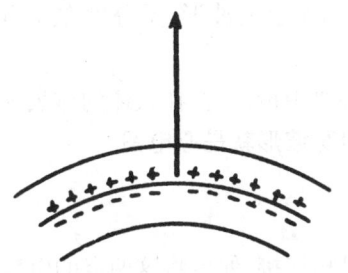

图9-2 瞬间心电综合向量

图9-3

当人体内存在心电偶时,人体体表就具有一定的电势,并且,体表电势随心电偶的大小和方向不断改变,理论证明,心电向量在体表引起的电势由下式决定:

$$\varphi = \frac{p}{r^2}\cos\theta \qquad (9-1)$$

式(9-1)中 p 为心电向量的电偶极矩,r 为电偶中心到探测点的距离,θ 为瞬间心电向量与导联轴(电偶中心到探测点的直线)的夹角,显然,θ 在一、四象限时,在探测点测得的电势为正值,在二、三象限则为负值。以图9-4甲所示的心电向量环为例,当探测点在 a 处时,以导联线 Oa 为 X 轴,作 Oa 的垂线为 Y 轴,当瞬间心电向量在 Y 轴的左侧时,在 a 处测得的电势为负,瞬间心电向量在 Y 轴的右侧,则 a 点测得的电势为正。即以与导联轴垂直的线段(这里是 Y 轴)为准,把环体分成两部分,环体在导联轴的正侧部分,a 点测得的电势为正,环体在导联轴的负侧部分,a 点测得的电势为负。这样,图9-4甲中 Y 轴将

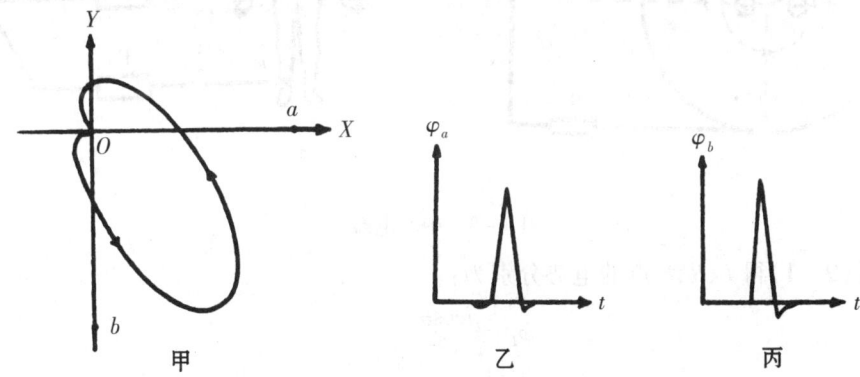

图9-4 心电波形与向量环的关系

环体分割成三部分,让各部分均投影在导联轴(这里是 X 轴)上,环上箭头表示向量变化的顺序第一部分环体各向量均投影在导联轴(X 轴)的负侧,投影很小,故 a 点先形成一较小的向下波;第二部分环体各向量投影在导联轴(X 轴)的正侧,投影值很大,使 a 形成一个大的向上波;第三部分环体各向量投影在导联轴(X 轴)的负侧,投影值也较小,a 点又得一个向下的小波,如图9-4乙所示。若将探测点改在 b 点(Y 轴上),则与导联轴垂

直的线为 X 轴，以 X 轴为准，当瞬间心电向量均投影在导联轴(Y 轴)的正侧，即 X 轴下方时，在 b 点测得的电势为正，反之为负。这样，X 轴将环体分割成两部分，第一部分环体各向量均投影在导联轴(Y 轴)的正侧(即 X 轴下方)，投影值很大，使 b 得到一个大的向上波；第二部分一环体各向量投影在导联轴(Y 轴)的负侧(X 轴上方)，投影值很小，使 b 得到一个小的向下波，如图 9-4 丙所示。图 9-4 乙、丙所示的波形，是分别在 a 点和 b 点测得的电势随时间的变化图形，也就是心电波形图。

由于人体的组织和体液都是导电的，当兴奋在心肌中传播时，在人体的体表就可以测出与之对应的电势变化，这种**随心动周期而变化的电势波形就是心电图**。

二、测量方法中的两个电学问题

将两电极置于人体表面的某两点，并与心电图机相连接，便可将这两点的电势差导入心电图机中去，从而描绘出心电图来，这种引导体表电势与心电图机相连接的电路叫做心电导联，下面着重学习心电导联中的两个电学问题。

中心电端　为了测得体表某一点的电势变化，必须找到零电势点。从上面的学习知道，体内心电偶中心的电势为零，但我们不能将电极插入体内。能否在体外找寻零电势点呢？

设在一个均匀导电体中，以电偶中心为圆心画圆，在圆周上选三点 R、L、F，使这三点对电偶中心均呈 $120°$ 角，如图 9-5 所示。

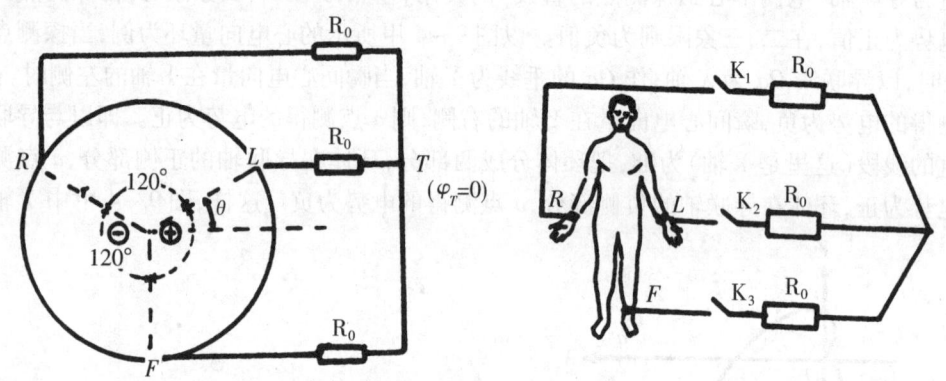

图 9-5　中心电端

由式(9-1)得 L、R、F 点的电势分别为：

$$\varphi_L = \frac{p\cos\theta}{r^2}$$

$$\varphi_R = \frac{p\cos(\theta + 120°)}{r^2}$$

$$\varphi_F = \frac{p\cos(\theta + 240°)}{r^2}$$

把 L、R、F 三点通过三个相等的高电阻 R_0 ($5\mathrm{k}\Omega \sim 500\mathrm{k}\Omega$)相联结的点叫做**中心电端**，用 T 表示，T 的电势 φ_T 必然是这三点电势的平均值，即

$$\varphi_T = \frac{\varphi_L + \varphi_R + \varphi_F}{3}$$

$$= \frac{1}{3}\left[\frac{p\cos\theta}{r^2} + \frac{p\cos(120° + \theta)}{r^2} + \frac{p\cos(240° + \theta)}{r^2}\right]$$

$$= \frac{p}{3r^2}\left[\cos\theta + \cos(120° + \theta) + \cos(240° + \theta)\right]$$

$$= \frac{p}{3r^2}\left[\cos\theta + 2\cos60°\cos(180° + \theta)\right]$$

$$= \frac{p}{3r^2}\left[\cos\theta - \cos\theta\right] = 0$$

人体躯干不是均匀导体,从心脏到肢体(L、R、F)之间的电阻也不可能相等,为了消除差别,我们通过高电阻连接到中心电端。另外,L(左臂)、R(右臂)、F(左腿)对于心电偶(心脏)也不满足120°角,这样 U_T 虽然不正好等于零,但它接近于零,而且在心脏处于兴奋(激动)状态过程中,可始终保持恒定不变。**中心电端就成了我们找寻的体外零电势点。**

加压导联 把心电图机的一极连接中心电端,另一极放在左臂(L)或右臂(R)或左腿(F)上,就可得到这些体表的电势,这种连接电路是单极肢体导联。由于 L、R、F 远离心脏,从体表引导出的电势较低,所描绘出的心电图曲线的变化幅度小,不便于临床观察、分析。为了解决这个问题,可以在描记某一肢体的单极导联心电图时,将该肢体与中心电端相连接的高电阻断开,就能使心电波幅(电势)增加50%,并能保持心电图波形原样不变,这种导联叫做加压单极肢体导联,简称**加压导联**(如图9 – 6所示),分别以 $a\varphi_L$、$a\varphi_R$、$a\varphi_F$ 表示。

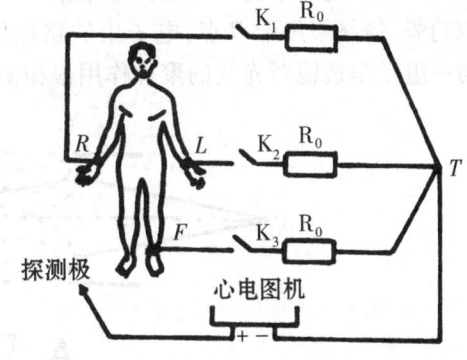

图9 – 6　加压单极肢体导联

下面以 $a\varphi_L$ 为例证明加压原理。

$a\varphi_L$ 代表左上肢单极加压导联,则

$$a\varphi_L = \varphi_L - \varphi_T$$

这时的中心电端 T 只连接两个肢体 R 和 F,因此 φ_T 等于这 φ_R 和 φ_F 的平均值,即

$$\varphi_T = \frac{\varphi_R + \varphi_F}{2}$$

得　　$$a\varphi_L = \varphi_L - \frac{\varphi_R + \varphi_F}{2}$$

$$= \frac{3}{2}\varphi_L - \frac{\varphi_L + \varphi_R + \varphi_F}{2}$$

$$= \frac{3}{2}\left[\varphi_L - \frac{\varphi_L + \varphi_R + \varphi_F}{3}\right]$$

$$= \frac{3}{2}\varphi_L \quad (因为\ \varphi_L + \varphi_R + \varphi_F = 0)$$

可见,加压导联增加了心电图波幅50%。

第二节　电子显微镜

光学显微镜的分辨本领由于要受到光波波长的限制,所以,其放大倍数不能超过一定限度,为了突破这一限制,采用电子射线来代替光波,制成了电子显微镜。由于电子射线的波长只有可见光波长的几万分之一,因而放大倍数由光学显微镜的千倍变成电子显微镜的几十万倍以上,成为探索微观世界的有力工具。

电子显微镜与光学显微镜十分相似,也有会聚镜、接物镜和接目镜等,不过它们不是光学透镜,而是利用电场、磁场来偏转电子行程得到的静电透镜和静磁透镜。

一、静电透镜

静电透镜是用电场来偏转电子的行程的。如图9-7所示,两个同轴的圆筒形电极分别保持电势 φ_1 和 φ_2,且 $\varphi_2 > \varphi_1$,两电极间的电场线在图中用虚线表示。从 A 点出发具有一定发散角的电子束进入两圆筒形电极,在受到轴向加速的同时,先有较强的会聚后稍有发散趋势,最终聚焦于 B 点,电子束的路径用实线表示。静电透镜对电子射线的聚焦作用与一组光学透镜对光线的聚焦作用很相似,如图9-7所示。

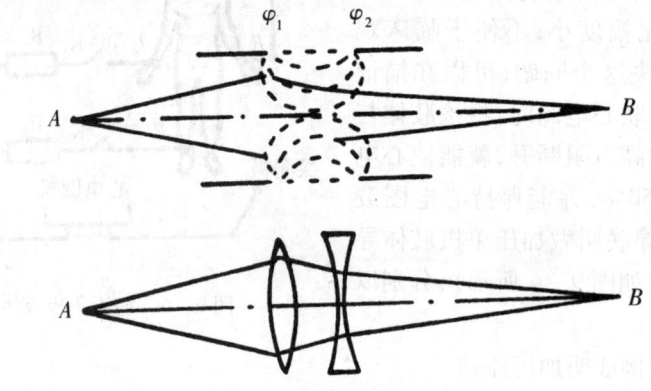

图9-7　静电透镜与光学透镜的比较

二、静磁透镜

如图9-8,它是一个包有铁套的线圈,磁通量只能在铁套的裂缝处跑出来,电子射线在通过这样的磁场后能聚焦在一点上。图9-8中虚线是磁感线,实线是电子射线。

如果要改变静磁透镜的放大率,只需改变线圈中的电流。而要改变静电透镜的放大率,就必须有很大的电压改变,两极间电压过高,易被击穿,不过静电透镜对电压的稳定性要求不高。

三、成像原理

有了电子透镜就可以制成电子显微镜了。电子射线来自炽热的灯丝,经30 000V～50 000V电势差的加速后,成为高速电子射线束,电子显微镜内部是真空。被电子透镜焦

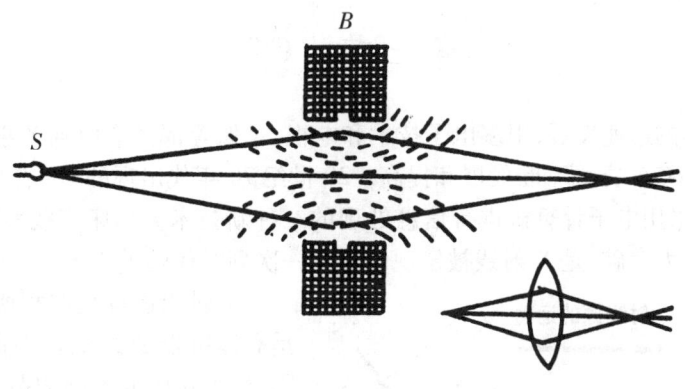

图 9 - 8　静磁透镜

聚后的电子射线通过标本(标本要很薄)时,标本不同的结构对电子的散射不一样,然后再适当聚焦为电子射线,就可获得与物体的厚度和密度相对应的放大图像(成像在荧光屏或底片上)。图 9 - 9 是光学显微镜与电子显微镜的比较示意图。

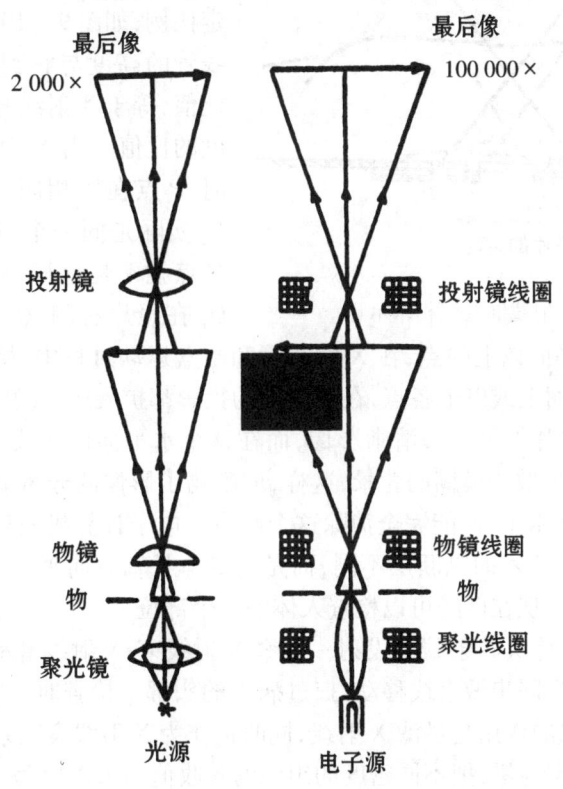

图 9 - 9　光学显微镜和电子显微镜比较示意图

电子显微镜在科学技术上和医学上有着广泛应用,它使我们能研究光学显微镜不能分辨的微小结构,例如,过滤性病毒、某些细菌的内部结构、各种有机物质的巨型分子和胶体微粒等,成为医学研究的有力工具。

第三节 CT

由于电子学的迅速发展,很多电子技术和电视、录像等都已应用到 X 射线的诊断上,使 X 射线在诊断疾病方面不断发展和提高。20 世纪 70 年代出现的 CT 成像技术,是应用现代图像理论,采用电子计算机进行信息处理的一种新技术。临床实践表明,CT 是放射医学上的一项重大突破,是 X 射线被发现以来的一次划时代的进步。

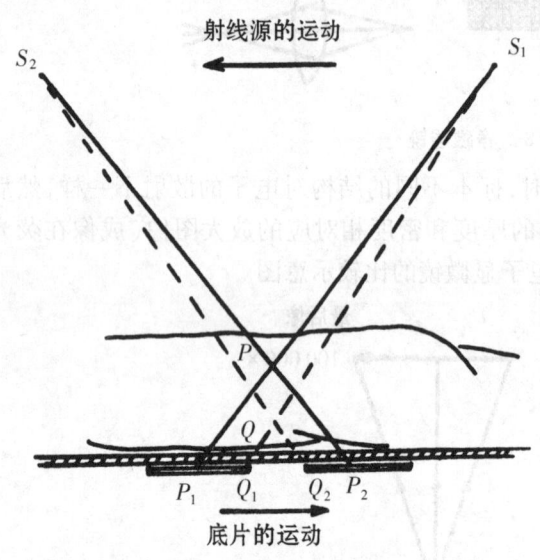

图 9 - 10 X 射线断层照相术示意

X 射线透视或照相所得到的影像,是立体脏器或组织在平面上的重叠投影,使得对比度不高或范围不大的病变组织难以分辨。用 X 射线断层照相术,可获得人体内某一层面的影像。其原理是 X 射线管和照相底片的暗盒沿人体轴线运动,但方向相反,速度保持固定比例,如图 9 - 10 所示。P 点到 X 射线管的高度与它到照相底片的高度的比值,等于 X 射线管与照相底片运动速度的比值。当 X 射线管在 S_1 和 S_2 处时,P 点在照相底片上的投影点 P_1 和 P_2 实际是同一个点。P 点以上或以下各点就不是这样,例如,Q 点的投影点 Q_1 在照片右侧,Q_2 则在照片左侧。凡是与 P 点在同一水平面以上的点,在 X 射线管和暗盒运动过程中,始终投影在底片上同一点,而在这一水平面上或以下各点,在底片上的投影都扩展成一线段,这样,P 点所在的水平面及邻近处在底片上可得一清晰影像,而在这个水平面以上或以下相距较远处(脏器或组织)的影像则扩散为模糊的背景,这样,就削弱了影像的分辨能力。把电子计算机应用到 X 射线断层技术上,便能完全消除这个缺点。电子计算机断层技术简称 CT,层面与上述 X 射线断层照相术的纵断层不同,而是与身体长轴方向垂直的,称为横断层。CT 最初用于脑组织检查,现在已经可以检查人体的各个部位。

CT 的工作原理,是从 X 射线管发射一束窄 X 射线束,X 射线管和探测器都装在一个可旋转的扫描架上,且同步做直线移动,扫过病人的头部。检查时,让患者将头伸进装满水的橡皮头袋中。水的作用是过滤 X 射线,同时也作为 X 射线衰减系数的对照标准。例如,将水的吸收系数定为零,把不同密度的组织的吸收值与水比较,大于水的定为正,小于水的定为负。还可以规定一个刻度,若以水为零,空气为 - 500,致密骨为 + 500,这样能发现组织密度很小的差别。X 射线由探测器接收,整个扫描线段分成许多小间距,穿过头部的 X 射线强度由探测器接收,存入计算机中。每次直线扫描终了,扫描架绕患者头部旋转 1°,直至转动 180°为止,如图 9 - 11 所示。这样,可以得到射线束从各个方向通过头部一个层面中各部位的数以万计的数据,通过计算机可转换成荧光屏上的亮度显示出来。

还可以改进成图 9 - 12 所示的环形扫描,让 X 射线管发出 30° ~ 45° 扇形角的射线束,它可通过人体的整个横截面。在弧线上排列 256～1 024 个探测器,接收穿过人体的 X 射线。检查时,X 射线管和探测器同时绕患者旋转,以取得从各方向照射的数据。这种 CT 由于不用平移运动,只作环形扫描,检查一个层面的时间缩短到数秒钟,适于检查体腔内的脏器。

CT 检查,不需用造影剂,对患者无痛苦和副作用,X 射线照射量也不大,灵敏度比 X 射线检查高 100 倍以上,因而,扩大了 X 射线的诊断范围,也大大提高了诊断疾病的准确度。这种技术现已应用到超声成像和放射性核素成像等领域中。

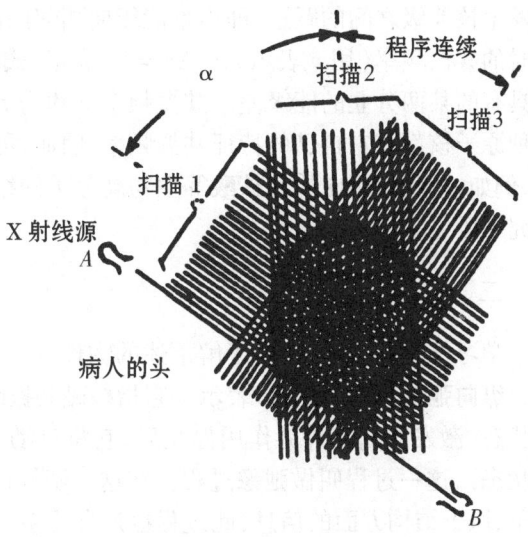

图 9 - 11　CT 扫描过程示意图

第四节　核磁共振

核磁共振技术自 20 世纪 80 年代兴起以来,在分子生物学、医学、药学和遗传学等领域中得到了迅速发展。核磁共振成像作为一种获得人体空间信息的新技术,出现在医学诊断影像中,是诊断学上的一个新突破。

核磁共振的理论很深奥,这里只作浅显的知识介绍。

一、核磁共振

已经知道,原子核由质子和中子组成,而质子和中子跟电子一样,都做不停的自旋运动,即原子核在做自旋运动。自旋运动可形成环形电流,环形电流会产生磁场。这样,当原子核处于另一个磁场(外磁场)中时,由于外磁场和核(原子核)磁场的相互作用,使原子核具有能量。如果原子核自旋的方向不同,形成的环形电流的磁场方向也不同,则核在外磁场中具有的能量也不同。研究表明,一定的原子核在外磁场中具有一系列分立的能级。当原子核(比如样品)从外界电磁辐射(图 9 - 13 所示的高频电磁场)中吸收的能量,恰好等于某两分立的能级差(用 ΔE 表示)时,原子核(样品)就会对它强烈地吸收能量,从而

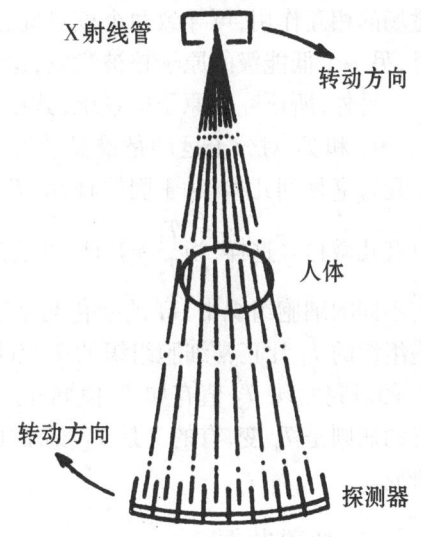

图 9 - 12　环形扫描示意图

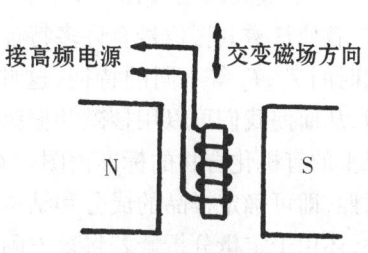

图 9 - 13　核磁共振示意图

· 179 ·

可发生核能级之间的跃进,即由低能级向相邻的高能级跃迁,这种现象叫做**核磁共振**。共振时的共振频率(用 v 表示)由 $\Delta E = hv$ 决定,式中 h 为普朗克常数,ΔE 为原子核在外磁场具有的某两分立的能级差。共振频率 v 约为数十兆赫,在无线电频率范围内。由于每一种原子核都有它自己的特征共振频率,因而,可以用核磁共振方法分析样品中的核素成分,例如,可测定蛋白质和核酸等生物高分子的结构及其功能等,是分子生物学中的重要研究手段之一。

二、有关的物理量

学习核磁共振时,还要了解下述的物理量。

纵向弛豫时间　用 T_1 表示。它指核磁共振时,原子核系统因吸收了能量后处于高能级状态(激发态),当外界作用停止后,它将自动、自发地由高能级状态恢复到原状态(平衡状态),这一过程叫做弛豫过程。在这一恢复过程中,必然反映出核磁共振样品的许多分子、原子结构方面的信息,此过程也是自旋系统向周围介质耗散能量的过程,这一过程所需要的时间就是纵向弛豫时间 T_1。

横向弛豫时间　用 T_2 表示。指两个相邻的同种原子核处于不同能级时,由于原子核磁场的相互作用,可导致两个核自旋态发生交换,即一个激发态的原子核回到低能级的同时,另一个低能级的原子核被激发,这一过程所需要的时间就是横向弛豫时间 T_2。

另外,所研究的原子核系统,其核密度有大有小,核密度用 ρ 表示。

T_1 和 T_2 对分子运动是最灵敏的,对于液体样品,T_1 和 T_2 几乎相等,即 $T_1 \approx T_2$,一般是几百毫秒到几秒;对于固体样品,T_1 很大而 T_2 很小,即,$T_1 \gg T_2$,T_1 可能是几秒,而 T_2 只有几微秒。这样,当 $\dfrac{T_1}{T_2} \approx 1$ 时,可推知样品为"液相";$\dfrac{T_1}{T_2}$ 很大时,可推知样品为"固相"。在不同的细胞组织中,T_1 的变化与水有关,例如,在同一器官或组织中,有些肿瘤病变细胞组织的 T_1 比正常细胞组织的 T_1 有明显增加,这是由于水含量不正常增加的结果。对 T_2 的研究发现,T_2 值有如 T_1 值同样的变化趋势,癌的 T_1 和 T_2 比正常组织的 T_1 和 T_2 长。有的病则是 T_1 变,有的又是 T_2 变,因此,必须作含有 T_1、T_2 信息的核磁共振成像来分析、研究。

三、核磁共振谱

从理论上来看,核磁共振时,共振频率只有一个,或者说对应的谱线很窄很窄,因为,对应的谱线波长也只有一个。但实际上,由于存在一些因素使谱线具有一定的宽度,这样,就使核磁共振信号有许多特征,例如,谱线的宽度、形状、面积、谱线的精细结构以及弛豫时间 T_1、T_2 等不同的特征,这些特征取决于被测样品(原子核)的性质以及所处的环境,从而使我们可以用核磁共振谱线的特性来确定各种分子的结构。目前,已制定了万种以上的有机化合物的标准谱图。对于一个样品,只要测出它的共振谱图,然后跟标准谱图对照,即可确定样品的成分和结构,例如,在药学方面,除用于药物的定性分析和结构分析外,还用于定量分析。若将复方阿司匹林(APC)的核磁共振谱图,与阿司匹林、非那西汀和咖啡因的共振谱图进行对照,便可测出 APC 中三种药物的含量。此法也用于研究药物分子之间的相互作用、药物分子与生物高分子或细胞感受器之间的作用机理等,很有价值。例如,对神经细胞中的焦磷酸胺与普鲁卡因相互作用的核磁共振研究,给神经麻醉假说提供了新依据;由核磁共振还发现,青霉素分子只在一个部位通过芳香族侧键与细胞的蛋白质感受器结合而起药理作用。利用核磁共振谱来研究生物材料的结构,其优点在于它能研究生物分子的溶液状态和活体状态;能迅速地观测材料的动态变化,非常适宜于研究生物材料中的氢、碳、氮、氧等元素;能辨别生物大分子中部分结构变化的基因,以及研究生物大分子的复杂空间构型和高级结构,所以,它是研究物质微观结构和相互作用的技术。

四、核磁共振成像

核磁共振成像是一种获得人体空间信息的新技术,在医学诊断影像领域中成绩卓著。核磁共振成像的基本原理是,原子核在外磁场中,将经选择的电磁辐射照射原子核(样品,即被探测对象)时,核被激发,在通过弛豫过程自动恢复到原状态(平衡状态)时,把吸收的能量发射出来,成像仪中的吸收线圈可探测到这种信号,并通过电子计算机对发射能量的原子核的空间位置,进行编码的重建处理,最终得到由 T_1, T_2 和 ρ 等各种不同函数组合的图像,这种图像就是**核磁共振成像**。

核磁共振成像技术跟 CT 比较,CT 解决了医学影像的重叠和混乱的难题,获得了诊断准确率很高的清晰图像,但它是单一参数的成像技术,所以其图像基本上是解剖学的。核磁共振成像则是由几个参数(T_1、T_2、ρ 等)的成像技术,由于参数多,成的像中含有更多的受检体生理和化学特性的信息,即不仅能获得人体器官和组织的解剖图像,而且能显示出器官和组织在化学结构上的变化,可得到器官和组织的功能方面的信息。

核磁共振成像是使用既能穿透人体,又不引起电离辐射损伤的电磁波作为"光源"来对人进行体"透视"的方法,使用上方便、灵活,能对人体各个部位,各器官冠状、矢状、横断面并能任意旋转、切割和窥视。临床实践证实,核磁成像技术对检测坏死组织、局部出血、各种恶性肿瘤等特别有效,软组织对比度明显,使许多过去认为的诸多疑难病的诊断成为可能。

附　录

附录一　国际单位制（SI）

（一）国际单位制的基本单位

量的名称	单位名称	单位符号
长度	米	m
质量	千克（公斤）	kg
时间	秒	s
电流	安［培］	A
热力学温度	开［尔文］	K
物质的量	摩［尔］	mol
发光强度	坎［德拉］	cd

（二）国际单位制中具有专门名称的导出单位

量的名称	单位名称	单位符号
［平面］角	弧度	rad
立体角	球面度	sr
频率	赫［兹］	Hz
力；重力	牛［顿］	N
压力，压强	帕［斯卡］	Pa
能［量］，功，热量	焦［耳］	J
功率	瓦［特］	W
电荷［量］	库［仑］	C
电压，电动势	伏［特］	V
电阻	欧［姆］	Ω
电容	法［拉］	F
磁通［量］	韦［伯］	Wb
磁感应强度	特［斯拉］	T
电感	亨［利］	H
摄氏温度	摄氏度	℃
光通量	流［明］	lm
［光］照度	勒［克斯］	lx
吸收剂量	戈［瑞］	Gy
剂量当量	希［沃特］	Sv

量的名称	单位名称	单位符号	换算关系
时间	分	min	$1\min = 60s$
	［小］时	h	$1h = 60\min = 3\ 600s$
	日,（天）	d	$1d = 24h = 86\ 400s$
［平面］角	［角］秒	″	$1″ = (\pi/648\ 000)\,rad$（π 为圆周率）
	［角］分	′	$1′ = 60″ = (\pi/10\ 800)\,rad$
	度	°	$1° = 60′ = (\pi/180)\,rad$
旋转速度	转每分	r/min	$1r/\min = (1/60)\,s^{-1}$
长度	海里	n mile	$1n\ mile = 1\ 852m$ （只用于航行）
速度	节	kn	$1kn = 1n\ mile/h$ $= (1\ 852/3\ 600)\,m/s$ （只用于航行）
质量	吨	t	$1t = 10^3\,kg$
	原子质量单位	u	$1u \approx 1.660\ 540\ 2 \times 10^{-27}\,kg$
体积	升	L,(l)	$1L = 1dm^3 = 10^{-3}\,m^3$
能	电子伏	eV	$1eV \approx 1.602\ 177\ 33 \times 10^{-19}\,J$
级差	分贝	dB	用于对数量

（四）用于构成十进倍数和分数单位的词头

所表示的因数	词头名称	词头符号
10^{18}	艾［可萨］	E
10^{15}	拍［它］	P
10^{12}	太［拉］	T
10^{9}	吉［咖］	G
10^{6}	兆	M
10^{3}	千	k
10^{2}	百	h
10^{1}	十	da
10^{-1}	分	d
10^{-2}	厘	c
10^{-3}	毫	m
10^{-6}	微	μ
10^{-9}	纳［诺］	n
10^{-12}	皮［可］	p
10^{-15}	飞［母托］	f
10^{-18}	阿［托］	a

注:［ ］内的字可省略。（ ）内的字为前者的同义语。升的符号中,小写字母 l 为备用符号。r 为"转"的符号。

附录二　本书常用的物理常量

静电力常量	$k = 9.0 \times 10^9 \, \text{N} \cdot \text{m}^2/\text{C}^2$
基本电荷	$e = 1.60 \times 10^{-19} \, \text{C}$
电子的质量	$m_e = 0.91 \times 10^{-30} \, \text{kg}$
质子的质量	$m_p = 1.67 \times 10^{-27} \, \text{kg}$
中子的质量	$m_n = 1.67 \times 10^{-27} \, \text{kg}$
α 粒子的质量	$m_q = 6.64 \times 10^{-27} \, \text{kg}$
原子质量单位	$u = 1.66 \times 10^{-27} \, \text{kg}$
真空中的光速	$c = 3.00 \times 10^8 \, \text{m/s}$
氢原子的半径	$a_0 = 0.53 \times 10^{-10} \, \text{m}$
普朗克常量	$h = 6.63 \times 10^{-34} \, \text{J} \cdot \text{s}$

附录三　希 腊 字 母

字母		读　音		字母		读　音	
A	α	alpha	啊尔发	N	υ	nu	纽
B	β	beta	贝塔	Ξ	ξ	xi	克西
Γ	γ	gamma	伽马	O	o	omictor	欧米克伦
Δ	δ	delta	得尔塔	Π	π	pi	派
E	ε	epsilon	衣普西隆	P	ρ	rho	洛
Z	ζ	zeta	尾塔	Σ	σ	sigma	西格马
H	η	eta	艾塔	T	τ	tau	陶
Θ	θ	theta	西塔	Υ	π	upsilon	尤皮西隆
I	τ	iota	育塔	Φ	ϕ, φ	phi	佛爱
K	κ	kappa	卡帕	X	χ	chi	克黑
Λ	λ	lambda	兰姆达	Ψ	ψ	psi	普西
M	μ	mu	米尤	Ω	ω	omega	欧米嘎